工业和信息化普通高等教育“十二五”规划教材立项项目

21世纪高等教育计算机规划教材

COMPUTER

Java语言程序设计教程

Java Programing

刘发久 张治海 主编

李红军 张程 副主编

人民邮电出版社

北京

图书在版编目（CIP）数据

Java语言程序设计教程 / 刘发久，张治海主编. --
北京 : 人民邮电出版社，2016.1
21世纪高等教育计算机规划教材
ISBN 978-7-115-40870-9

Ⅰ. ①J… Ⅱ. ①刘… ②张… Ⅲ. ①JAVA语言—程序
设计—高等学校—教材 Ⅳ. ①TP312

中国版本图书馆CIP数据核字(2015)第257276号

内 容 提 要

本书以基础性、实用性和可实践性为编写总原则，全面系统地讲解了 Java 语言所包含的核心知识，并引入了设计模式的内容，以面向对象程序设计的基本概念为起点，由浅入深、循序渐进地介绍 Java 语言程序设计的基本概念和方法。本书主要内容有：Java 概述、Java 语言基础知识、Java 面向对象的程序设计基础、API 中的常用基础类和工具类、Java 的 I/O 流和文件管理、Java 的图形用户界面程序设计、Java 的数据库应用程序设计、Java 的网络程序设计基础、Java 的多线程、Java 在 Web 上的应用。

本书可作为计算机及信管类相关专业的 Java 课程教材。

◆ 主　　编　刘发久　张治海
副 主 编　李红军　张　程
责任编辑　邹文波
责任印制　沈　蓉　彭志环

◆ 人民邮电出版社出版发行　　北京市丰台区成寿寺路 11 号
邮编　100164　　电子邮件　315@ptpress.com.cn
网址　http://www.ptpress.com.cn
三河市潮河印业有限公司印刷

◆ 开本：787×1092　1/16
印张：15.5　　2016 年 1 月第 1 版
字数：405 千字　　2016 年 1 月河北第 1 次印刷

定价：39.80 元

读者服务热线：(010) 81055256　印装质量热线：(010) 81055316
反盗版热线：(010) 81055315

前言

Java 语言是一种多用途的面向对象的编程语言。本书是一本实用性很强的 Java 教材，全书注重理论联系实际，通过丰富的示例代码循序渐进地讲解面向对象的概念和编程思想，使读者尽快掌握 Java 程序设计思想和方法。

本书在编写过程中着重体现如下特色。

（1）注重 Java 编程的思想和方法，全面介绍基础知识的同时，强调编程的实战能力。

（2）既讲述了 Java 的语法知识，又讲述了一部分常用的程序设计方法以及设计模式，使读者对程序设计有整体的把握。

（3）例题选用经典、实用，用最精简的代码说明问题。这些代码既可以作为教学使用，又可以在实际工作时直接使用。

本书的主要内容有：

Java 的一些常识性知识，使读者能了解“什么是 Java 程序设计语言”；

Java 的基本语法知识，包括数据类型、运算符、循环语句、判断语句等，有 C 语言或 C++语言编程经验的读者可以跳过此内容；

面向对象方面的知识，主要讲解类、接口等知识；

常用基础类和工具类，包括字符串处理以及一些常用数据结构的现成类；

文件处理以及输入输出流和序列化，使用这部分知识可以使数据长久保存在磁盘中；

图形用户界面程序设计，包括窗体、对话框、菜单、鼠标等；

数据库应用程序设计，在讲解数据库编程基础知识的同时，给出一个图书管理系统作为示例；

网络程序设计，着重讲述网络套接字，并给出一个点对点的聊天程序作为示例；多线程知识，包括线程的创建、同步等；

Java 在 Web 上的应用，简要介绍了 JSP 以及 Servlet，并给出一个留言板程序作为示例。

本书的所有代码均在 JDK7.0 环境下调试通过，可以通过给 d_er_g@163.com 获取代码。

编　者

2015 年 10 月

目　录

第 1 章 Java 概述

道可道，非常道；名可名，非常名。

——老子

本章概括性地讨论一些有关 Java 的基本问题和面向对象的概念，以便读者尽快认识 Java，学会编写 Java 程序。

1.1 什么是 Java

Java 包含两个方面的内容：一个是 Java 语言，Java 语言是一种多用途的面向对象的编程语言；另一个是 Java 平台，Java 平台是支撑 Java 语言程序开发和运行的环境，包括 Java 虚拟机（JVM）和应用程序可编程接口（API）。

Java 的创始人是 James Gosling 博士，他创造了 Java 语言及其早期的 Java 平台。Sun 公司在 1995 年 5 月 23 日正式宣布了 Java 的诞生。Java 这个名字来自于印度尼西亚一个盛产咖啡的小岛，中文称为爪哇，取名为 Java，寓意为世人献上一杯浓香的热咖啡。

在 1998 年之前，Java 已被众多的软件企业所采用，但由于当时硬件环境和 JVM 的技术原因，Java 主要用在客户端以及一些移动设备中。

1999 年 6 月，Sun 公司发布了 Java 的三个版本：标准版 J2SE、企业版 J2EE 和微型版 J2ME。J2SE 主要用于桌面系统开发，是其他两个版本的基础。J2EE 主要用于 Web 开发，J2ME 主要用于手机和 PDA 开发。

Java 被广泛地应用于移动通信、智能卡、ATM 机、个人电脑、服务器和大型主机等设备上。目前，Java 已成为全球最具影响力的编程语言和开发平台。

1.2 Java 语言

Java 语言与其他程序设计高级语言，如 C 语言、C++等有很大不同。

Java 语言既是编译的又是解释的，编译和解释是分别进行的，Java 平台提供了相应的 Java 编译器和解释器，如图 1.1 所示。首先把用 Java 语言编写的程序保存为 java 文件，编译器负责把 java 文件编译成字节码 class 文件，字节码是 Java 虚拟机可以识别的语言，字节码与具体的计算机无关，这称为跨平台。每次运行程序时，解释器负责把 Java 字节码文件加载到内存，并解释为具体的计算机上能够执行的程序。编译只需要进行一次，而解释是每执行一次解释一次。

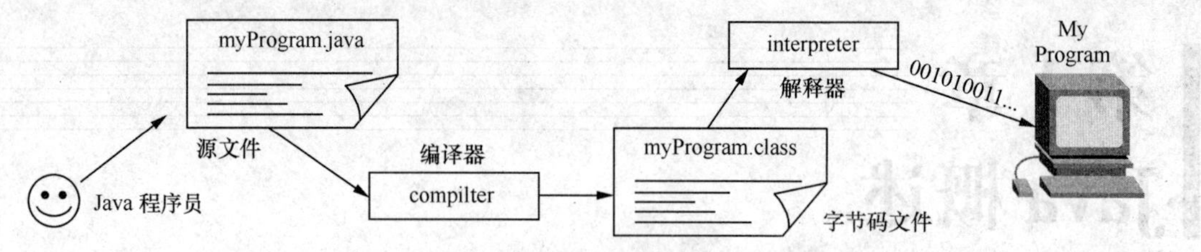

图 1.1　Java 语言程序的编译和解释过程

除了跨平台外，Java 语言是纯面向对象的并且具有强大的 API（Application Programming Interface）支撑，API 是 Java 平台提供的重要的开发资源。

用 Java 语言结合 Java API 可以写出各种形式的 Java 程序，如表 1-1 所示。

表 1-1　　Java 语言的应用

程序形式	编译环境	运行环境	应用
Java Application	Java 编译器	Java 虚拟机（JVM）	C/S 架构
Java Applet	Java 编译器	Java 的浏览器	嵌入 HTML 中
Java Servlets	Java 编译器	Java 的 Web 服务器	J2EE 架构
JSP（Java Server Page）	脚本语言（无需编译）	Java 的 Web 服务器	嵌入 HTML 中

本书重点讨论 Java Applicatoin 程序，它是最基本的 Java 语言程序，后面的程序不申明都是指 Java Applicatoin 程序，对其他形式的 Java 程序感兴趣的读者可以参阅相关书籍，本书只做一些简单介绍。

什么是 Java 程序？下面通过一个简单示例，认识一下 Java 程序。

【示例 1.1】这是一个最简单的程序，用 class 定义一个类 HelloWorld，在这个类中定义了一个 main()方法，在这个 main()方法中，用标准的输出方法 System.out.println()，在命令提示符视窗中输出一行文字"Hello World! "，如图 1.2 所示，程序如下：

```
class HelloWorld{
      public static void main(String args[]){
      System.out.println("Hello World!"); //输出 Hello World!
      }
}
```

图 1.2　示例 1.1 的运行结果

关于示例 1.1 的几点说明如下：

① Java 程序由类 class 构成，class HelloWorld{…}声明一个类，class 是声明类的关键字，HelloWorld 是类的名字，花括号和其中的内容{…}称为类体，HelloWorld 类体从第一行的"{"开始，到最后一行的"}"结束。两个反斜线"//"及其后面的文字是注释，注释是对代码进行解释和说明，不影响程序的编译和运行。

② 类体中的 public static void main(String args[]){...}是定义 main()方法，(String args[])是该方法要求的格式，从第二行的“{”开始，到第三行的“}”结束，{...}称为方法体。方法体中可以包含语句，Java 语言中的方法类似于 C 语言中的函数，main 方法类似于 C 语言中的 main 函数，相同之处都是程序从这里开始执行，不同之处是 C 语言中的 main 函数由操作系统调用，Java 语言中的 main 方法是一个由虚拟机调用的方法。一个能够执行的程序必须要有一个 main 方法。

③ 方法体中的 System.out.println("Hello World"); 是一个语句，这个语句在命令提示符视窗中输出圆括号里写的内容。Java 程序是由类组成的，类是由变量和方法组成的，方法是由语句组成的，关于类、变量、方法和语句将在后续章节详细讨论。

要编译和运行【示例 1.1】这个程序，首先要在计算机上构建 Java 开发平台。

1.3 Java 开发平台

Java 开发平台（Java 运行环境和 Java 开发工具）是 Java 的一个重要组成部分，是一种能够运行 Java 程序并且支撑 Java 程序开发的软件系统，包括 Java 虚拟机和 Java API 两部分，如图 1.3 所示。

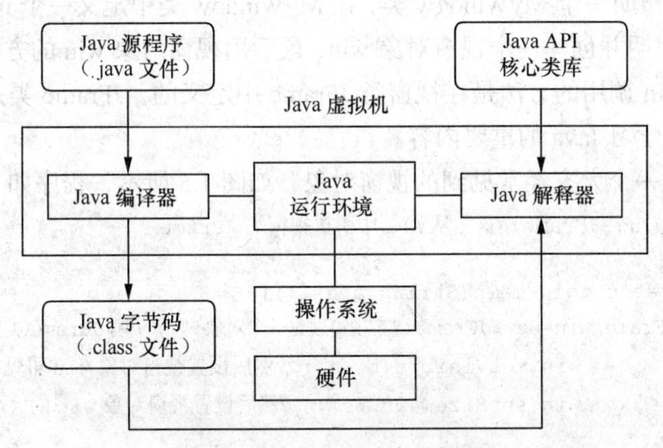

图 1.3 Java 开发平台结构图

Java™ 2 Platform Standard Edition 6（简称 JDK 6）是 Java 开发平台的一种具体实现，主要内容如表 1-2 所示。

表 1-2 Java 开发平台

英文名称	英文缩写	中文名称
Java™ SE Development Kit 6	JDK™ 6	Java 开发工具
Java™ SE Runtime Environment 6	JRE™ 6	Java 运行环境

JDK6 可以从 http://java.sun.com/上免费下载，安装方法也可以同时查阅到。

在 Windows 操作系统下安装 JDK，要确定一个安装目录，如 d:\jdk，JDK 安装后的目录结构如图 1.4 所示。

bin 目录保存了 javac.exe、java.exe 等 DOS 下的可执行文件，javac.exe 是编译器，用来将程序文件中的每个类定义编译成一个.class 文件；java.exe 是 Java 虚拟机上的解释器，负责加载.class 文件并将.class 文件解释成为特定的机器码来执行；javadoc.exe 用来将源程序中的文档注释内容生成 HTML 格式的程序说明文档。

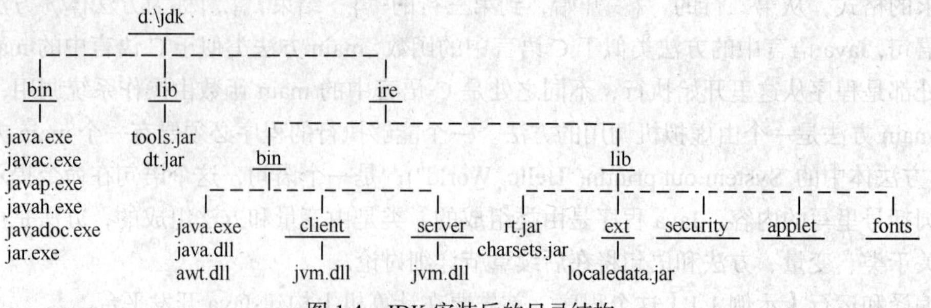

图 1.4　JDK 安装后的目录结构

lib 目录保存了 tools.jar 和 dt.jar 文件，是开发工具的支持文件。

jre 目录下包括 bin 和 lib 两个子目录，jre\bin 保存了 Java 运行环境，jre\lib 保存了 rt.jar 文件，其中包含了 Java API 核心类的基本包 java 和扩展包 javax，包是存放一些相关类的一个文件目录。

Java API 是 Sun 的核心类库，为 Java 程序设计提供了强大的支撑。下面通过一个示例说明 API 核心类库的用途和用法：这个示例创建一个视窗，首先用 import 语句从 API 核心类库中引进视窗类 JFrame，然后声明一个 MyWindow 类，在 MyWindow 类中定义一个 main()方法，在 main()方法中用 JFrame 类声明并创建一个视窗对象 win，最后用视窗对象 win 的方法设置视窗的可见性和大小，视窗对象 win 调用的方法是在视窗类 JFrame 中定义的，JFrame 类是 API 提供的，学会使用 API 中的类，是学习 Java 的重要内容。

【示例 1.2】创建一个大家经常见到的视窗对象，如图 1.5 所示，程序如下：

```
import javax.swing.JFrame;//这是从 API 中引进视窗类 JFrame
class MyWindow{
	public static void main(String args[]){
		JFrame win=new JFrame("本视窗就是一个对象!"); //用 JFrame 类先创建一个视窗对象 win
			win.setVisible(true); //然后设置视窗对象 win 可见
			win.setSize(400,60);  //然后设置视窗对象 win 的大小
	}
}
```

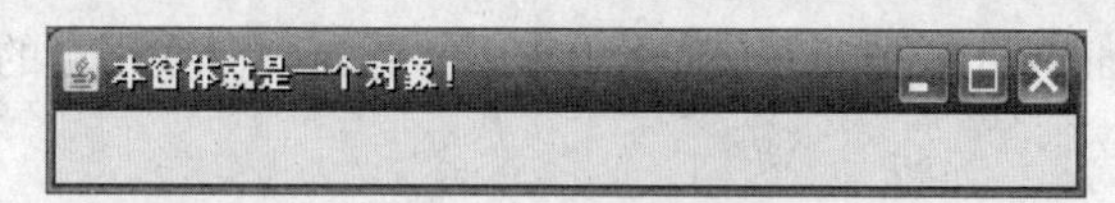

图 1.5　示例 1.2 的运行结果

关于 Java 开发平台的详细内容，请参阅 Sun 的白皮书。

1.4　Java 程序的编写、编译和运行过程

可以采用任何一种文本编辑器来写 Java 程序，如 Windows 操作系统附件中的记事本或集成开发工具 JCreater、MyEclips 等。建议初学者先用记事本写程序，体会一下程序编写、编译和运行的过程之后，再使用集成开发工具。

建立一个保存程序文件的目录，如 d:\mywork，由于程序文件目录与 JDK 安装目录不同，为了方

便使用 DOS 命令，可以通过计算机属性设置系统变量 path 指向 javac.exe 和 java.exe 所在路径 ..\bin 和建立系统变量 classpath 指向要运行的.class 文件所在路径，如 d:\mywork，如图 1.6 所示。

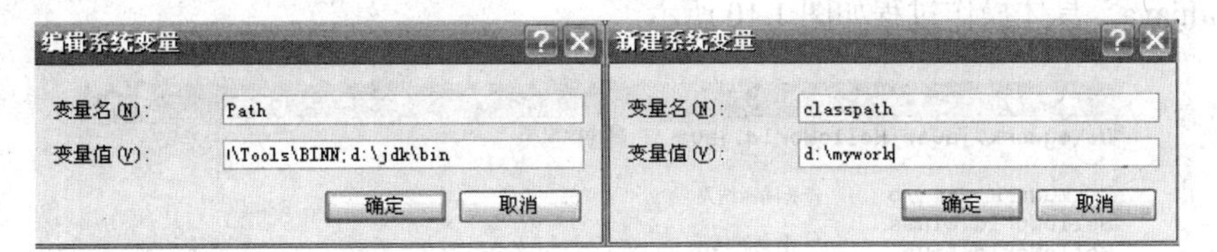

图 1.6　通过计算机属性设置系统变量

也可以在 DOS 视窗中用 DOS 命令 set 临时设置系统变量 path 和系统变量 classpath，如图 1.7 所示。

图 1.7　在 DOS 视窗临时设置系统变量

1. 编写 Java 程序，保存程序文件。

打开 Windows 操作系统附件中的记事本，用记事本编写 HelloWorld 这个程序，如图 1.8 所示。

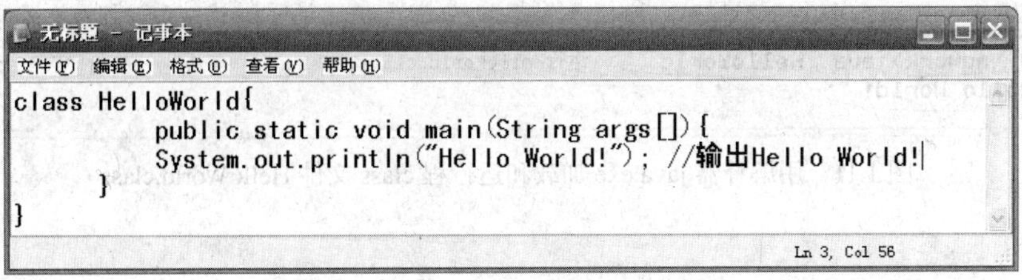

无标题 - 记事本

文件(F)　编辑(E)　格式(O)　查看(V)　帮助(H)

```
class HelloWorld{
        public static void main(String args[]){
        System.out.println("Hello World!"); //输出Hello World!
    }
}
```

Ln 3, Col 56

图 1.8　用记事本写 HelloWorld 这个程序

在目录 d:\mywork 中保存程序文件 HelloWord.java（后缀名是 java，C++语言程序后缀名是 cpp），如图 1.9 所示。

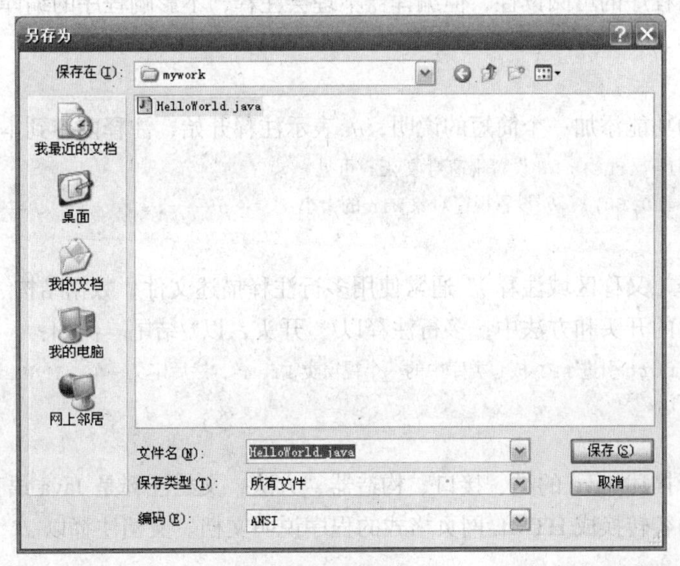

图 1.9　保存源程序文件

2. 编译 Java 程序文件。

打开 Windows 操作系统附件中的 DOS 命令视窗，用编译器 javac.exe 编译 Java 程序 HelloWorld.java，具体操作过程如图 1.10 所示。

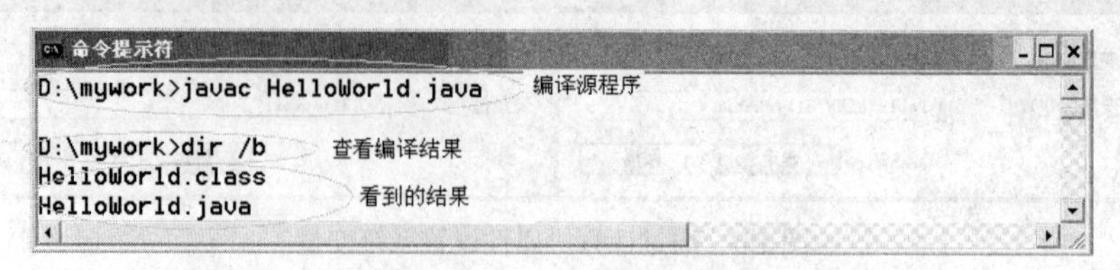

图 1.10 用编译器 javac.exe 编译源文件 HelloWorld.java

编译结果会产生一个 HelloWorld.class 文件，class 文件是字节码文件，Java 程序文件中定义了多少个类，就会产生多少个 class 文件，每个 class 文件可以被单独使用，而 C++程序的 cpp 文件不管定义了多少个类，只产生一个 obj 文件，要单独使用一个类必须单独写一个头文件。与而 C++程序不同，Java 程序不允许在类之外声明变量或定义方法，所以说 Java 程序纯粹是类的或者说 Java 程序是纯面向对象的。

3. 运行 class 文件

用解释器 java.exe 加载和运行程 class 文件 HelloWorld.class，如图 1.11 所示。

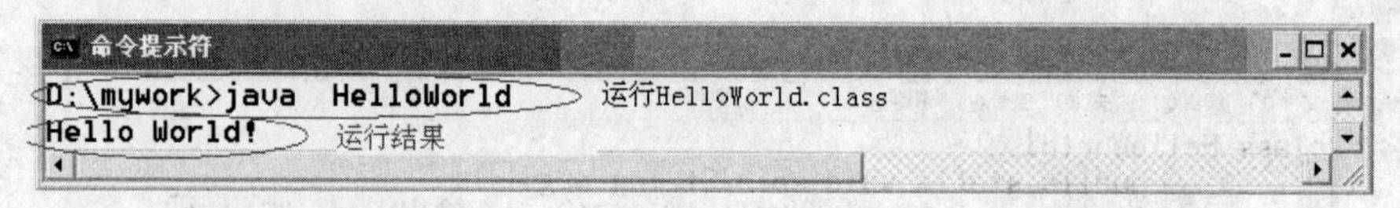

图 1.11 用解释器 java.exe 加载和运行程 class 文件 HelloWorld.class

1.5 Java 语言程序的注释

注释能够提高程序的可阅读性，但编译器不理会注释，不影响程序的编译和运行，Java 程序注释分为以下 4 种。

1. 单行注释

为代码实现的功能添加一个简短的说明，// 表示注释开始，注释内容到本行结尾，例如：

```
win.setVisible(true); // 设置视窗对象 win 可见
win.setSize(400,60);  // 设置视窗对象 win 的大小
```

2. 多行注释

使用多行注释（又称区域注释）。通常使用多行注释描述文件、数据结构、方法和文件说明，它们通常放在文件的开头和方法中，多行注释以/* 开头，以*/结尾。例如：

```
/*我们首先用 import 引进 API 核心类库中的一个视窗类 Frame，然后定义一个类 MyWindow，在类 MyWindow
中定义了一个 main 方法。*/
```

3. 文档注释

文档注释用于描述 Java 的类、接口、构造器、方法，文档注释是 Java 语言特有的。Javadoc 可以把文档注释内容转换成 HTML 网页格式的程序说明文档。文档注释以 /** 开头，以*/结尾。例如：

/** 在 main 方法中用 Frame 类声明并创建了一个视窗对象 win，最后用视窗对象 win 自身的方法设置了视窗的可见性和大小*/。

4. 使用 javadoc 的方法生成说明文档

功能：把程序中的文档注释内容，生成 Java 类的说明文档。

用法：javadoc[选项]源程序文件名，其中<选项>主要包括：

-d	指定生成的文档存放的位置
-public	仅显示公共类和成员
-protected	显示受保护/公共类和成员 (默认)
-package	显示软件包/受保护/公共类和成员
-private	显示所有类和成员
-help	显示命令行选项并退出

【示例 1.3】把示例 1.2 中的文档注释内容生成 HTML 格式的说明文档，操作过程如图 1.12 中第一行所示，图 1. 12 中第二行开始是系统提示，可以在 javadoc 创建的 win\目录下找到这些文档。

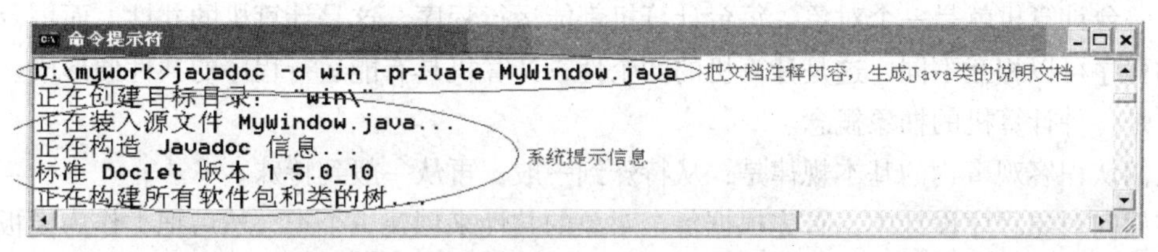

图 1.12　把示例 1.2 中的文档注释内容生成 HTML 格式的说明文档

1.6　什么是跨平台

跨平台指的是 Java 程序编译后的 class 文件可以在任何具有 Java 虚拟机的计算机或电子设备上运行，同一个 class 文件可以运行在 Windows、Solaris 和 Macintosh 等不同的平台上，如图 1.13 所示。

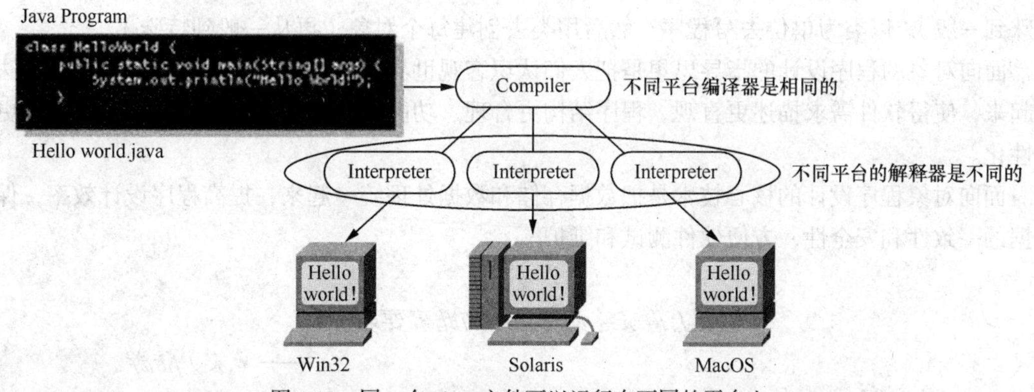

图 1.13　同一个 class 文件可以运行在不同的平台上

简单地说，同一个 class 文件可以在不同操作系统的计算机上运行，就是跨平台或叫做与平台无关。Intenet 上计算机的操作系统往往不同，跨平台满足了 Intenet 上许多开发上的需要。

1.7 什么是面向对象的程序设计

面向对象（Object-Oriented）的程序设计就是以类为单位来写程序，在程序中可以用类创建对象和使用对象。

什么是类？什么是对象？如何创建类？如何创建对象和使用对象？这些都是面向对象的程序设计的基本概念和方法，将在第 3 章中详细讨论，现在只简单介绍一下面向对象程序设计的背景知识。

在现实世界中，一个对象就是一个具体事物，事物不是孤立存在的，通过许多事物之间的对比，可以发现任何事物都具有共性和个性两个方面。对象的共性便形成了类的概念，类是具有相同特性的一些对象的抽象概念，类是对象共性的表现。所谓的"物以类聚"，是先有对象后有类。例如，一台计算机就是一个对象，每台计算机都能运行程序，这是计算机的共性，而每台计算机运行的程序可以相互不同，这是计算机的的个性，计算机具有能运行程序的共性便形成一个计算机类，是各种计算机的抽象概念。

人们认识客观事物的基本规律是：从特殊到一般，再从一般到特殊。

在面向对象程序设计中，首先根据每个对象的共性来创建一个类，然后把类作为模板去创建每个对象，是先有类后有对象。在计算机屏幕上，经常见到和使用的每个视窗都是一个对象，每个视窗至少要有一个宽度和一个高度，宽度和高度就是视窗对象的共性，而不同的视窗高度可以不同，宽度也可以不同，这就是视窗对象的个性。在面向对象程序设计中，首先是根据每个视窗对象的共性来定义一个视窗类，然后把这个视窗类作为模板去创建每个视窗对象，如示例 1.2 所示的视窗就是用视窗类 JFrame 创建的对象。

包饺子时，可以一个一个地去擀饺子皮，也可以去买一批饺子皮，买的饺子皮是怎样做出来的呢？是用一个模具压出来的，买的饺子皮就是对象，压饺子皮的模具就是饺子皮类，而模具是根据每个饺子皮的共性制作出来的。

面向对象的程序设计也是如此，不是为每个对象去写程序，而是根据对象共性定义一个类（从特殊到一般），以类为单位去写程序，然后用类去创建每个对象（再从一般到特殊）。

面向对象的程序设计的指导思想是把人们认识客观世界的基本规律与程序设计的基本方法统一起来，使得软件需求描述更直观、程序结构更合理、功能更完备、质量更可靠、设计过程更加人性化。

面向对象程序设计的核心技术是把数据存储和数据处理统一起来，提高程序设计效率，保证数据的一致性和安全性，方便软件测试和维护。

纸上得来终觉浅，绝知此事要躬行。

——（宋）陆游

下面通过示例 1.4 再来简单说明一下什么是类，什么是对象，如何用类创建对象和使用对象的方法。上机操作是学习 Java 的最好方法，可以把代码先编译和运行一遍，然后删掉几行代码，再编译和运行，就会知道这几行代码是干什么的，接着可以模仿地添加几行代码再编译和运行，必有收获，最后要体会一下什么是类，什么是对象。

这个示例中的视窗、菜单条、菜单和文本域都是对象，这些对象分别是用 Java API 类库中已有的视窗 JFrame 类、菜单条 JMenuBar 类、菜单 JMenu 类和文本域 JTextArea 类创建的，用类创建对象的格式是：

```
类名 对象名=new 类名();
```

创建好对象以后，通过对象调用方法解决实际问题，对象调用方法的格式是：

```
对象名.方法名();
```

首先在程序中，用 import javax.swing.*; 引进 API 中的视窗 JFrame 类、菜单条 JMenuBar 类、菜单 JMenu 类和文本域 JTextArea 类，然后用 JFrame 类创建一个视窗对象 win，用 JMenuBar 类创建一个菜单条对象 bar，用 JMenu 类创建 5 个菜单对象 m1、m2、m3、m4、m5。

接着在程序中，用对象 bar 调用 add()方法把每个菜单对象放到菜单条对象 bar 中，用视窗对象 win 调用 setJMenuBar()方法把菜单条对象 bar 放到视窗对象 win 中，再用视窗对象 win 调用两个方法分别设置视窗的可见性和大小。

最后用文本域 JTextArea 类创建一个文本域对象 myTextArea（写字区域），并把文本域对象 myTextArea 放在视窗里的菜单条下面。

【示例 1.4】创建一个视窗，在这个视窗里添加菜单条、菜单和文本域。

```
import javax.swing.*;// 引进视窗类 JFrame,菜单条类 JMenuBar,菜单类 JMenu 和文本域类 JTextArea
public class MyWindow{
        public static void main(String args[]){
                JFrame win=new JFrame("我是窗口 win, 类似于大家使用的记事本");
                JMenuBar bar=new JMenuBar(); //用 JMenuBar 类创建一个菜单条对象 bar
                JMenu m1=new JMenu("文件");  //用 JMenu 类创建菜单对象 m1, 下面是依次创建
m2,m3,m4,m5
                JMenu m2=new JMenu("编辑");
                JMenu m3=new JMenu("工具");
                JMenu m4=new JMenu("查看");
                JMenu m5=new JMenu("帮助");
                bar.add(m1); //调用菜单条 bar 的 add()方法, 把菜单 m1 放入 bar 中, 下面是依次放入
m2,m3,m4,m5
                bar.add(m2); bar.add(m3); bar.add(m4); bar.add(m5);
                win.setVisible(true);
                win.setSize(600,90);
                win.setJMenuBar(bar); //把菜单条 bar 放到视窗 win 中
                JTextArea myTextArea=new JTextArea();//用文本域类 JTextArea 类创建用文本域
对象 myTextArea
                myTextArea.setText("我是 win,欢迎大家访问和填写内容!");//在 myTextArea 填写
内容
                win.add(myTextArea); //把文本域 myTextArea 放到视窗 win 中
                }
    }
```

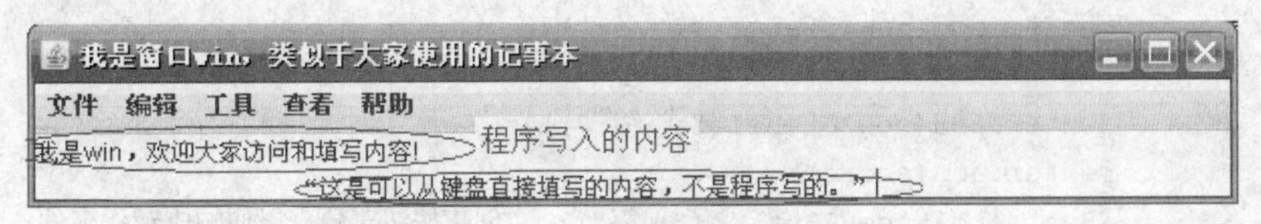

图 1.14　示例 1.4 的运行结果

关于视窗、菜单条、菜单和文本域将在第 5 章详细讨论。

1.8 实例讲解与问题研讨

在示例 1.4 中我们已经看到了视窗，包括视窗里的菜单条、菜单和文本域这些对象，现在再请看一看如图 1.15 所示的视窗里都是什么？视窗中部左侧的那一块是 3 个标签，视窗中部右侧的那一块是 3 个文本行，视窗底部是 4 个按钮，这些东西都是对象。

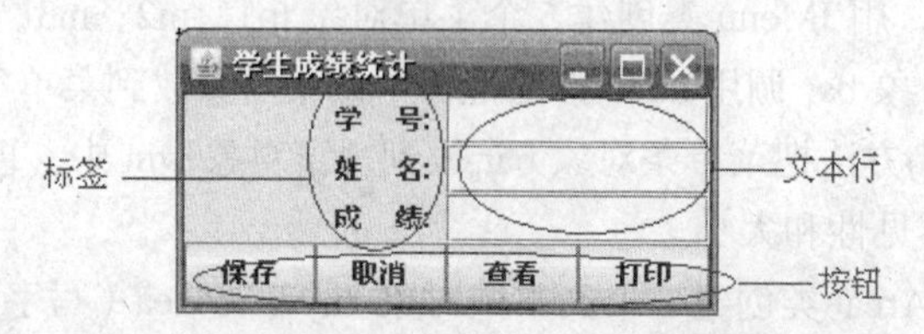

图 1.15 视窗里的标签、按钮和文本行这些对象

JLabel（标签）对象、JTextField（文本行）对象和 JButton（按钮）对象，也是在视窗里经常见到的，它们分别是利用 API 类库中的标签 JLabel 类、文本行 JTextField 类和按钮 JButton 类创建的。

在实例 1.1 中，首先用 import java.awt.*; 引进 API 类库中的布局 GridLayout 类，用 import javax.swing.*; 引进 API 类库中的标签 JLabel 类、文本行 JTextField 类、按钮 JButton 类和面板 JPanel 类。然后分别创建文本行对象 number、name、score，按钮对象 b1、b2、b3、b4。为了把视窗分成中部和下部两个部分，用 JPanel 类创建了面板对象 center 和 south。用 JLabel 类创建了 3 个匿名标签对象，把 3 个匿名标签对象和文本行对象 number、name、score 按 3 行 2 列的布局放在 center 里，把 b1、b2、b3、b4 按 1 行 4 列的布局放在 south 里，最后用 JFrame 类创建一个视窗 win，把 center、south 按中、下的布局放在视窗 win 里。

【实例 1.1】创建一个视窗，在这个视窗里布局标签、单行文本、按钮。

```
import java.awt.*;// 引进布局类 GridLayout 类
import javax.swing.*;// 引进 JLabel 类、JTextField 类、JButton 类、JPanel 类和 JFrame 类
class StudentScore{
      public static void main(String args[]){
      JTextField number=new JTextField(10);  //创建文本行对象，用来在视窗中输入数据
      JTextField name=new JTextField(10);
      JTextField score=new JTextField(10);
      JPanel center=new JPanel();
            center.setLayout(new GridLayout(3,2));//按 3 行 2 列 center 中布局对象
            center.add(new JLabel("学 号:")); //用匿名标签对象,显示数据，放入 center 中
            center.add(number); // 把 number 放入 center
            center.add(new JLabel("姓 名:"));
            center.add(name);
            center.add(new JLabel("成 绩:"));
            center.add(score);
            JButton b1=new JButton("保存");  //创建按钮对象，以便响应动作事件
            JButton b2=new JButton("取消");
            JButton b3=new JButton("查看");
```

```
            JButton b4=new JButton("打印");
            JPanel south=new JPanel();
            south.setLayout(new GridLayout(1,4)); //按 1 行 4 列 south 中布局对象
            south.add(b1);// 把按钮对象 b1 放在 south 里
            south.add(b2);
            south.add(b3);
            south.add(b4);
       JFrame win=new JFrame();
            win.setTitle("学生成绩统计");
            win.setBounds(100,100,600,100);
            win.setVisible(true);
            win.add("Center",center);// 把 center 放在视窗 win 的中部
            win.add("South",south);  // 把 south 放在视窗 win 的下部
            win.pack();
       }
    }
```

通过示例 1.4 和实例 1.1 要从概念上理解什么是类，什么是对象和 Java 程序设计的特点。

关于类和对象将在第 3 章详细讨论。视窗、标签、按钮、文本行和布局将在第 5 章详细讨论。

学习 Java 需要注意以下几个问题。

① 必须熟练掌握语法，对编译错误和运行异常能够根据报错信息判断是什么错误，并且知道如何改正。

② 必须了解 JDK 的一些常用命令（如 java、javac、javadoc、jar、javap、javaw）的使用。

③ 至少会使用一种 Java 开发工具，如 JCreator、Eclipse、MyEclipse、IDEA 和 Workshop 等。

④ 必须全面了解 API，对常用的 API 类要重点掌握，否则不可能用 Java 做一个实际的项目。

⑤ 必须真正掌握面向对象程序设计的基本思想和方法。

⑥ 必须符合通常的编码规范，如类名首字母大写、方法名和变量名首字母小写、方法名的第一个单词是动词、包名全部小写、该加注释的地方加注释等。

1.9 小结

Java 是 Java 语言和 Java 开发平台的联合体，Java 语言提供了程序设计的工具，Java 开发平台提供了程序设计的基础支撑和运行环境。

可以用 class 声明一个类，Java 是由类构成的，可以在类中用已有的类创建对象和使用这些对象，可以用对象名调用类中定义的方法，以实现特定的功能。可以把类看成创建对象的模板，对象则是类的实例，实际上就是可以在程序中使用类来创建对象，对象既能存储数据又能处理数据，用对象可以调用很多有用的方法。

可以用任何编辑器编写 Java 程序文件，Java 程序文件后缀名是 .java，一个 Java 程序文中可以定义多个类。可以用编译器 javac.exe 编译 Java 程序文件，Java 程序文中每个类将产生一个单独的 class 文件。可以用解释器 java.exe 运行程序中含有 main()方法的 class 文件。

可以从 Sun 公司的官方网站上下载和安装最新版本的 JDK。JDK 是 Java 开发平台的一个实例，JDK 不仅提供了 Java 的编译器和运行环境，还提供了 API 核心类库，API 核心类库是 Java 程序设计的基础，结合面向对象程序设计的方法，可以设计各种实用的 Java 程序。

习题 1

一、思考与练习

1. 什么是 Java?
2. Java 语言的特点是什么？举例说明。
3. JDK 的作用是什么？JDK 包括哪些内容？
4. Java 程序的开发过程包括哪些步骤？
5. 什么是对象？什么是类？举例说明。
6. 什么是平台？什么是跨平台？
7. 面向对象程序设计的指导思想是什么？
8. 面向对象程序设计的核心技术是什么？
9. 面向对象程序设计的优势是什么？

二、上机练习题

1. 下载并安装 JDK。
2. 创建并运行示例 1.1、示例 1.2、示例 1.3 的程序(注意:区分英文字母的大小写)。
3. 创建并运行实例 1.1 程序。
4. 用记事本抄写下列代码，正确保存这些代码，编译并运行这些代码。

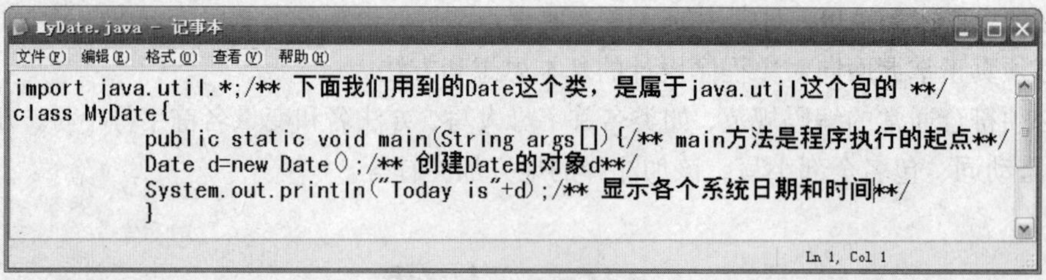

```
import java.util.*;/** 下面我们用到的Date这个类，是属于java.util这个包的 **/
class MyDate{
        public static void main(String args[]){/** main方法是程序执行的起点**/
        Date d=new Date();/** 创建Date的对象d**/
        System.out.println("Today is"+d);/** 显示各个系统日期和时间**/
        }
```

图 1.16　练习题 4

5. 用记事本抄写下列代码，正确保存这些代码，编译并运行这些代码。

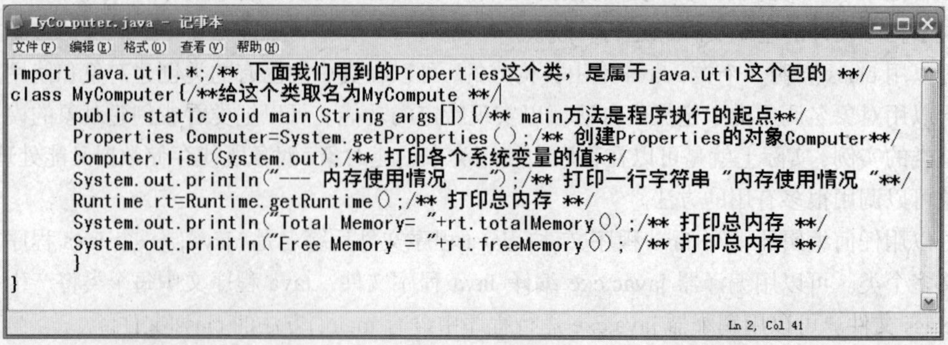

```
import java.util.*;/** 下面我们用到的Properties这个类，是属于java.util这个包的 **/
class MyComputer{/**给这个类取名为MyCompute **/
    public static void main(String args[]){/** main方法是程序执行的起点**/
    Properties Computer=System.getProperties();/** 创建Properties的对象Computer**/
    Computer.list(System.out);/** 打印各个系统变量的值**/
    System.out.println("--- 内存使用情况 ---");/** 打印一行字符串“内存使用情况“**/
    Runtime rt=Runtime.getRuntime();/** 打印总内存 **/
    System.out.println("Total Memory= "+rt.totalMemory());/** 打印总内存 **/
    System.out.println("Free Memory = "+rt.freeMemory()); /** 打印总内存 **/
    }
}
```

图 1.17　练习题 5

第2章 Java语言基础知识

道生一，一生二，二生三，三生万物。

——老子

Java 语言规定了在 Java 程序中可以使用的语言符号和使用这些符号的规则，这些符号既要求程序员能够认识又要求编译器能够识别，这些规则既要符合程序员的习惯又要满足编译器的要求。

Java 语言规定的基本符号包括：字符、标识符、关键字、运算符、定界符、转义字符、常值。

按照 Java 语言的规则，用基本符号可以组成各种表达式和各种语句，用语句可以组成方法，用变量声明语句和方法可以组成类定义，用类定义可以组合成程序。这些内容就是本章要讲述的 Java 语言基础知识。

2.1 Java 语言字符集和基本符号

1. 字符集

Java 语言字符集是 Java 程序中可以使用的所有字符的集合。Java 语言的字符集，类似于英语的字母表。

每个字符在计算机内部都是用 bit 组合表示的，1 个 bit 最多可以表示 2 个字符，2 个 bit 最多可以表示 4 个字符，n 个 bit 最多可以表示 2^n 个字符。

Java 采用 Unicode 标准字符集，Unicode 字符采用 16bit 编码，Unicode 字符个数是 $2^{16}=65536$ 个，所以 Unicode 字符集包括了所有 ASCII 标准字符，还包括汉字、假名、朝鲜文等许多国家的语言文字。C 和 C++采用 ASCII 标准字符集，字符采用 8bit 编码。

每个字符都对应唯一的一个整数，称为编码值，Unicode 编码值为整数，范围是 0～65535。在 Unicode 中的 ASCII 字符前 8bit 都是 0，所以 Unicode 中的 ASCII 字符编码值和 ASCII 中的字符编码值相等，如 a 的 Unicode 编码值和 ASCII 编码值都是 97，b 的都是 98，c 的都是 99 等。

字符是程序中最小的符号单位，除了个别特殊字符，大多数单个字符没有意义，组合起来才有意义。

2. 标识符

标识符（Identifier）是用来表示被声明实体的名字，并符合一定规则的字符组合，程序中所有需要使用的名字都要用标识符表示，如类名、对象名、变量名、方法名、数组名等，标识符是程序中各种元素的标记符号。

字符组合成标识符的规则是：由 Unicode 字母（包括英语字母和汉字等）、下划线_、美元符号$、数字组合成标识符，并且第一个字符不能是数字，满足这个规则的任何字符序列都可以作为标识符，如 HelloWord、MyWindow、x、y、main、paint、姓名、年龄、us_99、$D 等都是合法的 Java 标识符。

3. 关键字

关键字（Keyword）是 Java 语言中采用的一些英语单词，这些单词用来表示数据类型、修饰符、定义类和接口等，关键字将在后续章节陆续用到，关键字均采用小写字母，关键字不能当标识符使用。所有 Java 语言的关键字如下：

abstract，break，byte，boolean，catch，case，class，char，continue，default，double，do，else，extends，false，final，float，for，finally，if，import，implements，int，interface，instanceof，long，length，native，new，null，package，private，protected，public，return，switch，synchronized，short，static，super，try，true，this，throw，throws，threadsafe，transient，void，while。

关键字的意义和用途是 Java 语言规定的，标识符是可以按照规则自己定义的。

标识符和关键字都是具有一定意义的基本符号单位，不是具有完整意义的语法单位，不能单独写在程序中，关键字和标识符的组合形式在程序中经常用到，如 class MyClass{}，int sum; interface MyInterface{}等。

4. 其他基本符号

常值是 Java 语言规定的程序中可以直接使用的数据，如 25、2.5f、"student"等。

定界符包括 3 种（逗号、分号和符花括号），用逗号“,”将一些标识符或常值分开，用分号“;”将语句分开，语句以分号“;”结尾。用花括号“{}”将语句组合成方法体，或者将声明语句和方法组合成类体。

转义字符是一些控制字符和特殊字符，如表 2-1 所示。

表 2-1　　转义字符

控制字符	对应 Unicode 码	意义	特殊字符	对应 Unicode 码	意义
\b	\u0008	退格	\0	\u0000	空格符
\t	\u0009	水平制表符 tab	\"	\u0022	双引号 "
\n	\u000a	换行	\'	\u0027	单引号 '
\r	\u000d	回车键	\\	\u005c	反斜线\

【示例 2.1】程序中经常用到的特殊字符如下：

```
class 转义字{
    public static void main(String[] args){
    System.out.println("空\0\0 格");   //输出空格符，空格是个特殊字符。
    System.out.println("双引号\"");  //输出双引号，双引号是字符串常值使用的特殊字符。
    System.out.println("单引号\'");  //输出单引号，单引号是字符常值使用的特殊字符。
    System.out.println("反斜线\\");  //输出反斜线，反斜线是转义字符使用的特殊字符。
    }//不可以这样做：System.out.println("双引号"");或 System.out.println("反斜线\");
}
```

请编译和运行这个程序并查看一下运行结果，就会明白为什么要使用转义字符了。

2.2 数据类型和变量

数据类型和变量是任何程序设计语言都必须要有的，数据类型用来创建变量，变量用来保存数据。

1. 数据类型

Java 语言的数据类型分为两类：基本类型和引用类型。

基本类型是 Java 语言规定的，共 8 种，用关键字来表示，基本类型都具有规定的长度和格式，如表 2-2 所示。

表 2-2　基本类型

基本类型	中文名称	长度	格式	缺省数值
byte	字节型	8-bit	二进制补码	0
char	单字符	16-bit	16-bit Unicode 字符	'\u0000'
short	短整型	16-bit	二进制补码	0
int	整型	32-bit	二进制补码	0
long	长整型	64-bit	二进制补码	0
float	单精度浮点数	32-bit	IEEE 754	0.0f
double	双精度浮点数	64-bit	64-bit IEEE 754	0.0d
boolean	布尔型	8	true 或 false	false

引用类型包括：类、接口和数组，将在后续章节讨论。

2. 变量

变量是用来保存数据的，变量本身不是数据，用数据类型和标识符可以组合成变量声明语句，变量声明语句的简单语法格式是：

```
数据类型 变量名[,变量名 2, …, 变量名 n];
```

其中：数据类型可以是基本类型或引用类型，数据类型也称为相应变量的类型，变量类型决定了变量的存储内容。

变量名是一个标识符，若用英文单词作变量名，则通常第一个单词的首字母要小写，其余单词的首字母要大写，可以用汉字作为变量名，这一点与 C 和 C++不同。

[…]表示可以省略的部分，分号；是语句结尾。下面是变量声明语句：

```
String name; // String 是一个类，可以与基本类型一样使用。
int identity;
float score;
int identity=1,score=100;  //用 int 一次声明 2 个变量并同时设定变量初始值 1 和 100。
boolean isTrue=true;       //在这个语句中 isTrue 被设定了初始值 true。
byte 字节型=1;              //在这个语句中使用汉字作变量名，汉字是 Unicode 的字母。
```

其中：int、boolean 和 byte 都是基本类型，identity、score、isTrue、字节型和 name 都是变量名，“=”是赋值运算符，稍后介绍。

变量名有两种用途，一种是表示一个存储地址，另一种是表示一个存储的值。例如，score=score+10;在“=”左边的 score 表示一个存储地址，在“=”右边的 score 表示一个存储的值。

变量声明语句在程序中写的位置很重要，直接写在类中则变量称为类的成员变量，写在类的方法体中则变量称为局部变量，写在类的方法声明中则变量称为参量，后续将详细讨论。

不同类型的变量不能直接进行运算，变量存储的一定类型的数据可以在存取时转换为另一种类型的数据，称为数据类型转换，类型转换分成自动转换和强制转换两种。

【示例 2.2】数据类型自动从低级到高级转换（表 2-2 中从上向下），程序使用汉字类名和变量名。

```
class 类型转换{
        public static void main(String args[]){
        byte  字节型=1;char 单字符='a';short 短整型=2;int 整__型=3;
        long 长整型=4;float 单精度=5;double 双精度=6;boolean 布尔型=true;
        //赋值运算符"="右边的数据类型都可以自动转换为左边的数据类型。
        短整型=字节型;
        整__型=字节型+单字符+短整型;
        长整型=字节型+单字符+短整型+整__型;
        单精度=字节型+单字符+短整型+整__型+长整型;
        双精度=字节型+单字符+短整型+整__型+长整型+单精度;
System.out.println(短整型+整__型+长整型+单精度+双精度);
}
```

请自行编译和运行这个程序并查看一下运行结果，就会明白数据类型自动从低级到高级的转换。

强制类型转换，高级数据要转换成低级数据，需用到强制类型转换，例如：

```
int a=2; double b=1/a;  因为 1 和 a 是整数，两个整数相除结果为整数，b=1/a 的结果是 b=0。
int a=2; double b=1/(double)a; (double)a 强制转换为 double，b=1/(double)a 的结果是 b=0.5。
```

把 int 型变量 a 强制转换为 double 型，若不制转，整数相除结果为整数 0，而不是小数 0.5。

Java 字符型变量在 0～65355 范围取整数值时，表示相应的字符，超出范围没有意义，例如：

```
char c1='a';  char c2=97; c1 和 c2 相等，都保存一个字符 a，char c3=65356;是语法错误。
```

Java 整型变量取字符值时，表示字符相应的 Unicode 编码值，范围是整数 0～65535。

```
int  s1='a';  int  s2=97; s1 和 s2 相等，都保存一个整数 97。
int c='李';
System.out.println(c); 输出是：26446
char d=(char)c;
System.out.println(d); 输出是：李
```

关于变量和类型转换，将在后续章节继续讨论。

2.3　运算符和表达式

运算符是 Java 语言规定的表示各种数据运算的符号，参与运算的数据称为操作数。按操作数的数目分为一元运算符（++、--、+、-），二元运算符（+、-、*、/），三元运算符（?:）

按运算符的基本功能划分，有以下几种。

（1）算术运算符：+，-，*，/，%，++，--。例如：3+2，a-b，i++，--i。

（2）关系运算符：>，<，>=，<=，==，!=。例如：count>3；I==0，n!=-1。

（3）布尔逻辑运算符：!，&&，||。例如：flag=true; !(flag);flag&&false；

（4）位运算符：>>，<<，>>>，&，|，^，～。例如：a=10011101; b=00111001；则有如下结果：

```
a<<3 =11101000;  a>>3 =11110011 a>>>3=00010011;
a&b=00011001; a|b=10111101;～a=01100010; a^b=10100100;
```

（5）赋值运算符 = 及其扩展赋值运算符：+=，−=，*=，/=等。例如：i=3; i+=3; //等效于 i=i+3；

（6）条件运算符?。例如：result=(sum= =0 ? 1 : num/sum);

（7）分量运算符.。例如：package china.liaonig.dalian; System.out.println(" hello！");

（8）内存分配运算符 new。例如：MyWindow win=new MyWindow();

（9）参量表定义和方法调用运算符 ()。例如：int sum(int a,intb){};s.sum();

（10）下标运算符[]。例如：int array1[]=new int[4];

（11）强制类型转换运算符 (类型)。例如：byte b=(byte)i;

运算符不仅具有运算功能，还具有从变量读取数据和向变量保存数据的功能，例如：

```
int a; a=3; a=3+a; 运算符“+”表示取出变量 a 中的数据 3，再加 3。
int a; a=3; a++; 运算符“++”表示取出变量 a 中的数据 3，再加 1，结果 4 保存到变量 a 中。
```

关于运算符的详细讨论见本章的实例讲解。

表达式的运算按照运算符的优先顺序从高到低进行，同级运算符从左到右进行，运算符的优先级如表 2-3 所示。

表 2-3　运算符的优先级

优先级	描述	运算符	结合性
1	最高优先级	. [ ] ( )	左/右
2	单目运算	-～ ! ++ --强制类型转换符	右
3	算术乘除运算	* / %	左
4	算术加减运算	+ -	左
5	移位运算	>> << >>>	左
6	大小关系运算	< <= > >=	左
7	相等关系运算	== !=	左
8	按位与，非简洁与	&	左
9	按位异或运算	^	左
10	三目条件运算	? :	右
11	简单、复杂赋值	=	右

表达式是由运算符、数字、变量名和有返回值的方法调用构成的，是一个能计算出确定值的式子，例如：

表达式 1：(-b-Math.sqrt(b*b-4*a*c))/(2*a) 其中 a,b,c 是变量，Math.sqr 是方法调用，不含赋值运算符，一个不含赋值运算符的表达式不知道运算结果放哪，不能独立存在于程序中。

表达式 2：d=Math.sqrt(b*b-4*a*c)；其中含赋值运算符，含赋值运算符的表达式可以独立存在于程序中，构成一个赋值语句。

表达式可以嵌套，多个表达式通过运算符可以构成一个新的表达式，(表达式 1)+(表达式 2)构成（表达式 3）等。

2.4 语句和方法简介

语句是程序设计语言告诉计算机做一件事的完整指令。方法是一些语句的组合体。

2.4.1 语句

Java 语言的语句按使用范围可以分为 3 类：写在类外面的语句，写在类中和方法外的语句，写在方法中的语句。

1. 写在类外面的语句

写在类外面的语句，只有 package 语句和 import 语句。

package 语句的语法格式是：package 包名；其中：package 是定义包的关键字，包名是标识符，包名一般使用小写英文字母，package 语句用来定义一个包名，编译时使用参数-d . 会在当前目录下创建一个与包名一致的文件目录，保存程序编译后产生的.class 文件，给程序定义一个包，避免与其他程序产生的.class 文件混肴，package 语句不是程序必须要有的，但若有必须是程序的第一条语句，而且程序只能有一个 package 语句。package 语句的作用类似于平时按目录层次管理文档，来管理.class 文件。例如：

```
package student;在当前目录下创建一个 ..\student 目录。
class A{}
package dalian.city.student; 在当前目录下创建一个 ..\dalian\city\student 目录。
class A{}
```

同一个类 A 编译后产生的 A.class 文件可以保存到不同的目录下，运行时把包名作为主类名的路径前缀，例如：d:\>java dalian.city.student.A

import 语句用来用引进 Java API 核心类库中的类或其他已存在的公共类，如示例 1.2、示例 1.4 所示，import 语句也不是程序必须要有的，但若有必须是在 package 语句之后和在类定义之前，一个程序可以有多个 import 语句，以引进多个类。

2. 写在类中和方法外的语句

写在类中和方法外的语句，只有变量声明语句，将在第 3 章详细讨论。

3. 写在方法中的语句

写在方法中的语句，包括赋值语句、无返回值的方法调用语句，流程控制语句，这些语句与 C 语言基本相同。

赋值语句，用来取表达式的值保存到变量中或把对象的引用地址保存到变量中，例如：

```
int a=5; a=a+2; a=2+a;
```

在赋值语句 a=a+2 中，赋值号左边的 a 表示变量，右边的 a 表示变量的值，是用赋值号取出变量 a 原来的值 3 与 2 相加，得到结果 5，再用赋值号保存到变量 a 中，改变了变量 a 的值。

在赋值语句 a=2+a 中，赋值号左边的 a 表示变量，右边的 a 表示变量的值，是用加号取出变量 a 原来的值 3 与 2 相加，得到结果 5，再用赋值号保存到变量 a 中，改变了变量 a 的值。

无返回值的方法调用语句，通常是由对象名、分量运算符和无返回值方法名组成的，调用类中定义的无返回值方法，有返回值的方法调用时必须确定返回值如何处理，所以有返回值的方法调用不能构成一个完整指令，必须放在表达式中。

2.4.2　方法简介

现在简单地介绍一下 Java 语言中的方法，方法定义和方法调用往往不是同一方所为，可以称方法定义方为甲方，方法调用方为乙方。甲方负责方法的设计，乙方负责方法的执行。

1. 方法定义

方法是用来处理数据的，方法定义是用代码来表示方法的设计，Java 语言中方法定义的基本语法格式是：

```
返回类型 方法名(参量表){…}
```

返回类型确定方法要输出什么，必须要有；(参量表)确定方法要输入什么，是方法解决问题的前提条件，可以省略；{…}称为方法体，确定方法要做什么，必须要有，方法体是一些语句组合体；方法名是确定这个方法的唯一标识，以便调用这个方法，定义方法并不执行任何操作。

例如，要设计一个求任意两个整数和的方法，用整型变量 a 和 b 表示两个任意的整数，两个整数相加的结果一定是一个整数，方法名确定为 add()，则 add()方法的返回类型是 int；参量表是 int a,int b；方法体是{return a+b;}；如下所示：

```
int add(int a,int b){return a+b;}
```

实际上 add()方法定义时不能确定是哪两个数相加，如果确定了是哪两个数相加，这样的方法也就没有意义了。

2. 方法调用

方法调用是执行已定义的方法，要进行实际操作，方法调用的语法格式要与方法定义的语法格式相对应。例如，在 add()方法调用时，必须要确定 add()方法定义时规定的两个整型变量 a 和 b 的值，并且要声明一个整型变量保存 add()方法的返回值，如下所示：

```
int sum1=add(2,3); int sum2=add(3,5);等。
```

实际上，如果调用 add()方法时还不知道是哪两个数相加，就没有必要调用 add()方法了。

方法是一些语句组合的整体，可以通过参量接收外部数据，可以向外部输出数据或实现一定的功能。方法是类的重要组成单位，多数语句必须写在方法中，方法可以完成单个语句不能实现的功能。Java 语言中的方法可以简单理解为类似于 C 语言中的函数。

【示例 2.3】方法定义和方法调用。

```
class Methods{
    void write(String s){
    System.out.println(s+" write Method");
    }
    String read(String s){
    return s+" Method read";
    }
    public static void main(String ar[]){
    Methods m=new Methods();
    m.write("Call");
    System.out.println(m.read("Call"));
    }
}
```

请编译和运行这个程序并查看一下运行结果，就会明白什么是方法定义和方法调用了。

2.5 控制语句

控制语句在方法中提供了一种机制，可以跳过一些语句不执行，转去执行另一些语句，控制语句分为四种，如表 2-4 所示。

表 2-4 控制语句

程序的控制结构	关键字	说明
条件语句	if-else, switch-case	根据一定条件选择执行一些语句
循环语句	while, do-while , for	满足一定条件重复执行一些语句
分支语句	Break,continue,label:,return	跳出当前循环
异常处理语句	try-catch-finally, throw	根据正常和异常选择执行不同的语句

本节示例都比较简单，请自行编译和运行这些程序并查看一下运行结果。

2.5.1 条件语句

Java 中的条件语句有两种，if_else 条件语句和 switch 多分支语句。

1. if_else 条件语句

if_else 条件语句的基本语句如下：

```
if(表达式){ 语句序列 1 }或
if(表达式){ 语句序列 }else{ 语句序列 2 }或
if(表达式 1){ 语句序列 1 }else if(表达式 2){语句序列 2}else{ 语句序列 3 }
```

括号中的表达式可以是任何类型的表达式，必须满足的要求是返回值为 boolean 型。

【示例 2.4】if else 语句演示。

```
public class IfElseDemo {
      public static void main(String[] args) {
      int testscore = 76; char grade;
      if (testscore >= 90) {
         grade = 'A';
      } else if (testscore >= 80) {
         grade = 'B';
      } else if (testscore >= 70) {
         grade = 'C';
      } else if (testscore >= 60) {
         grade = 'D';
      } else {
         grade = 'F';
      }
      System.out.println("Grade = " + grade);// Grade = C
   }
}
```

2. switch-case 语句

Java 中实现多分支还有一个选择，就是使用 switch 分支语句。switch 语句比 if 语句要复杂。switch 分支语句的基本语句如下：

```
switch(<判断表达式>)
```

```
{
    case 表达式 a:
        判断表达式值与表达式 a 值相匹配时所执行的代码序列
        Break
    case 表达式 b:
        判断表达式值与表达式 b 值相匹配时所执行的代码序列
        Break
        …
        default:
         判断表达式值与所有 case 都不匹配时所执行的代码序列
}
```

其中，default 分支为可选部分，在不需要时可以没有。

【示例 2.5】switch 语句演示。

```
public class SwitchDemo {
     public static void main(String[] args) {
     int month = 8;
     switch (month) {
         case 1:  System.out.println("January"); break;
         case 2:  System.out.println("February"); break;
         case 3:  System.out.println("March"); break;
         case 4:  System.out.println("April"); break;
         case 5:  System.out.println("May"); break;
         case 6:  System.out.println("June"); break;
         case 7:  System.out.println("July"); break;
         case 8:  System.out.println("August"); break;
         case 9:  System.out.println("September"); break;
         case 10: System.out.println("October"); break;
         case 11: System.out.println("November"); break;
         case 12: System.out.println("December"); break;
      }
   }
}
```

选择使用 if 语句还是 switch 语句主要是根据可读性以及其他因素来决定。if 语句可以根据多种表达式来判断，而 switch 语句只能根据单个整型变量来做判断。另外一点必须注意的是，switch 语句在每个 case 之后都有 break 语句。break 语句能终止 switch 语句，并且控制流程继续执行 switch 块之后的第一个语句。break 语句是必须的，若没有 break 语句，则会按顺序逐一执行 case 语句，这就起不到控制的作用了。

2.5.2 循环语句

在方法定义中，有时需要重复执行相同的一段代码，这时就要使用循环语句，循环语句有以下 3 种。

1. while 循环语句

while 循环使用于不知道代码需要被重复的次数，但有明确的终止条件的循环流程。其基本语句如下：

```
while(<条件表达式>){语句序列}
```

【示例 2.6】while 语句演示。

```
public class WhileDemo {
       public static void main(String[] args) {
```

```
        String copyFromMe = "Copy this string until you encounter the letter 'g'.";
        StringBuffer copyToMe = new StringBuffer();
        int i = 0;
        char c = copyFromMe.charAt(i);
        while (c != 'g') {
        copyToMe.append(c);
        c = copyFromMe.charAt(++i);
        }
        System.out.println(copyToMe);// Copy this strin.
    }
}
```

2. do-while 循环语句

与 while 循环不同，do-while 循环先执行一次循环体再计算条件表达式的值，所以不论条件表达式返回什么值，都将至少执行一次循环体，其语句为：

```
do{
   语句序列;
  }while(条件表达式);
```

【示例 2.7】do while 语句演示。

```
public class DoWhileDemo {
        public static void main(String[] args) {
        String copyFromMe = "Copy this string until you encounter the letter 'g'.";
        StringBuffer copyToMe = new StringBuffer();
        int i = 0;
        char c = copyFromMe.charAt(i);
        do {
           copyToMe.append(c);
           c = copyFromMe.charAt(++i);
        } while (c != 'g');
        System.out.println(copyToMe);
    }
}
```

3. for 循环语句

for 循环通常用于明确知道循环体需要执行的次数的程序，此时使用 for 循环是最佳选择。for 循环的基本语法如下：

```
for(初始化表达式; 条件表达式; 更新语句列表)
    {
       语句序列;
    }
```

其中，语句中的第一行称为 for 循环声明，第二行称为循环体。另外，花括号是可选的部分，如果没有，其只对紧跟 for 的一句语句起作用。

【示例 2.8】for 语句演示。

```
public class ForDemo {
   public static void main(String[] args) {
      int[] arrayOfInts = { 32, 87, 3, 589, 12, 1076,2000, 8, 622, 127 };
      for (int i = 0; i < arrayOfInts.length; i++) {
         System.out.print(arrayOfInts[i] + " ");//结果是: 32 87 3 589 12 1076 2000 8 622 127
      }
        }
}
```

2.5.3 跳转语句

Java 语言有 3 种跳转语句。

1. break 语句

在 Java 中 break 语句有两个用途，一是在 switch 语句中，表示一个 case 的结束，退出 switch；二是作为循环控制语句，在循环体中表示退出循环。

如果在循环体中执行了 break 语句，则循环结束并退出。通常需要使用 break 语句时，则在循环体内执行一次 if 语句，如果满足某个条件，则立刻执行 break 语句跳出循环，例如：

```
for(int i=0;i<10;i++){
if(i>5){System.out.println("执行退出该循环"); //打印 break;  //跳出该循环}
}
```

上面的代码执行后打印 0～6。当 i 为 6 时满足条件，执行 break 语句，退出循环。如果嵌套了多层循环，break 跳出的是离其最近的一层循环。

【示例 2.9】break 语句演示。

```
public class BreakDemo {
        public static void main(String[] args) {
        int[] arrayOfInts = { 32, 87, 3, 589, 12, 1076,2000, 8, 622, 127 };
        int searchfor = 12;int i = 0;
        boolean foundIt = false;
        for ( ; i < arrayOfInts.length; i++) {
            if (arrayOfInts[i] == searchfor) {foundIt = true;break;}
        }
      if (foundIt) { System.out.println("Found " + searchfor + " at index " + i);
       } else {System.out.println(searchfor + "not in the array");}
    }
}
```

2. continue 语句

contionue 也是循环控制语句，也起中断循环的作用，与 break 不同的是，continue 只是中断当次循环。在循环体中，当 continue 执行时，本次循环结束，进入条件判断，如果条件满足，进入下一次循环。

continue 通常也是与 if 语句联用，在满足条件时结束本次循环，例如：

```
int sum=0;
for(int i=1;i<=10;i++){if(i==3)continue;sum+=1;}
System.out.println(sum); //打印 sum 的值
```

上述代码执行时累加 1～10 中除 3 以外的整数。当 i 为 3 时，执行了 continue 语句，进入下一次循环，本次不打印。

3. return 语句

return 语句用于函数或方法的返回，其一般形式如下：

```
return 表达式;
```

return 语句的功能是，退出当前的方法（函数），使控制流程返回到调用该方法的语句之后的下一个语句。例如：

```
return ++retValue
```

由 return 返回的值的类型必须与方法的返回类型相匹配。return 语句有两种形式：一种有返回值，另外一种无返回值。当一个方法被声明为 void 时，return 语句就没有返回值。关于方法的返回类型，将在后续章节中进一步介绍。

2.5.4 异常处理语句

对在程序的运行过程中可能所发生的异常事件，Java 语言中提供了一种独特的异常处理语句。异常处理语句的语法格式如下：

```
try {
    可能发生异常的一些语句
    } catch (exceptiontype name) {
    //发生异常执行的一些语句
    }
    finally {
    //总要执行的一些语句
    }
```

没发生异常执行 try 后花括号{}中的语句，发生异常执行 catch 后花括号{}中的一些语句。关于异常处理将在第 4 章详细讨论。

2.6 数　　组

一项给定类型的数据可以用一个变量存储，一组同类型的数据可以用一组变量存储，把这一组变量组合成一个整体就是数组，数组是一组有序的同类型变量，可以用来存储一组同类型的数据，例如：

int a[]={0,2,4,6,8,1,3,5,7,9}; a 就是一个数组，a[0]存储整数 0，a[1]存储整数 2,依次类推，a[9]存储整数 9,可以用 a[i]表示数组元素（0<i<9），a[i]是一组有序的整型变量,i 是序号，数组元素的个数称为数组长度，用数组名.length 表示数组长度，a.length==10，每个数组元素是一个变量，数组 a 相当于 10 个整型变量。

1. 数组声明

Java 语言数组声明包括数据类型和数组名，数组声明的基本语法如下：

```
数据类型 数组名[];或 数据类型[]数组名;
```

其中：数据类型可以是基本类型，也可以是引用类型，数组名是一个标识符，[]是数组声明和数组元素引用运算符。例如：

```
float score[]; 或 float[] score;     //声明了一个 float 型数组 score
    char c[]; 或  char[] c ;         //声明了一个 char 型数组 c
```

2. 创建数组

用运算符 new 创建数组，基本语法如下：

```
数组名=new 数据类型[长度];
```

其中：数组名是声明的数组名，new 是创建对象的运算符，长度是一个整数，例如：

```
int n=100; score=new float[n]; //创建了一个长度为 n 的数组，其中 score 是已经声明的 float 型数组
        c =new char [10];     //创建了一个长度为 10 的数组，其中 c 是已经声明的 char 型数组
```

也可以声明的同时创建数组，例如：

```
char c[]=new char [10];
```

3. 数组初始化

数组初始化是指为数组中的每个元素赋值。

【示例 2.10】

```
public class ArrayDemo {
        public static void main(String[] args) {
        int[] anArray; //声明数组
        anArray = new int[10]; //创建数组
        for (int i = 0; i < anArray.length; i++) {
                anArray[i] = i;  //数组的初始化
            System.out.print(anArray[i] + " ");}
    }
}
```

请编译和运行这个程序并查看一下运行结果，就会明白什么是数组初始化。

在创建数组对象的同时逐一列举出所有元素的初始值，称为枚举初始化，其基本语法如下。

```
数组类型[] 数组引用标识符=new 数组类型[] {第一个元素的值，第二个元素的值，…}
char name[]={'张','治','海'};   // 通过枚举法创建了数组对象
System.out.println("name.length=" + name.length); // name.length==3
for(int i=0;i<name.length;i++){ System.out.print(name[i]);} // 打印数组元素
```

字符数组可以用字符串变量表示，例如：

String name1= "张治海"; 与 String name1= new String(name);是一样的，用字符串变量表示字符数组，处理上比较方便，例如：

System.out.println(name1); 与 System.out.println("张治海"); 是一样的。

4. 多维数组

String [] studentWang={"王　昱","女","22","北京"}; 称为一维数组。

由一维数组构成的数组称为二维数组，例如：

```
String [][]students = {
                        {"王  昱","女","22","北京"},
                        {"李向阳","男","24","上海"},
                        {"萧  晓","男","21","香港"},
                        {"郑  芝","女","20","伦敦"},
                        {"鲁  达","男","23","纽约"},
                       };
```

由二维数组构成的数组称为三维数组，例如：

```
String [][][]univer={ students1,students2,students3,…,studentsN};
```

其中：students1,students2,students3,…,studentsN 为二维数组。

如此炮制，就可以有 *n* 维数组。

5. 数组的内存模式

数组是一种引用类型，与基本类型变量声明不同，数组声明（如 int a[]）为数组 a 分配一个 32bit 的内存单元(如 0xff01)作为引用地址，创建数组（如 a=new int[6]）new 运算符为数组分配实际内存空间（如 0xaa01～0xaa16）并将 0xaa01 保存到数组 a 的引用地址 0xff01 中，数组 a 通过引用地址管理数组的实际内存空间，包括数组的初始化，如图 2.1 所示。

引用类型用标识符表示，包括类名、接口名、数组名，由 API 提供或自己定义。

引用类型声明的变量称为引用类型变量，编译器为引用类型变量分配一个 32bit 的内存单元，保存它引用的对象所在的堆栈的地址，而对于对象所在的实际的内存地址是不可操作的，这就保

证了数据的安全性。

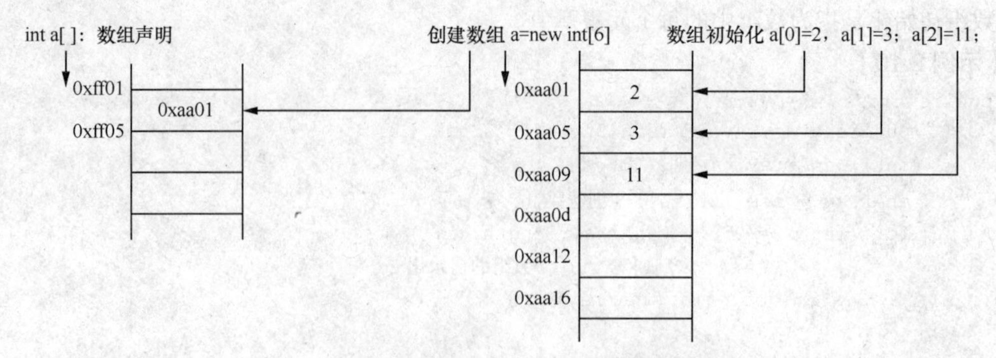

图 2.1　通过引用地址管理数组的实际实际内存空间

对于基本类型变量，每个变量对应基本类型确定的内存单元，保存实际数据，例如：

```
int a;int b;a=3;b=2+a;
```

编译器会按图 2.2 所示进行处理。

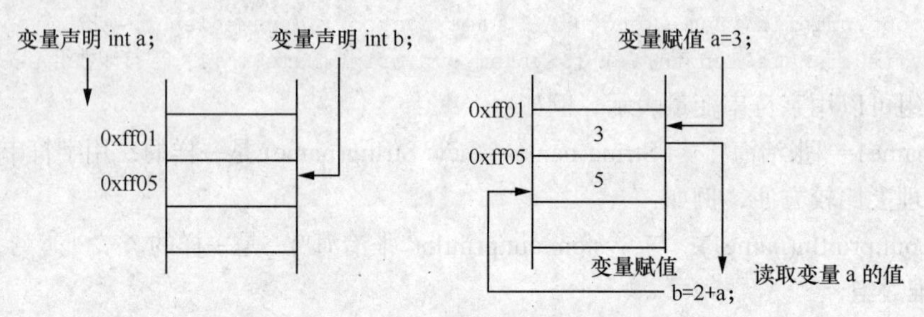

图 2.2　每个变量对应基本类型确定的内存单元

简单地说，基本类型变量保存的是实际数据，引用类型变量保存的是所引用对象的地址。

2.7　实例讲解与问题研讨

【实例 2.1】演示各种基本类型的最大值。

```
public class DataTypes{
        public static void main(String args[]){
        byte   largestByte = Byte.MAX_VALUE;        // 字节型
        short  largestShort = Short.MAX_VALUE;      // 短整型
        int    largestInteger = Integer.MAX_VALUE; // 整型
        long   largestLong = Long.MAX_VALUE;        // 长整型
        float  largestFloat = Float.MAX_VALUE;      // 单精度浮点数
        double largestDouble = Double.MAX_VALUE;    // 双精度浮点数
        char   aChar = 'S'; // 单字符
        boolean aBoolean = true; //布尔型
        System.out.println(" byte   的最大值是: " + largestByte);
        System.out.println(" short 的最大值是: " + largestShort);
        System.out.println(" int    的最大值是: " + largestInteger);
        System.out.println(" long   的最大值是: " + largestLong);
```

```
        System.out.println(" float 的最大值是: " + largestFloat);
        System.out.println("double 的最大值是: " + largestDouble);
    }
```

【实例 2.2】运算符演示程序。

```
class Operators{
public static void main(String args[]){
        float a,b,c;
        a=1;//将变量 a 的值取出作为表达式的值，再将 a 的值增加 1
        System.out.println("a="+a+"  a++="+(a++)+" a="+a);
        a=3; //将变量 a 的值取出作为表达式的值，再将 a 的值减掉 1
        System.out.println("a="+a+"  a--="+(a--)+" a="+a);
        a=3;//将 a 的值减掉 1
        System.out.println("a="+a+"  --a="+(--a)+" a="+a);
        boolean d,e,f;
        d=true;e=true;f=d&&e; //取变量 d 和 e 的值进行逻辑与运算，结果保存到变量 f 中
        System.out.println("d="+d+" "+"e="+e+" f=d&&e "+" f="+f);
        d=true;e=false;f=d&&e; //取变量 d 和 e 的值进行逻辑与运算，结果保存到变量 f 中
        System.out.println("d="+d+" "+"e="+e+" f=d&&e "+" f="+f);
        a=2;b=3;c=true?a:b;//将 true 以及变量 a，b 的值进行三目运算，结果保存到变量 c 中
        System.out.println("a="+a+" "+"b="+b+" c=true?a:b  "+" c="+c);
    }
}
```

请编译和运行以上两个程序并查看一下运行结果。

一个完整的 Java 程序包括下列部分。

（1）package 语句：可以没有，至多有一个，必须放在程序的第一句。

（2）import 语句：可以没有，也可以有多个，若有必须放在所有的类定义之前。

（3）classDefinition：类定义部分，至少有一个类。

（4）interfaceDefinition：接口定义部分。

类定义和接口定义是 Java 程序设计的基本内容。

2.8　小结

阅读一个 Java 程序，首先看到的是各种字符，Java 语言使用的是 Unicode 标准字符集，用这些字符可以组合成关键字和标识符。关键字是 Java 语言规定的具有特定意义的基本符号，基本类型就是用关键字表示的。标识符是按规则可以自己定义的基本符号，变量名、方法名和类名都是用标识符表示的。

Java 程序的数据类型分为基本类型和引用类型，数据类型是用来创建变量的，基本类型变量用来存储数据，引用类型变量用来存储对象的地址。类中声明的变量是类的一个组成部分。

运算符可以用来存取变量中的数据并实施运算，运算符和变量可以组合成表达式。

赋值运算符和变量可以组合成赋值语句，关键字和标识符可以组合成赋值语句，语句是程序中一个最小的执行单位，Java 语言写在类外面的语句有 2 个，写在类中和方法外的语句有 1 个，其他的语句都要写在方法中。

方法是一些语句组合的整体，可以通过参量接收外部数据，也可以同过返回值向外部传送数

据，方法是类中的可执行代码，方法是类的另一个重要组成部分。

习题 2

一、思考题

1. Unicode 编码与 ASCII 编码有什么不同？
2. 关键字的特点是什么？用途是什么？举例说明。
3. 标识符的特点是什么？用途是什么？举例说明。
4. 数据类型有什么特点？数据类型的用途是什么？举例说明。
5. 什么是变量？变量的用途是什么？举例说明。
6. 什么是运算符？运算符的用途是什么？举例说明。
7. 什么是表达式？表达式的用途是什么？举例说明。
8. 什么是语句？语句的用途是什么？举例说明。
9. 什么是方法？方法的用途是什么？举例说明。

二、上机练习题

1. 编写本章示例 2.1～示例 2.8 的程序，编译并运行。
2. 编写实例 2.1 程序，编译并运行。
3. 编写实例 2.2 程序，编译并运行。
4. 用循环语句写一个程序输出乘法的九九表。
5. 用条件语句写一个求一般一元二次方程根的方法。
6. 写一个求矩形面积的方法。
7. 写一个求圆面积的方法。
8. 用二维数组表示矩阵，写一个求两个矩阵乘积的方法。
9. 写一个打印整数的方法。

第3章 Java面向对象的程序设计基础

天下万物生于有，有生于无。

——老子

对象是面向对象程序设计的核心，所有的对象来自于类，类则是由用户创建的或从API核心类库中引进的。

本章进一步讨论什么是类，何创建类，什么是对象，如何创建和使用对象，这些是Java面向对象程序设计的基础。

3.1 引　　言

在日常生活中把一些不同的物品装在一个包里是很常见的，例如到超市买了10个苹果，又买了2瓶香槟，超市还赠送了一把削苹果刀和一个开香槟的起子，最后把这些物品放在一个包中，带着这个包去旅行一定比散着带这些物品方便得多。

在编程时也需要把相关的数据和方法放在一起，这样做会带来很多方便，对象就是一个装着数据和方法的“包”，类是造这个包的“模型”，当然对象和类的用途还远不止于此。

在程序中，存储一项数据可以用变量，存储一组同类型数据可以用数组，若要存储一组不同类型的数据怎么办？

例如，有*n*（*n*是任意一个整数）个学生，每个学生有3项数据（学号、姓名和平均成绩），其中学号是int型数据，姓名是string型数据，平均成绩是float型数据；如何写一个程序临时（长期保存需要使用数据库或文件，后续介绍）保存这些数据。

传统的做法是从数据角度考虑问题，因为学生的3项数据是不同类型，所以要用3个长度为*n*的不同类型的数组存储这些数据，如下所示：

```
string name[]=new String[n];
int identity[]=new int[n];
float score[]=new float[n];
```

传统做法结果是：若要查询某个学生的数据，需要分别从每一个数组中查询一次，如果每个学生有*m*（*m*是一个很大的整数）项数据，查询某一个学生的数据要进行*m*次，实际上这是把1个学生的*m*项数据放在了*m*个不同的地方，这是面向数据，而不是面向对象（学生）。

面向对象的做法是首先从对象（学生）角度考虑问题，用3个不同类型的变量可以存储任何一个学生的数据，如下所示：

```
String name;
int identity;
float score;
```

然后，定义一个 Students 类，把这 3 个不同类型变量放在一起，组合成一个整体，如下所示：

```
class Students{
      String name;
      int identity;
      float score;
      }
```

最后，把 Students 类作为一种数据类型，用 Students 类声明一个 students 数组，存储 *n* 个学生数据，如下所示：

```
Students students[]=new  Students[n];
```

面向对象做法的结果是：若要查询某一个学生的数据，只需要从 students 数组中查询一次，如果每个学生有 *m* 项数据，实际上是把每个学生的 *m* 项数据组合成一个整体，放在一个地方，这是面向对象（学生），而不是面向数据。

不仅可以在类中声明变量，还可以在类中定义方法操作这些变量，方法是类中的可执行代码，例如：

```
class Students{
           String name;
           int identity;
           float score;
     void setValues(int a,String b,float c){identity=a;name=b;score=c;}
     void printValues(){System.out.println("学号:"+identity+" 姓名:"+name+" 平均成绩:"+score);}
  }
```

创建一个类封装一组变量和一套方法，可以用类作为数据类型声明和创建对象，用对象可以存储一组不同类型的数据，这就解决了本节开始提出来的问题。

3.2 类 定 义

类定义指的是编写一个类的代码，类定义是概念上的类，由类定义可以组成 Java 程序，程序保存在磁盘上称为程序文件。程序文件被编译后，每个类定义都单独产生一个 class 文件，class 文件是实际使用的类，可以用来创建对象或运行。

类定义是由一个关键字 class、一个标识符和一对花括号{}组成的，如 class MyClass{}组成了一个类定义。其中：class MyClass 称为类声明，标识符 MyClass 称为类名，一对花括号{}及其内容称为类体。

类定义由类声明和类体两个部分组成，类定义的完整语法格式如下：

```
[修饰符] class 类名[extends 父类名][implements 接口表] { 变量声明; 方法定义; }
```

其中：class 类名是必须要有的，其余部分是可以省略的。

[修饰符]规定类的一些属性，在 3.11 节讨论。

class 类名 是类声明，在 3.3 节讨论。

[extends 父类名]继承一个类，在 3.5 节讨论。

[implements 接口表]实现接口，在 3.6 节讨论。

{ 变量声明；方法定义；}是类体，在 3.3 节讨论。

由类定义的必须部分可以构成类定义的简单语法格式，如下所示：

```
class 类名{
        //变量声明;
        //方法定义;
}
```

下面通过一个简单的学校信息管理程序来说明如何编写一个类的代码，而程序中用类创建和使用对象的部分是后续要讨论的内容，不必细究。

首先要识别对象，学校管理的主要对象是学生、教师、课程、学生听什么课和教师教什么课，然后分别编写每个类的代码来描述这些对象，最后用类创建这些对象，编写每个类的代码如下。

【示例 3.1】一个简单的学校信息管理程序。

```
package school;
class Students{ //定义学生类
        String name;
        int identity;
        float score;
        void setValues(int a,String b,float c){identity=a;name=b;score=c;}
        void printValues(){System.out.println("学号:"+identity+"姓名:"+name+" 平均成绩:"+score);}
}
class Teachers{ //定义教师类
        String name;
        int identity;
        float salary;
        void setValues(int a,String b,float c){identity=a;name=b;salary=c;}
        void printValues(){System.out.println("编号:"+identity+"姓名:"+name+"工资:"+salary);}
}
class Courses{ //定义课程类
    String name;
    int identity;
    float credit;
    void setValues(int a,String b,float c){identity=a;name=b;credit=c;}
    void printValues(){System.out.println("编号:"+identity+" 课程名称:"+name+" 学分:"+credit);}
}
class StudentsAndCourses{ //定义学生听课类
        int studentID,courseID;
        void setValues(int a,int b){studentID=a;courseID=b;}
        void printValues(){System.out.println("学生编号:"+studentID+" 课程编号:"+courseID);}
}
class TeachersAndCourses{ //定义教师教课类
        int teacherID,courseID;
        void setValues(int a,int b){teacherID=a;courseID=b;}
        void printValues(){System.out.println("教师编号:"+teacherID+" 课程编号:"+courseID);}
}
```

```
public class SchoolManager{//定义管理类
      public static void main(String[] args){
         Students s1,s2;
                 s1=new Students();
                 s2=new Students();
                 s3=new Students();
                 s1.setValues(1,"武松",99.5f);
                 s2.setValues(2,"林冲",98f);
         Teachers t1,t2;
                 t1=new Teachers();
                 t2=new Teachers();
                 t1.setValues(1,"张治海",6400);
                 t2.setValues(2,"唐  林",5600);
          Courses c1,c2;
                 c1=new Courses();
                 c2=new Courses();
                 c1.setValues(1,"java 程序设计",4);
                 c2.setValues(2,"数据库应用",5);
          StudentsAndCourses s_c1, s_c2, s_c3;
                 s_c1=new StudentsAndCourses();
                 s_c2=new StudentsAndCourses();
                 s_c3=new StudentsAndCourses();
                 s_c1.setValues(1,1);
                 s_c2.setValues(2,1);
                 s_c3.setValues(3,2);
         Students s[]={s1,s2} ;
         SchoolManager.queryStudent(2,s);
         SchoolManager.queryStudent(1,s);
         Teachers t[]={t1,t2};
         SchoolManager.queryTeacher(2,t);
         SchoolManager.queryTeacher(1,t);
         Courses c[]={c1,c2};
         SchoolManager.queryCourse(2,c);
         StudentsAndCourses s_c[]={s_c1,s_c2,s_c3};
         SchoolManager.queryStudentsAndCourses(s_c);
         }
         static void queryStudent(int sid,Students query[]){query[sid-1].printValues();}
         static void queryTeacher(int sid,Teachers query[]){query[sid-1].printValues();}
         static void  queryCourse(int sid,Courses  query[]){query[sid-1].printValues();}
         static void  queryStudentsAndCourses(StudentsAndCourses  query[]){
                 for(int i=0;i<query.length;i++){query[i].printValues();}
      }
}
```

请编译和运行这个程序并查看一下结果，然后添加学生、教师、课程等对象，再编译和运行。图 3.1 是这些类定义的 UML 类图。

用 UML 类图可以直观表示出编写类的代码的主要内容是类名、变量声明和方法定义。

在一个类中使用另一个类创建的对象，可以将这个类看作客户类，另一个看作服务类，两个类之间的关系可以看作客户与服务的关系，服务类中定义的方法称为服务，在客户类中调用服务类对象的方法称为向服务类对象发请求服务的消息。

在示例 3.1 中 SchoolManager 是客户类，Students 是服务类。

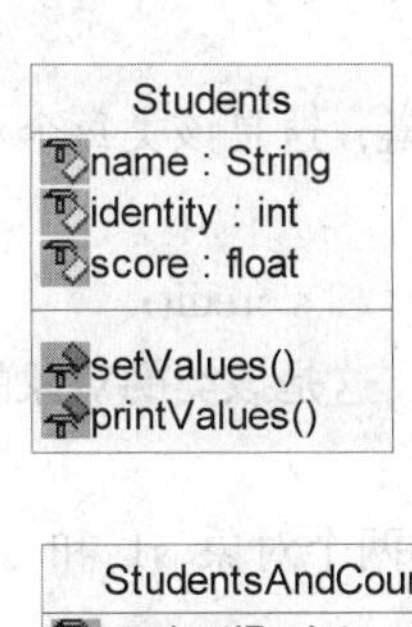

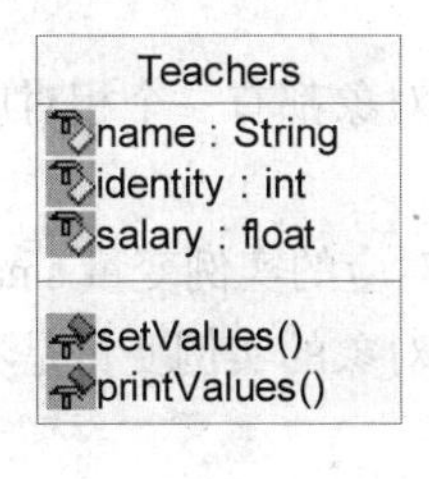

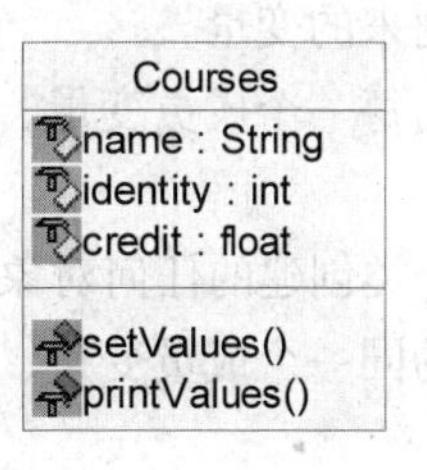

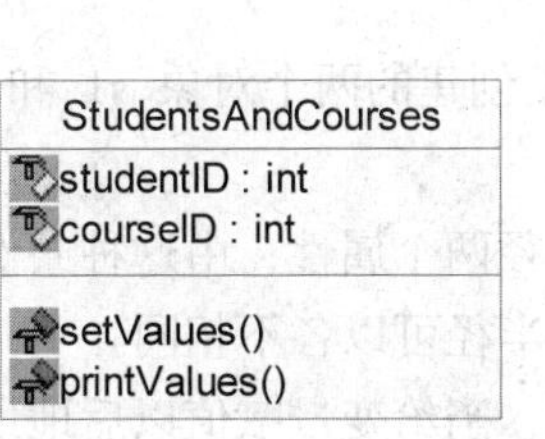

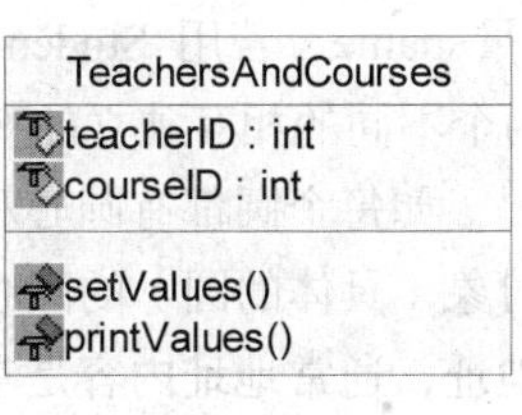

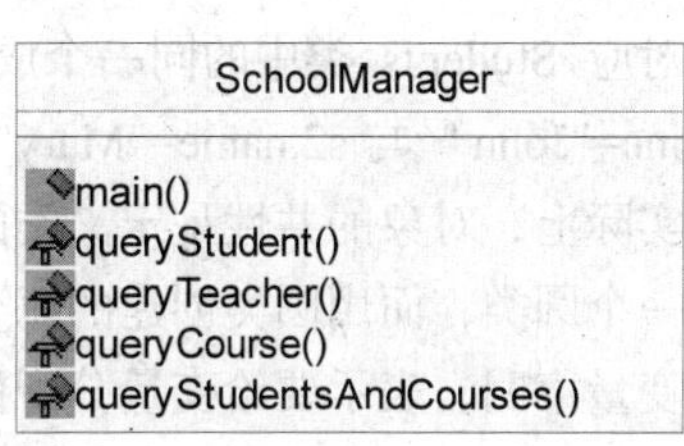

图 3.1

void setValues(int a,String b,float c){identity=a;name=b;salary=c;}是 Students 类提供的一项服务。

Java 中所说的消息指的是在程序中用对象调用类中定义的方法，例如：

称语句 s1.setValues(1,"武松",99.5f);是程序向 s1 对象发一个请求服务的消息。

在程序中把类分为客户类与服务类，可以明确每个类的分工，使程序的结构合理、清晰，客户类与服务类的划分是相对的。

示例 3.1 只是为了说明如何创建类，真正开发信息管理系统还需要数据库和 GUI，这些在后续章节讨论。

3.3 类声明和类体

类声明和类体是类定义必须要有的部分，类声明由 class（关键字）和类名（标识符）组成，类声明告诉编译器创建一个新类，创建一个新类就是产生一个与类名相同的 class 文件。通常情况下，类名不要重复。

类体的主要内容是变量声明和方法定义。

3.3.1 变量声明

可以在类定义中声明变量，称为类的成员变量（域、字段）。也可以在方法定义中声明变量，称为方法的局部变量。声明变量的代码称为变量声明。成员变量声明的一般语法格式如下：

```
[修饰符]数据类型 变量名;
```

其中：修饰符规定成员变量的一些属性，局部量声明不能使用修饰符，修饰符是可以省略的，在 3.11 节讨论。

数据类型 变量名；是变量声明必须要有的部分。

当用类创建对象时，类中的全部成员变量都会被对象复制为对象自已的变量，称为对象的实例变量。用对象名.成员变量名来表示对象的实例变量，其中“.”是分量运算符，对象名都控制着一组从类中复制来的变量。

对应类中的每一个成员变量，该类每个对象都有一个相对应的实例变量，这是该类每个对象的共性，例如：

用 Students 类创建的任何对象 s 都有相对应的实例变量 s.name;s.identity 和 s.credit；

对应类中的同一个成员变量，该类不同对象的实例变量是不同的变量，这是该类的对象的个性，例如：

对应 Students 类中的同一个成员变量 name，若用 Students 类创建的两个对象 s1 和 s2,则 s1.name="John " 与 s2.name="Mary" 是两个不同的相互独立的变量。

实际上，对象的共性是定义类的前提，如每个圆都有圆心和半径两个属性，由这种共性可以定义一个圆类，而用圆类创建的每个圆对象（具体的圆）的圆心和半径可以各不相同。

变量声明，表示要给变量分配内存地址，通常地址内容是空的，当给变量赋值以后地址里才有内容，地址的内容称为变量的值，可以用运算符存取变量的值，变量和变量的值是两个概念，好比瓶子和瓶子里的水。

如果数据类型是基本类型，则变量的值是一项相应类型的数据。如果数据类型是类，则变量的值是一个 32 位的地址，这个地址指向对象在内存中的堆地址，这时的变量称为引用变量，引用变量的地址称为引用地址，引用地址的内容是一个对象的地址。例如：

```
int x; (x 表示一个内存地址), x=3; (在 x 表示的地址中存储一个整数 3)
Students s; (s 表示一个引用内存地址), s=new Students(); (s 表示的引用地址存储一个对象 s 的地址)
```

简单地说，基本类型变量用来存储一项实际数据，引用变量用来存储一个对象的地址，参见 3.3.4 节。

3.3.2 方法定义

Java 语言方法定义的一般语法格式是：

```
[修饰符] 返回类型 方法名([参量表]) [throws 异常列表] { 一些语句; }
```

其中：黑体字部分是必须有的部分，[]是可以省略的部分。

修饰符规定方法的一些属性，修饰符是可以省略的，在 3.11 节讨论。

```
返回类型 方法名([参量表]) 称为方法声明。
{ 一些语句; } 称为方法实现；也称为方法体。
```

throws 异常列表，称为抛出异常。

- 返回类型 方法名([参量表])称为方法声明，确定了方法的形式，同一个类中方法声明不能重复，指的是方法名和参量表不能同时重复，其中之一重复是可以的，例如：int xy(){和 int xy(int x,int y)是不同的方法声明。
- 返回类型可以是任何一种数据类型或 void，若返回类型是 void，则称该方法是无返回值方法，否则称为有返回值方法，无返回值方法调用可以作为一个语句，有返回值方法调用必须处理返回值，可以用赋值语句把返回值保存在与返回类型一致类型的变量中或用输出方法直接输出返回值，有返回值方法只能返回一个值。例如，用户调用读文件的方法读取到了文件的内容，文件的内容应该返给用户，这时返回值就是文件内容。
- 方法名是一个标识符，若用英文单词作方法名，除第一个单词外其他单词的第一个字母要大写，与变量的命名规则是一样的。
- 参量表：在方法声明中的圆括号()里声明的变量称为参量，每个参量由一个数据类型和一个参量名组成，参量名是一个标识符，参量表是一些参量的有序列表。例如，用户调用写文件的方法要写一些内容保存到文件中，文件内容应传送给方法，这时可以用参量把文件内容传入方法内，由方法把文件内容写到文件中。参量表可以为空，但圆括号()是不可缺少的部分。

- throws 异常列表：表示该方法将抛出异常，异常是程序执行时可能发生的事件，这个事件导致程序无法运行，在第 4 章讨论。
- {一些语句; }是方法体，有返回值方法的方法体最后一条语句必须是 return，方法体中不能再有方法声明，但可以有其他方法调用，若在一个方法体中自己调用自己，则构成递归，要注意递归算法的规则。花括号{}封装了方法体的内容，可以在一个方法体中声明一些局部变量，这些局部变量只在该方法体内有效，对象可以调用方法，但不能直接访问方法体中的局部变量，方法体也具有封装性。如果一个方法中声明的部变量与成员变量重名（如都是 name），则重名的变量（name）在该方法中指的是局部变量，这时若使用成员变量（name）需要用 this 引用，即用 this.name 表示成员变量（name），下面要讲的参量若与成员变量重名，也如此办理。

参量表与局部变量声明的比较如下。

① 参量是在方法声明中声明的，局部变量是在方法体中声明的，参量可以作为方法局部变量使用，反之不然。参量表必须在方法声明的圆括号()里面，参量可以取方法外给定的值，局部变量只能在方法内存取值。

② 每一个参量前必须有一个数据类型，参量之间用逗号隔开，不能有分号“;”,如(int x,inty)；而局部变量声明是 int x=0,y=0。

③ 方法调用时，必须按照参量表中参量的个数，每个参量的类型和顺序提供相对应的参数，若有一个方法定义是 int add(int x,int y){return 2*x+y;}，则该方法调用必须用两个有序的整数作为参数，如 add(3,2)返回整数 8，而 add(2,3)返回整数 7，方法调用与局部变量无关。

成员变量与型局部变量的比较如下。

若基本类型的成员变量没有初始值，则会采用相应类型的缺省值，若基本类型的局部变量没有初始值，则内存单元为空，变量不能被使用。引用类型成员变量和局部变量都没有缺省值。

- 方法调用：当调用一个方法时，执行流离开当前的方法，从被调用的方法体开始执行，执行完被调用的方法，回到当前的方法继续执行。

【示例 3.2】方法定义与方法调用。

```
    package method;
    class Students{ //定义学生类
            String name;
            int identity;
            float score;
            void setName(String name){this.name=name;//参量 name 与成员变量 name 重名
            }
            void setIdentity(int  identity){this.identity=identity;//identity 与 this.
identity 类型必须一致
            }
            void setScore(float score){this.score=score;//this.score 是成员变量, score 是参量
            }
```

```
        String getName(){return name;//返回类型必须与变量 name 的类型必须一致
        }
        int getIdentity(){return identity;//返回类型必须与变量 identity 的类型必须一致
        }
        float getScore(){return score;  //返回类型必须与变量 score 的类型必须一致
        }
        void setValues(int a,String b,float c){identity=a;name=b;score=c;}
        void printValues(){System.out.println("学号:"+identity+"姓名:"+name+" 平均
成绩:"+score);}
    }
    class Manager{
        public static void main(String[] args){
        Students s1,s2;
        s1=new Students();s2=new Students();
        s1.setIdentity(1); //带参数的无返回值方法调语句
        s1.setName("武松");
        s1.setScore(99.5f);
        int s1ID=s1.getIdentity();//有返回值方法调用必须处理返回值
        String s1Name=s1.getName();
        float s1Score=s1.getScore();
        System.out.println("学号:"+s1ID+"姓名:"+s1Name+" 平均成绩:"+s1Score);
        s2. void setValues(2, "林冲",96.5f);//按照参量的个数、类型和顺序提供相对应的参数
        s2. printValues();
        }
    }
```

请编译和运行这个程序并查看一下结果，然后添加学生对象，再编译和运行。

用一个类创建的每个对象可以调用该类中的方法，方法是执行代码，不需要每个对象复制一个副本，方法有一个叫 this 的隐式引用，当用对象名.方法名来调用方法时，对象名将作为参数传递给方法，使方法中的成员变量被相应对象的实例变量取代，对象名决定了方法中该使用的实例变量，不同对象调用的同一个方法所操作的实例变量是不同的，对象名是方法的一个隐形参数，影响方法的行为，例如：

若用 Students 类创建两个对象 s1 和 s2,则 s1.setValues()只能操作 s1 对象的实例变量，而 s2.setValues()只能操作 s2 对象的实例变量，互不干涉，对象 s1 和 s2 会对 setValues()方法有不同的影响，使 s1.setValues()和 s2.setValues()具有不同的行为。

对象的实例变量存储在系统为对象分配的内存中，方法代码的存储则与对象无关，调用方法时会根据不同的对象操作不同的实例变量，对象把方法绑定到不同的实例变量上，对象名是方法调用时的一个重要参数，用对象名.方法名来调用的方法，也称为调用实例方法。

定义方法的基本原则是一个方法就做一件简单的事,不要把做一件复杂的事定义成一个方法，要把一件复杂的事分解成多件简单的事，定义多个简单方法。

3.3.3 自定义构造器

前面经常看到 Students s1=new Students();和 JFrame win=new JFrame();，其中的 Students()和 JFrame()是什么呢？Students()是 Students 类的默认构造器，JFrame()是 JFrame 类的默认构造器。构造器是用来构造对象的，构造器没有返回类型，构造器名必须与类名相同，构造器不能被对象使用，构造器也不能被继承，构造器是在对象创建之前用 new 调用，而一般方法是在对象创建之

后用对象名来调用。每个类都有一个默认构造器，默认构造器只能用来构造对象，不能初始化对象的实例变量，自定义构造器用来构造对象的同时可以初始化对象的实例变量，自定义构造器的一般语法格式是：

```
类名([参量表]){一些语句}
```

其中：参量表和方法体中的语句与一般方法体中的参量表和方法体中的语句完全相同。

【示例 3.3】定义构造器与调用构造器。

```
package constructors;
class Students{
        String name,sex,major; int age;
        Students(){}//定义第一个构造器不带参数。
        Students(String name,String sex,int age,String major){//定义第二个构造器带参数。
        this.name=name;this.sex=sex;this.age=age;this.major= major;
        }
        void printValues(){
        System.out.println(name+sex+age+major);}
        }
        public static void main(String args[]){
        Students s; //声明对象 s
        s=new Students(); //实例化 s
        s=new Students("朱传武","男",24,"计算机专业");//初始化 s。
        s.printValues();
        }
}
```

请编译和运行这个程序并查看一下结果。

如果没有自定义构造器，则使用默认构造器，如果有自定义构造器，则默认构造器再不能被使用。若在对象创建之前做一些事，必须在类中提供构造器，把对象创建之前要做的事放在构造器中。

3.4 创建对象

用类名（类的 class 文件名）创建对象的一般过程如图 3.2 所示，分为 3 步。

1. 声明对象的引用变量

用类名 声明对象的引用变量，语法格式如下：

```
[修饰符]类名 对象名;
```

修饰符规定对象的一些属性，修饰符是可以省略的，在 3.11 节讨论。

类名确定了对象的类型，对象名是引用变量名，表示一个 32 位引用地址。此时引用地址的内容为空，所以对象名不能被操作，例如：Students s; 不能进行 s.printValues();这样的操作。

2. 实例化对象

用 new 运算符调用类的构造器，构造类的一个实例，语法格式如下：

```
对象名=new 类名();//类名()是构造器
```

为对象在堆中分配内存，并把对象所在堆的地址返回给用对象名字表示的引用地址。此时引用地址的内容不空，所以对象名能被操作，例如：s=new Students()；能进行 s.printValues()；这样的操作，但操作结果是空值或 0，因为对象在堆中分配的内存为空，也就是对象的实例变量还没有赋值，所以 s 只是 Students 类的一个实例，s 还不能代表实际对象。

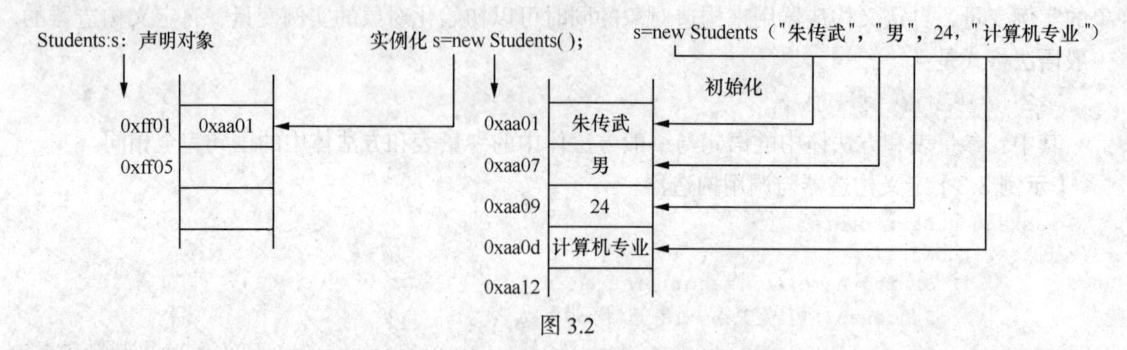

图 3.2

声明与实例化可以同时进行，例如：

```
Students s=new Students();
```

3. 初始化对象

给对象的实例变量赋值称为对象初始化，可以用带参量的构造器或其他方法进行对象初始化，例如：

```
s=new Students("朱传武","男",24,"计算机专业");
```

此时，引用地址的内容不空，对象在堆中分配的内存不空，s 代表实际对象。

实例化与初始化可以同时进行，例如：

```
Students s=new Students("朱传武","男",24,"计算机专业");
```

Java 把数据存储内存的段分成两部分，一部分叫做栈（stack）内存，另一部分叫做堆（heap）内存。

栈内存是向低地址扩展的数据结构，是一块连续的内存区域，栈顶的地址和栈的最大容量是系统预先规定好的，是一个编译时就确定的常数，只要栈的剩余空间大于所申请空间，系统将为程序提供内存，否则将报异常提示栈溢出。栈内存由系统自动分配，速度较快，但程序员是无法控制的，栈内存用来存储在方法中定义的一些基本类型的变量和对象的引用变量，当变量失去作用时，会自动释放。

堆内存是用链表关联的一块不连续的内存区域，用来存储由 new 运算符创建的对象和数组，由 Java 虚拟机自动垃圾回收器来管理。在堆中产生了一个数组或者对象后，还可以在栈中定义一个特殊的变量，这个变量的取值等于数组或者对象在堆内存中的首地址，在栈中的这个特殊的变量就变成了数组或者对象的引用变量，以后就可以在程序中使用栈内存中的引用变量来访问堆中的数组或者对象，引用变量相当于为数组或者对象起的一个名字或者代号。

引用变量和普通变量一样，定义时在栈中分配内存，引用变量失去作用时会自动释放，引用的对象本身在堆中分配，变成垃圾，仍然占着内存，Java 垃圾回收器将不定时地回收这些垃圾，释放内存。

3.5 继承一个类

假如已经存在 A 类，要创建一个新的 B 类，可以让新的 B 类继承（extends）已经存在的 A 类，B 类就包含了 A 类的所有的非 private 成员变量和方法，相当于 B 类重写了 A 类的代码。称 A 类为

B 类的父类，B 类称为 A 类的一个子类，子类只能继承一个父类，父类可以被多个子类继承。

子类是父类的一种特例，子类的对象是一种特殊父类对象，如学生和教师都是特殊的学校人员。利用继承性，示例 3.1 的代码可以这样改写，把 Students 类和 Teachers 类中的相同代码提取出来构成一个学校人员 People 类，然后 Students 类和 Teachers 类通过继承 People 类，得到相同的结果，但程序结构更为合理，改写的代码如下。

【示例 3.4】一个简单的学校信息管理程序的改进版。

```
package inheritance;
class People{//定义人员类
      String name;
      int identity;
      void setValues(int a,String b){identity=a;name=b;}
      void printValues(){System.out.print("编号:"+identity+"姓名:"+name);}
}
class Students extends People{ //定义学生类
      float score;
      void setValues(int a,String b,float c){
      super.setValues(a,b);//子类定义的方法与父类的方法重名,用 super.setValues(a,b)表示父类的方法
      score=c;
      }
      void printValues(){
      super. printValues();
      System.out.println(" 平均成绩:"+score);
      }
}
class Teachers extends People{ //定义教师类
      float salary;
      void setValues(int a,String b,float c){
      super. setValues(a,b);
      salary=c;
      }
      void printValues(){
      super. printValues();
      System.out.println("工资:"+ salary);
      }
}
public class SchoolManager{//定义管理类
         public static void main(String[] args){
         Students s1,s2,s3;
                  s1=new Students();
                  s2=new Students();
                  s1.setValues(1,"武松",99.5f);
                  s2.setValues(2,"林冲",98f);
         Teachers t1,t2,t3;
                  t1=new Teachers();
                  t2=new Teachers();
                  t1.setValues(1,"张治海",6400);
                  t2.setValues(2,"唐  林",5600);
      }
}
```

请编译和运行这个程序并查看一下结果。

如果父类提供了构造器，子类不能继承父类提供的构造器，子类也必须提供构造器，子类构造器的第一条语句必须是用 super 调用父类提供的构造器。

【示例 3.5】用 super 调用类提供的构造器。

```
class A{int x;
      A(int x){this.x=x;}// 父类提供的构造器
}
class B extends A{
      int y;
      B(int a,int y){super(a);this.z=z;}//子类提供的构造器，第一条语句是用 super 调用父类的构造器
}
```

子类继承了父类的方法，若子类不重写父类的方法，则子类对象调用的是父类的方法；若子类重写了父类的方法，则子类对象调用的是子类的方法。

【示例 3.6】子类继承了父类的方法。

```
class People{
          void work(String s){
          System.out.println("父类的方法 work(),"+s);
          }
}
class Students extends People{
        void work(String s){
        System.out.println("子类的方法 work(),"+s);
        }
}
class Teachers extends People{}
public class InheritanceDemo{
          public static void main(String [] v){
                Students s=new Students();
                Teachers t=new Teachers();
                s.output("学 Java");//调用的是子类的方法
                t.output("教 Java");//调用的是父类的方法
      }
}
```

请编译和运行这个程序并查看一下结果。

可以用子类的构造器实例化父类的对象，但不可以用父类的构造器实例化子类的对象。例如：

```
class A{}
class B extends A{}
class C{
  A a=new B(); //是可以的
  //B b=new A();是可不以的
  }
```

下面创建 Attr 类、ColorAttr 类，来说明继承性。

```
class Attr {
        private final String name;
        private Object value = null;
        public Attr(String name) {
                this.name = name;
        }
        public Attr(String name, Object value) {
```

```
            this.name = name;
            this.value = value;
        }
        public String getName() {
            return name;
        }
        public Object getValue() {
            return value;
        }
        public Object setValue(Objrct newValue) {
            object oldVal = value;
            value = newValue;
            return oldval;
        }
        public String toString() {
            return name + "='" + value +"'";
        }
    }
```

任何一个属性都必须有名字，因此每个 Attr 构造函数都需要一个名字参数。这个名字必须是只读的，因而被声明为 final，在这种情况下，如果 name 域被修改过，属性值将会“丢失”，因为它是按照原来的名字而不是修改过的名字进行记录的。由于属性可以是任意的值类型，所以它的值保存在 Object 类型的变量中，该值可以在任何时刻进行改动。Name 和 value 都是 private 成员，因而均只能通过恰当的方法来访问它们。这样就可以保证 Attr 的约定总受到保护，同时 Attr 的设计者将来可以改变实现的细节，而不会影响该类的使用者。

到此为止所有类都是继承类，不管它是否用 extends 子句声明。一个像 Attr 这样没有显式继承另一个类的类，实际上它隐式地继承 Java 的 Object 类。换句话说，Object 类位于所有类层次的根部。所有对象都实现了 Object 类所声明的方法。例如，读者在第 2 章所见到 toString 方法。Object 类型的变量可以指向任何对象，不管它是类实例还是数组。Object 类将会在后面详细介绍。

下一个类扩展了属性的概念，我们用它来保存颜色属性，颜色属性可能是命名和描述颜色的字符串。颜色描述可以是像“red”（红色）和“ecru”（淡褐色）这样一些必须在表中检索的颜色名，或者一些可被解码而产生的标准而高效的颜色代码，我们称这种解码数值为 ScreenColor（不妨假定它已经在其他地方定义过了）。将某种描述解码为一个 ScreenColor 对象的代价很大，一般我们只希望做一次，所以我们继承 Attr 类来创建 ColorAttr 类，它支持的方法能检索解码的 ScreenColor 对象。我们这样实现它，就可以让解码只进行一次。

```
    class ColorAttr extends Attr {
        private ScreenColor myColor; // the decoded color
        public ColorAttr(String name, Object value) {
            super(name, value);
            decodeColor();
        }
        Public ColorAttr(String name){
           this(name,"transparent");
        }
        Public ColorAttr(String name , ScreenColor value){
           Super(name , value.toString());
        myColor = value;
        }
        Public object setValue(Object  newValue){
           //do the superclass's setValue work first
```

```
            Object retval = super.setValue(newValue);
            decodeCo();
            return retval;
        }
        /** Set value to ScreenColor,not description */
        public ScreenColor setValue(ScreenColor newValue){
            // do the superclass's setValue work first
            Super.setValue(newValue.toString());
            ScreenColor oldValue = myColor;
            myColor = newValue;
            return oldValue;
        }
        /** Return decoded ScreenColor object */
        Public ScreenColor getColor(){
            Return myColor;
        }
        /** set ScreenColor from description in getValue */
        Protected void decodedColor(){
            if(getValue()==null)
                myColor = null;
            else
                myColor = new SreenColor(getValue());
        }
    }
```

可以创建继承一个 Attr 类的 ColorAttr 类。ColorAttr 类除了能做 Attr 类的所有事情外，还增加了一些功能，Attr 类是 ColorAttr 类的超类，ColorAttr 类是 Attr 类的子类。

继承的 ColorAttr 类主要完成以下三个功能。

① 它提供三个构造器，两个镜像超类的构造函数；另一个直接接收 ScreenColor 对象。

② 它重载而且覆盖了超类的 setValue 方法，所以当颜色值改变时可以设定颜色对象。

③ 它提供一个新的 getColor 方法，能够返回一个解码为 ScreenColor 对象的颜色描述值。

在下面的几个部分中，我们将会看到构造过程的错综性，以及在不同的类成员上进行继承的效果。

继承性提供了利用 API 中的类（class 文件）或其他已有的类（class 文件）创建自己的类的简单途径，而不必考虑所继承的类的程序文件。例如，可以用 API 中的 JDialog 类创建一个自己需要的对话框类 MyJDialog，代码如下。

【示例 3.7】创建一个自己的对话框类 MyJDialog。

```
class MyJDialog extends JDialog{
MyJDialog(){
            setVisible(true);
            setBounds(200,200,200,200);
            add("North", new JLabel("惠普打印机提供的打印功能"));
            add("Center",new JLabel(new ImageIcon(".\\bij.jpg")));
            pack();
        }
}
```

MyJDialog 类是由 JDialog 类派生出来的子类，MyJDialog 类除了具有 JDialog 类的全部变量和方法以外，还可以添加自己的变量和方法。

在示例 3.7 中，MyJDialog()是构造器，其中的语句在创建 MyJDialog 类的对象之前执行，所以对象创建出来就是可见的，具有给定的位置和大小，上面是一个带有文字的标签，中间是一个带有图片的标签。这样，当用 MyJDialog 类创建对象时，对象已经被设置好了，而不需要创建对象之后再设置了。

有些事必须在创建对象之前做，如事件处理和多线程控制等，这时在类中提供构造器就是必需的。

3.6 接 口

类的分工与协作是用 Java 开发应用系统的基本原则，不要把很多事情放在一个类里做，要合理分工，比如有的类负责输入数据、有的类负责处理数据、有的类负责显示数据，可以分别独立定义每个类；这些类还要能够密切协作，比如负责处理数据的类要求输入的数据必须满足一定格式，可以在负责处理数据的类中定义一个 formater()方法来规定格式，只要在负责输入数据的类中调用这个 formater()方法，就能满足负责处理数据类的格式要求，如何才能实现这一点呢？答案是利用接口，在接口中定义一个只有方法声明而没有方法体的 formater()方法，在负责处理数据的类中定义 formater()的方法体，在负责输入数据的类中通过接口调用 formater()方法，例如：

```
class InputData{
        public void intpur(Formater s){
        s.formater();//使用格式
        }
    }
    class PerformData implements Formater{
        public void formater(){//定义格式
        System.out.println("这是 PerformData 定义的格式");
       }
}
interface Formater{void formater();}
```

上面的 Formater 就是一个接口,利用接口可以实现类之间既要独立分工又要密切协作的原则。

1. 接口定义

Java 语言接口定义的语法格式如下：

```
[public] interface 接口名[extends 父接口名表]{抽象方法；}
```

其中：黑体字部分是必须有的，其余部分是可以省略的。

public 规定接口的访问权限，public 是可以省略的，在 3.11 节讨论。

interface 接口名称为接口声明，interface 是接口声明的关键字，接口名是一个标识符，编译后产生一个与接口名同名的 class 文件，所以接口是一种特殊的类，接口也可以作为引用类型声明引用变量。

extends 子句与类声明的 extends 子句基本相同，不同的是一个接口可以继承多个父接口，用逗号隔开，而一个类只能继承一个父类。

```
{ 抽象方法；}称为接口体，接口体中只能有抽象方法定义和常量声明。
```

只有方法声明，而没有方法体的方法称为抽象方法。用 final 修饰的变量称为常量，常量的值不可改变。

接口中的抽象方法，可以由一些类负责定义方法体，而由另一些类通过接口调用这些定义了方法体的方法。

Formater 的接口定义如下：

```
interface Formater{
void formater();
}
```

2. 接口的实现

负责定义方法体的类必须在类声明中用 implements 表示要实现接口，要调用这些方法的类可以通过接口找到这些方法。实现接口的类可以直接使用接口中声明的常量，但必须把接口中的所有抽象方法定义为一般方法，也就是要给出方法的具体实现。例如：

```
class PerformData implements Formater{
     public void formater(){//定义格式
      System.out.println("这是 PerformData 定义的格式");
     }
}
```

一个类可以实现多个接口，每个接口名用逗号“,”隔开，一个类实现的接口相当于这个类的父类。

3. 接口的使用

接口是抽象的，不能实例化。可以把接口作为一种引用类型来声明对象的引用变量，但不能使用接口创建引用变量表示的对象，可以用实现该接口的类创建这个引用变量表示的对象，例如：

【示例 3.8】用实现接口的类创建接口类型变量表示的对象。

```
class InputData{
     public void intpur(Formater s){
        s.formater();//使用格式
     }
     public static void main(String[] args){
        Formater s=new PerformData();//用实现接口的类创建接口类型变量 s 表示的对象
        InputData i=new InputData();
              i.intpur(s);
     }
}
class PerformData implements Formater{
        public void formater(){//定义格式
         System.out.println("这是 PerformData 定义的格式");
        }
}
interface Formater{
void formater();
}
```

在示例 3.8 中，PerformData 类和 InputData 类通过接口 Formater 进行了很好的协作。但是，如果把 PerformData 的类名改为 OperateData，则 InputData 类中的 Formater s=new PerformData();也要改为 Formater s=new OperateData();，于是 InputData 类会因 PerformData 类的改变而改变。

4. 分层设计

在一个类中直接使用另一个类创建的对象，当另一个类的类名改变了，这个类使用的另一个类的类名也必须改变。如果这两个类是由不同的人分别定义的，一个类如何才能知道另一个类的类名改变了呢？即使知道了那个的类名改变了，这个类的代码也必须做相应的改变，这给程序设计带来了很大问题。分层设计能够解决这个问题，可以由项目负责人定义一个高层类负责协调不同的人分别定义的类，这些不同的人不需要直接联系，而是各自与项目负责人联系，分层设计可以避免混乱，分层设计也就是所谓的工厂设计模式，采用工厂设计模式，示例 3.8 可以改写为示例 3.9。

【示例 3.9】用接口实现工厂设计模式。

```
interface Formater{
    void formater();
}
class Factory{
        static Formater getConnection(){
              return new PerformData();
        }
}
class PerformData implements Formater{
         public void formater(){//定义格式
         System.out.println("这是 PerformData 定义的格式");
         }
}
class InputData{
     public void intpur(Formater s){
        s.formater();//使用格式
     }
     public static void main(String[] args){
          InputData i=new InputData();
          Formater s=Factory.getConnection();
                  i.intpur(s);
         }
}
```

在示例 3.9 中，PerformData 类的改变不会影响到 InputData 类，InputData 类什么也不需要改。

一个类若实现一个接口，则必须实现接口的所有抽象方法，当多个类都要实现同一个接口时，可以用一个类去实现这个接口，其他类可以继承这个已实现接口的类，而不必去直接实现这个接口，实现接口的类的所有子类也间接地实现了这个接口，子类可以使用父类已实现的接口方法，也可以重写这些方法，子类可以不实现接口而使用接口，这也是一种重要的设计模式。

【示例 3.10】子类可以不实现接口而使用接口。

```
package people;
interface Computer{
      void work(String s);
}
class People implements Computer{//定义实现接口 Computer 的类
      public void work(String s){
      System.out.println("父类实现了接口方法 output()!\n"+this.getClass().getName()+s);
      }
}
class Students extends People{} //继承已实现接口的类
class Teachers extends People{} //继承已实现接口的类
public class Demo{
      public static void main(String[] sk){
      Students s=new Students();
      Teachers t=new Teachers();
      s.work("学 Java");t.work("教 Java");
     }
}
```

在事件处理、连接数据库、实现多线程等方面都要用到接口，相关内容后续讨论。

3.7 抽象类与最终类

含有抽象方法的类称为抽象类，抽象类的类声明必须使用修饰符 abstract，抽象类中的抽象方法声明也必须使用修饰符 abstract，例如：

```
abstract class AbstractClass{//抽象类
        abstract void print();//抽象方法
        void println(){}//不是抽象方法
}
```

抽象类可以被继承，但不能被实例化，抽象类的子类若不是抽象类，必须重写抽象类的抽象方法为子类的一般方法（方法声明和方法体），因为子类不是抽象类，不能有抽象方法，若有抽象方法，则该类必须被定义为抽象类。

可以用抽象类来规定子类必须有的方法声明，由子类负责定义方法体，这是抽象类的主要作用。

抽象类不能被实例化，也不能有构造器，可以用它的子类创建抽象类型的对象。

现实世界中的动物、水果等都可以定义为抽象类。

【示例 3.11】抽象类演示。

```
abstract class Animal{
                abstract String 叫(); //抽象方法
                abstract  void  动();
                String getName(String name){return name;} //非抽象方法
}
class Dog extends Animal{
        String 叫(){return "Dog 在汪汪叫！";};        //必须实现方法体
        void 动(){System.out.println("Dog 在跑！");};
}
class Spadger extends Animal{//麻雀
        String 叫(){return "麻雀在叽叽喳喳叫！";};     //必须实现方法体
        void  动(){System.out.println("麻雀在飞！");};
}
class Demo{
  public static void main(String args[]){
         Animal a1=new Dog();    //用 Animal 的子类 Dog 创建 Animal 类型的对象
         Animal a2=new Spadger();//用 Animal 的子类 Spadger 创建 Animal 类型的对象
         Dog    d=new Dog();
         Spadger s=new Spadger();
         d.动();
         System.out.println(d.叫());
         s.动();
         System.out.println(s.叫());
         }
}
```

请编译和运行这个程序并查看一下结果。

抽象类可以含有抽象方法，所以具有接口的性质，抽象类也可以含有非抽象方法，所以也具有一般类的性质。

一般类不能含有抽象方法，抽象类可以含有抽象方法，接口只能含有抽象方法。

【示例 3.12】用抽象类实现工厂设计模式。

```
abstract class AbstractFactory{
        abstract void formater();
        static AbstractFactory getConnection(){
        return new PerformData();
       }
}
class InputData{
     public void intpur(AbstractFactory s){
        s.formater();//使用格式
     }
     public static void main(String[] args){
       InputData i=new InputData();
       AbstractFactory s=AbstractFactory.getConnection();
              i.intpur(s);
     }
}
class PerformData extends AbstractFactory{
         public void formater(){//定义格式
          System.out.println("这是 PerformData 定义的格式");
         }
}
```

请编译和运行这个程序并查看一下结果。

API 中的 Object 类、Component 类等是抽象类，不要用 API 中的抽象类去实例化对象。

类声明前面使用修饰符 final 修饰的类称为最终类，最终类不能被其他类继承，只能用来创建对象。为了防止被其他类继承，可以定义为最终类，API 中的 String 等类都是最终类。

最终类是指现实世界中某些不能分类的事物，如 class 空气{…}，class 月亮{…}等，最终类可以用来限制某些类的使用方式，实现程序的某种层次结构。

API 中的 String 类、Class 类等是最终类，不能被继承。

3.8　多　　态

多态性具有两种形式，一种是覆盖，另一种是重载。

1. 覆盖

在同一个类中，不能有相同的变量声明或方法声明。因为父类和子类不是同一个类，所以父类和子类可以有相同的变量声明或方法声明。

若在父类中声明了一个变量，在子类中又声明了这个变量，则子类不从父类继承来一个变量，相当于子类重新声明了一个变量，同一个变量在子类和父类中的类型也可以不同，称为在子类中声明的变量覆盖了从父类继承来的变量，例如：

```
class A{
     int x=1,y=2;
     }
```

```
    class B extends A{
    float y=2.2f;// 子类又声明变量 y
      public void print(){
    System.out.println(x);//x==1,x 是从从父类继承来的
    System.out.println(y);//y==2.2,y 是子类自己又声明的一个变量，覆盖了从从父类继承来的 y
    System.out.println(super.y);//super.y==2, super.y 是父类的变量
   }
}
```

若B类不声明变量y或B类不继承A类，就不存在变量覆盖问题了。

若在父类中定义了一个方法，在子类中又定义了具有相同的方法名、参量表的方法，则子类不从父类继承同名方法，相当于在子类中重新又定义一个方法，同一个方法在子类和父类中的方法体也可以不同，称为在子类中又定义的这个方法覆盖了从父类继承来的方法，例如：

```
class A{
       int sum(int x){return x+x;}
 }
class B extends A{
       int sum(int x){ //子类与父类有一个相同的方法声明 sum(int x)
                   return x*x;} //与父类中的方法体不同
       public void print(){
       int sub=sum(5);       //sub==25, 调用的是 sum()子类方法
       int sub=super.sum(5); //sub==10, 调用的是 sum()父类方法
       }
}
```

若B类不定义int sum(int x){}或B类不继承A类，就不存在方法覆盖问题了。

由于变量和方法都存在覆盖问题，所以同一个变量或方法，在父类中与子类中可以具有不同的类型或不同的方法体。

2. 重载

在同一个类中，不能有相同的方法声明（方法名、参量表都相同），但可以有相同方法名和不同的参量表，称为方法重载，在编译时，具体调用哪个方法，编译器会根据参量表的不同来确定调用的方法。

【示例3.13】重载演示。

```
class D{//一个方法名可以有多种形式的参量，称为重载
       static void printf(String s){System.out.println(s);}    //输出字符串时使用这个
       static void printf(int s){System.out.println(s);}       //输出字整数时使用这个
       static void printf(double s){System.out.println(s);}    //输出双精度数时使用这个
       public static void main(String args[]){
          D.printf("hello!");    //可以输出字符串
          D.printf(10);          //可以输出整数
          D.printf(0.99);        //可以输出双精度数
          }//同一个 D.printf()方法根据参量的不同类型，可以有多种输出形式
}
```

请编译和运行这个程序并查看一下结果。

重载也适用于构造器，一个构造器可以有多种不同的参量表。

接口和抽象类中的抽象方法可有各种各样的具体实现，这是Java覆盖多态的实际意义和用途。创建对象可以使用不同的构造器，使同一个类可以有多种创建对象的方法，可以产生多样化

的对象，这是 Java 重载多态的实际意义和用途。

3.9　内部类和匿名类

一般的类不能使用另一个类的成员变量和方法，内部类是在一个类的内部定义的类，内部类的用途是可以直接使用所在类的成员变量和方法，内部类可以被继承，但不能被所在类的对象操作，例如：

```
class A{
        int x,y;
        class B{//内部类开始
            void  setValues(int x,int y){ this.x=x;this.y=y;}
            }
        void print(){
        B b=new B();
          b.(2,3);
          System.out.println(x+y);
        }//内部类结束
}
```

当一个类继承了另一个类，处理这个类的成员变量时还需要再继承一个类，则要在这个类中定义内部类，用内部类再继承一个类。

【示例 3.14】用内部类再继承一个类。

```
import java.awt.event.*;
import javax.swing.*;
class MyWindow extends JFrame{
     JTextField t;
     String s;
     MyWindow(){
     setVisible(true);
     setSize(200,100);
     add("North",new JLabel(" 请点击鼠标,并观察视窗下方鼠标点击的位置 "));
     t=new JTextField();
     add("South",t);
     pack();
     addMouseListener(new MyMouse());
     }
     class MyMouse extends MouseAdapter{//内部类开始
         public void mousePressed(MouseEvent e){
         s="这是鼠标点击的位置:X="+e.getX()+"   Y="+e.getY();
         t.setText(s);
         }
   }//内部类结束
   public static void main(String args[]){
          MyWindow win=new MyWindow();
                }
}
```

请编译和运行这个程序并查看一下结果。

匿名类是一个特殊的内部类，是在方法调用中或表达式中定义的类，不需要有类名，也就是匿名。

在方法调用时如果需要一个抽象类型的对象参数，可以用抽象类型定义一个匿名类实现抽象方法，相当于用匿名类继承抽象类或实现接口，直接用匿名类创建这个抽象类型的对象参数，例如：

```
class Factory{
        static Formater getConnection(){
        return new PerformData();
        }
}
class InputData{
    public void intpur(Formater s){
       s.formater();//使用格式
    }
    public static void main(String[] args){
     InputData i=new InputData();
     i.intpur(new Formater(){//匿名类开始
                        public void formater(){
                        System.out.println("这是 PerformData 定义的格式");
                        }
             }//匿名类结束
            );
    }
}
interface Formater{
void formater();
}
```

可以使用匿名类取代继承一个抽象类或实现一个接口，例如：用 B 类实现接口 A，会使 B 类成为 A 类型：

```
interface A{
     void method();
}
class B implements A{
     void  method(){}
}
```

或者用 B 类承抽象类 A，也会使 B 类成为 A 类型：

```
abstract class A{
     abstract void method();
}
class B extends A{
     void  method(){}
}
```

可以不实现这个接口或继承这个抽象类，而用匿名类改写为：

```
class B {
      new A(){void  method(){}};
}
```

只是在 B 类中使用了 A 类，B 类的类型不会改变，会给编程带来一定的方便。

【示例 3.15】用匿名类取代内部类。

```
import java.awt.event.*;
import javax.swing.*;
class MyWindow extends JFrame{
    JTextField t;
    String s;
```

```
        MyWindow(){
        setVisible(true);
        setSize(200,100);
        add("North",new JLabel(" 请点击鼠标,并观察视窗下方鼠标点击的位置 "));
        t=new JTextField();
        add("South",t);
        pack();
        addMouseListener(new MouseAdapter(){//匿名类开始
                public void mousePressed(MouseEvent e){
                s="这是鼠标点击的位置: X="+e.getX()+"   Y="+e.getY(); t.setText(s);
                }
              }//匿名类结束
            );
        }
        public static void main(String args[]){
            MyWindow win=new MyWindow();
        }
    }
```

请编译和运行这个程序并查看一下结果。

内部类和匿名类都不能产生 class 文件，所以内部类和匿名类都不是实际上的类。

3.10 泛　　型

泛型是带有参数的类或接口，参数的类型可以在类、接口中定义，分别称为泛型类、泛型接口。泛型的用途是在类定义时可以使用一个不确定的类，在用这个类创建对象时再确定。泛型还可以用来检查类型的安全性，强制类型转换，用一个泛型可以写一套代码给多个类或接口使用，提高代码的质量和重用率。

【示例 3.16】泛型是带有参数的类或接口。

```
    public class Fclass<T>{
             public T obj; //定义泛型变量
             public Fclass(T obj){this.obj = obj;}
             public void showTyep(){System.out.print("T 的实际类型是:" + obj.getClass().
getName());}
            public void print(){System.out.println("Fclass");}
    public static void main(String[] args){
                //定义泛型 T 的一个 A 类版本
                A a=new A(2,3);
                Fclass f1=new Fclass<A>(a);
                    f1.showTyep();
                    System.out.println(a.sum());
                //定义泛型 T 的一个 B 类版本
                Fclass f2=new Fclass<B>(new B());
                    f2.showTyep();
                B b=(B)f2.obj;
                    b.print();
                //定义泛型 T 的一个 String 版本
                Fclass f3=new Fclass<String>("String 的输出");
                    f3.showTyep();
```

```
                String s=(String)f3.obj;
                     System.out.println(s);
                   }
    }
    class A{
          int x,y;A(int x,int y){this.x=x;this.y=y;}
          int sum(){return x+y;}
    }
    class B{
          public void print(){System.out.println(" /B 的输出");
          }
    }
```

请编译和运行这个程序并查看一下结果。

泛型产生 class 文件，所以泛型是实际上的类，泛型有如下特性。

① 泛型的类型参数只能是类（包括自定义类），不能是基本类型。

② 同一种泛型可以对应多个版本（因为参数类型是不确定的），不同版本的泛型类实例是不兼容的。

③ 泛型的类型参数可以有多个，泛型的参数类型还可以是通配符类型。

用泛型可以在定义类时使用一个不确定的类型，而在用这个类创建对象时给定类型，例如将在第 4 章讨论的 API 中的向量 Vector 类等很多基础类都是泛型类。

3.11 修 饰 符

修饰符可以用来规定类、方法和成员变量的一些特性，Java 语言定义了 11 个修饰符，如表 3-1 所示。

表 3-1

修饰符	类	方法	成员变量	构造方法
public	Y	Y	Y	Y
abstract	Y	Y		
final	Y	Y	Y	
protected		Y	Y	Y
private		Y	Y	Y
static		Y	Y	
synchronized		Y		
native		Y		
transient			Y	
volatile			Y	
strictfp			Y	

1. 与类有关的修饰符

与类有关的修饰符有 3 个：public（公共的）、abstract（抽象的）、final（最终的）。

- public 表示该类可以被任何类访问，否则只能被与该类在同一个包中的类访问，例如：

① `package b; //程序 1`

```
    class B{   //B 不是 public 类
```

```
}
import b.B; //程序 2
class A{
        B b=new B(); //A 不可以访问不在一个包中非 public 类 B
}
```

② package b; //程序 1

```
public class B{ // B 是 public 类
}
 import b.B; //程序 2
class A{
         B b=new B(); //虽然 A 和 B 不在一个包中，但 B 是 public 类，任何类 A 可以访问 B
     }
```

③ package b; //程序 1

```
class B{  // B 不是 public 类
}
package b; //程序 2
class A{
        B b=new B();  //A 可以访问在同一个包中非 public 类 B
}
```

如果在程序中有一个 public 类，则保存程序的文件名必须与 public 类的类名一致，因而一个程序中不能有两个 public 类，不然这个程序文件将没法保存。

- abstract 表示该类不能用来创建对象，final 表示该类不能被继承，省略修饰符表示该类可以被同一个包中的类访问、可以被实例化、可以被继承，例如：

① class A{

```
      B b=new B();//这是错的，因为 B 是 abstract 类，不能创建对象
}
abstract class B{}
```

② class A extends B{ A extends B;是不可以的，B 是 final 类，不能被继承

```
}
final class B{}
```

2. 与成员变量有关的修饰符

- private 表示所声明的变量只可以在本类使用，protected 表示只可以被同一个包中的类访问, public 表示可以被任何类访问（前提是变量所在的类是 public），缺省为 protected。例如：

① class B{

```
      private int x;  //x 是 B 类的私有成员
      protected int y; //y 是 B 类非私有成员
}
class A{      B b=new B();
            void xy(){
                        b.x=3; // 是错的，A 类不可以访问 B 类的私有成员 x
                        b.y=3; // 是对的，A 类可以访问 B 类非私有成员 y
                        }
}
```

② import b.B; //程序 1

```
class A {
            B b=new B();
            void set(){
```

```
                b.x=3; //是对的，A和B不是同一个包中的类，x是B类的保护成员
                b.y=3; //是对的，A和B不是同一个包中的类，y是B类的公共成员
            }
    }
    package b; //程序2
    class B{
                protected int x; //x是B类的保护成员
                  public int y;  //y是B类的公共成员
    }
```

通常类的成员变量声明为 private，特别是对 public 类更应该如此，以保证数据的封装性和安全性。

- static 限制变量为静态变量，静态变量与对象无关，也称为类变量。

用 static 限定的成员变量，使得所有对象相应的实例变量是同一个变量，结果不同对象的这个实例变量同一时刻的值完全一样，消除了个性差异，所以静态变量，也称为类变量。假如每个学生对象需要保存一个学校的名字，则每个学生对象保存的值都相同，这个保存校名的变量就可以定义为静态变量，而每个学生的姓名必须定义为非静态变量。

【示例 3.17】静态变量演示。

```
class Students{
            static String universityName;
            String name;
}
public class university{
        public static void main(String[] args){
        Students s1,s2;
                s1=new Students();
                s2=new Students();
                s1.name="武松";
                s2.name="林冲";
                Students.universityName="北大"; //静态变量可以用类名访问
                s1.universityName="复旦";
                s2.universityName="科大";//静态变量是一个变量，原来的值将被刷新
                System.out.println("s1.name="+s1.name);
                System.out.println("s2.name="+s2.name);
                System.out.println("s1.universityName="+s1.universityName);
                System.out.println("s2.universityName="+s2.universityName);

        }
}
```

请编译和运行这个程序并查看一下结果，如图 3.3 所示。

final 使变量成为常量，一次性赋值，不可以改变。

transient 暂时性变量，用于对象存档。

volatile 贡献变量，用于并发线程的共享。

图 3.3

3. 与方法有关的修饰符

- private 表示所定义的方法只可以在本类使用，protected 表示只可以被在同一个包中的类访问，

public 表示可以被任何类访问（前提是方法所在的类是 public），缺省为 protected。与变量的情况类似。

abstract 抽象方法，只有方法声明，没有方法体，在抽象类或接口中定义，一般类不能定义抽象方法，例如：

① class A{

```
                abstract void get();//是错的，A是不是抽象类
}
abstract class B{
                abstract void get();//是对的，B是抽象类
}
```

- static 限定方法为静态方法（类方法），规定静态方法内只能使用静态变量和调用另外的静态方法，因而不同对象调用静态方法的结果完是一样的，静态方法可以用类名直接调用。例如，不同对象连接数据库的方法不应该有不同的结果，所以应该定义为静态方法。

不同对象调用非静态方法，由于操作的是对象实例变量，所以不同对象调用非静态方法的结果可以是不同的。例如，不同学生对象获取姓名的方法应该有不同的结果，所以应该定义为非静态方法。

在静态方法中没有 this 引用，因为那里没有可以操作的特定对象，this 引用最常用于把对当前对象的引用作为自变量传递给其他方法。设想某方法要求把当前对象增加到等待服务的对象列表中，它可能是这个样子的：

```
service.add(this);
```

Body 类的 capture 方法也使用 this 来把 victim 对象的 orbits 域设定为当前对象。

显式的 this 可以添加到当前对象的任何域访问或者方法调用之前。例如，对 Body 类的双自变量构造函数的 name 进行赋值时：

```
name = bodyName;
```

等价于：

```
    this.name = body.name;
```

一般来说，我们只在需要的时候使用 this，这是指当要访问的域名被本地变量或参数声明隐藏的时候。例如，我们可以编写如下 Body 类的双自变量构造函数：

```
public Body(String name, Body orbits){
        this();
        this.name = name;
        this.orbits = orbits;
}
```

name 和 orbits 域在构造函数中被同名的参数隐藏。为确保访问的是 name 域而不是参数 name，我们为它加上前缀 this，说明是指属于“这个”对象的域。这种故意隐藏标识符的做法，仅在构造函数和“set”方法这样的用法里才被认为是好的编程习惯。

3.12 实例讲解与问题研讨

做一个简单的加法器，创建一个视窗，视窗中包括 2 个标签、1 个按钮、3 个文本行，前 2 个文本行用来输入数据，当单击按钮时，将前 2 个文本行中输入的数据相加，结果显示在第 3 个

文本行中，如图 3.4 所示。

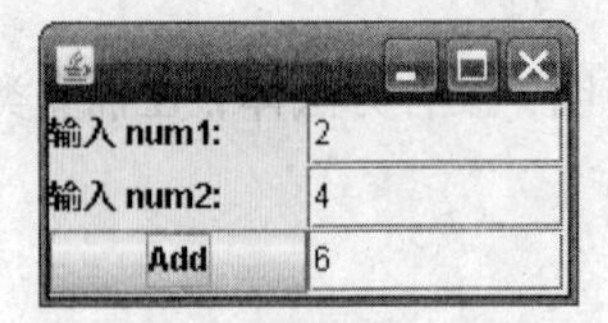

图 3.4

【实例 3.1】一个简单加法器。

```
import java.awt.*;
import java.awt.event.*;
import javax.swing.*;
class Add extends JFrame implements ActionListener{
      JTextField n1,n2,n3;
      JButton add;
      Add(){
      setVisible(true);
      n1=new JTextField(10);
      n2=new JTextField(10);
      n3=new JTextField(10);
      add=new JButton("Add");
      setLayout(new GridLayout(3,2));
      add(new JLabel("num1:"));add(n1);
      add(new JLabel("num2:"));add(n2);
      add(add);add(n3);
      add.addActionListener(this);
      }
      public void actionPerformed(ActionEvent e){
      if(e.getSource()==add){
            try{
            int s1=Integer.parseInt(n1.getText());
            int s2=Integer.parseInt(n2.getText());
            int s3=s1+s2;
            n3.setText(String.valueOf(s3));
            }catch(Exception ee){n3.setText("输入错误!");}
         }
      }
      public static void main(String a[]){
      new Add();
      }
}
```

请编译和运行这个程序并查看一下结果。

实例 3.1 代码分析如下。

```
class Add extends JFrame implements ActionListener{
      JTextField n1,n2,n3;
      JButton add;
      Add(){}
      public void actionPerformed(ActionEvent e){}
      public static void main(String a[]){}
}
```

上面的代码是 Java 实用程序的基本结构，extends JFrame 是为了可以使用 Add 类创建视窗，implements ActionListener 是为了进行事件处理。用 Add 类创建视窗可以事先用构造器 Add(){}构造好所需要的视窗，特别是监听动作事件 add.addActionListener(this)语句，只能写在构造器中，用 JFrame 直接创建视窗做不到这一点。

只要 implements ActionListener 就必须写 public void actionPerformed(ActionEvent e){}方法，当事件发生时自动调用该方法处理事件。public static void main(String a[]){}是虚拟机上运行程序必须要用的方法。

用 import java.awt.*;是为了引用 GridLayout 类进行视窗布局。import java.awt.*;只能引入包中的类，不能引入包中的包，所以要用 import java.awt.event.*;引入 java.awt.event 包中的 ActionListener 接口和 ActionEvent 类。

用 import javax.swing.*;是为了引入 JFrame 类、JTextField 类、JButton 类和 JLabel 类。

JTextField n1,n2,n3 和 JButton add 是在视窗 Add 类中声明需要使用的对象，这些对象要在多个方法中被用到，而只在构造器中用到的两个 JLabel 对象，只在构造器中声明，并且可以匿名使用，因为是一次性使用。

当构造器中要写的内容很多时，可以把构造器分解为一些方法定义和调用，代码改写如下：

```
import java.awt.*;
import java.awt.event.*;
import javax.swing.*;
class Add extends JFrame implements ActionListener{
    JTextField n1,n2,n3;
    JButton add;
    Add(){
    setVisible(true);
    createAdd();
    add.addActionListener(this);
    }
    void createAdd(){
    n1=new JTextField(10);
    n2=new JTextField(10);
    n3=new JTextField(10);
    add=new JButton("Add");
    setLayout(new GridLayout(3,2));
    add(new JLabel("num1:"));add(n1);
    add(new JLabel("num2:"));add(n2);
    add(add);add(n3);
    }
    public void actionPerformed(ActionEvent e){
    if(e.getSource()==add){
        try{
        int s1=Integer.parseInt(n1.getText());
        int s2=Integer.parseInt(n2.getText());
        int s3=s1+s2;
        n3.setText(String.valueOf(s3));
        }catch(Exception ee){n3.setText("输入错误!");}
      }
    }
```

```
        public static void main(String a[]){
        new Add();
        }
    }
```

现在的构造器中调用 createAdd()取代原来构造器中的内容，原来构造器中的内容放在 void createAdd(){}方法中，这样做使程序结构更合理、清晰。

以上做法可以总结为：在类中声明变量和定义方法，在方法中处理变量，要把复杂的方法分解为几个简单方法。据此，可以把实例 1.1 改写如下。

【实例 3.2】把复杂的方法分解为几个简单方法。

```
import java.awt.*;
import javax.swing.*;
class StudentScore extends JFrame{
      JTextField number, name, score;
      JButton b1,b2,b3,b4;
      JPanel center,south;
      StudentScore(){
            createJTextField();
            createJButton();
            createJPanel();
            add("Center",center);
            add("South",south);
            setVisible(true);
            setBounds(100,100,600,100);
            pack();
}
void createJTextField(){
            number=new JTextField(10);
            name=new JTextField(10);
            score=new JTextField(10);
}
void createJButton(){
            b1=new JButton("保存");
            b2=new JButton("取消");
            b3=new JButton("查看");
            b4=new JButton("打印");
}
void createJPanel(){
            center=new JPanel();
            center.setLayout(new GridLayout(3,2));
            center.add(new JLabel("学 号:"));
            center.add(number);
            center.add(new JLabel("姓 名:"));
            center.add(name);
            center.add(new JLabel("成 绩:"));
            center.add(score);
            south=new JPanel();
            south.setLayout(new GridLayout(1,3));
            south.add(b1);
            south.add(b2);
            south.add(b3);
            south.add(b4);
    }
```

```
        public static void main(String args[]){
                new StudentScore();
        }
    }
```

【实例 3.3】打印机销售管理程序的工厂设计模式。

```
    import javax.swing.*;
    abstract class PrinterFactory{
    final String name="打印机";
        abstract void print();
        public static PrinterFactory createPrinter(String name){
        if(name.equals("HP")){
            return new HpPrinter();
            }else if(name.equals("Canon")){
            return new CanonPrinter();
            }
              return null;
            }
    }
    class HpPrinter extends PrinterFactory{
            public void print(){
                                        JDialog hp=new JDialog();
                                        hp.setVisible(true);
                                        hp.setBounds(200,200,600,100);
                                        hp.add("North", new JLabel("惠普"+name+"提供打印能"));
                                        hp.add("Center",new JLabel(new ImageIcon(".\\bij.jpg")));
                                        hp.pack();
                                        }
    }
    class CanonPrinter extends PrinterFactory{
              public void print(){
                              JDialog canon=new JDialog();
                              canon.setVisible(true);
                                    canon.setBounds(200,200,600,100);
                                    canon.add("North",new JLabel("佳能"+name+"提供打印能"));
                                    canon.add("Center",  new  JLabel(new  ImageIcon(".
\\laserjet.jpg")));
                                    canon.pack();
                        }
    }
    class PrinterCustomer{
              public static  void printFunction(PrinterFactory p){
              p.print();
              }
             public static void main(String [] args){
             String name = JOptionPane.showInputDialog("Please input a PrinterName(Canon
or HP)").trim();
             PrinterFactory w=PrinterFactory.createPrinter(name);
             printFunction(w);
             }
    }
```

在 PrinterCustomer 类中看不到 HpPrinter 类和 CanonPrinter 类，所以 HpPrinter 类和 CanonPrinter 类的改变不会影响 PrinterCustomer 类，而在 PrinterCustomer 类中用到的 w（打印机）却是用

HpPrinter 类或 CanonPrinter 类创建的对象。

3.13 小结

类定义由类声明和类体两部分组成。类体的主要内容是变量声明和方法定义，变量和方法是与对象关联的，用类创建的每个对象都会把变量复制成自己的变量，称为对象的实例变量，对象调用方法操作的是对象的实例变量。

方法由方法声明和方法体构成。用一个类创建的对象可以调用该类中的方法，用对象调用该类中定义的方法只能操作对象的实例变量。

构造器是用类创建对象时用 new 运算符调用的特殊方法，是在对象创建之前执行的代码，不能用对象调用，也不能被继承。

假如已经存在 A 类，要创建一个新的 B 类，可以让新的 B 类继承（extends）A 类。多态性包括覆盖和重载两种。

声明对象是把对象名作为引用型变量。对象实例化是用 new 运算符调用构造器，为对象分配内存空间，把对象所在的堆的地址返回给引用地址。对象初始化是给对象的实例变量初始化。

没有方法体的方法称为抽象方法，一般类不能有抽象方法，抽象类可以有抽象方法，接口只能有抽象方法。

接口或抽象类可以把类定义与使用类创建对象相分离，类定义的改变不会影响使用它的类。

内部类是在一个类的内部嵌套定义的类，用来直接操作所在类的成员变量。

匿名类是在方法调用中定义的一个类，用来继承抽象类或实现接口，实现抽象类或实现接口中的抽象方法。

泛型是参数化类型，这种参数类型可以用在类、接口和方法的创建中。

class 意味着可以创建任何所需要的类，extends 意味着可以扩展已有的类并可以用子类的方法来决定超类方法的行为，implements 意味着可以用子类的方法来决定其他类方法的行为，要不断加深理解这 3 个关键字的意义。

习题 3

一、思考题

1. 什么是类？
2. 什么是成员变量？实例变量与静态变量（类变量）有什么不同？
3. 什么是方法？方法的局部变量与类的成员变量有什么不同？参量表有什么用？
4. 什么是方法调用？静态方法有什么特点？
5. 有返回值方法与无返回值方法调用时有什么不同？
6. 有参量方法与无参量方法调用时有什么不同？
7. 什么是构造器？构造器与方法有什么不同？
8. 一个类与另一个类之间可以有哪些关系？一个类继承另一个类的意义是什么？
9. 创建对象的过程需要几步？每一步的意义是什么？

10. 什么是抽象类？什么是接口？什么是内部类？什么是匿名类？什么是泛型？

二、上机练习题

1. 编写、编译和运行本章的示例 3.1～示例 3.16 的程序。
2. 编写、编译和运行本章实例 3.1 程序。
3. 编写、编译和运行本章实例 3.2 程序。
4. 编写一个具有加、减、乘、除功能的运算器。
5. 编写一个管理公司产品和客户的简单程序。
6. 定义一个电话类，包括品牌和通话功能等。
7. 定义一个电话供应商类，包括供应商名称和所提供的电话品牌。
8. 定义一个电话购买者类，包括使用者姓名和所要买的电话品牌。
9. 定义一个电话接口，编写一个电话供应商与电话购买者相关联的程序。

第 4 章 API 中的常用基础类和工具类

企者不立；跨者不行。

——老子

常用基础类和工具类知识是 Java 编程必须掌握的一些基本常识。

API 中的 java.lang 是任何程序默认引进的包，提供了 Java 语言程序设计的一些基础类，主要包括 Object 类、Number 类、String 类、StringBuffer 类、Exception 类、Character 类等。

API 中 java.util 是各种实用工具类组成的包，包括 StringTokenizer 类、Vector<E> 泛型类、LinkedList<E>泛型类、ArrayList<E>泛型类和 HashMap<K,V>泛型类等。

本章 4.1～4.5 节介绍基础类，4.6～4.10 节介绍工具类。

4.1 Object 类

Java 语言的各种类组成一个类层次结构，Object 类是这个结构的最高顶点，是一个抽象类，所有的类都默认继承它，都是它的子类，也默认继承它的方法，常用的方法包括 toString()，equals() 和 getClass()等。

【示例 4.1】所有的类都默认继承 Object 类。

class ABC{}//看起来 ABC 类体是空类，实际上已经默认继承了 Object 类。

```
class Demo{
public static void main(String[] args){
    ABC a=new ABC();//下面是 ABC 创建的对象 a 可以使用的常用方法
    System.out.println("a.getClass()= " + a.getClass());//默认继承 Object 类的 getClass()方法
    System.out.println("a.getClass().getName()= " + a.getClass().getName());
    System.out.println("a.toString()= " + a.toString());//默认继承 Object 类的 toString ()方法
    System.out.println("a.toString().charAt(0)= " + a.toString().charAt(0));
    System.out.println("a.toString().charAt(1)= " + a.toString().charAt(1));
    System.out.println("a.toString().charAt(2)= " + a.toString().charAt(2));
    System.out.println("a.hashCode()= " + a.hashCode());//默认继承 Object 类的 hashCode(()方法
    System.out.println("a.equals(a)= " + a.equals(a)); //默认继承 Object 类的 equals()方法
  }
}
```

演示结果如图 4.1 所示。

```
a.toString().charAt(0)= A
a.toString().charAt(1)= B
a.toString().charAt(2)= C
a.hashCode()= 3526198
a.equals(a)=  true
a.getClass()= class ABC
a.getClass().getName()= ABC
a.toString()= ABC@35ce36
```

图 4.1

4.2　Number 类

从类声明 public abstract class Number extends Object implements Serializable{}，可以知道 Number 类是抽象类，Character 类和 Number 类的子类 Byte、Short、Integer、Long、Float 和 Double，分别对应一个基本类型，提供了各种数据类型相互转换的方法，而基本类型只能从低向高转换。例如，一个 Double 类的对象包含了一个 double 类型变量，通过 Double 类定义的方法可以转换为其他各种数据类型。void 类是一个非实例化的类，表示基本类型 void 的对象的直接引用。

4.3　Byte 类

从类声明 public final class Byte extends Number implements Comparable<Byte>{}，可以知道 Byte 类是最终类，Byte 类将基本类型 byte 的值包装在一个对象中。该类提供了多个方法，还为 byte 类型 和 String 类型的相互转换提供了几种方法。

4.3.1　Short 类

从类声明 public final class Short extends Number implements Comparable<Short>{}，可以知道 Short 类是最终类，Short 类在对象中包装基本类型 short 的值。该类提供了多个方法，还为 short 类型和 String 类型的相互转换提供了几种方法。

4.3.2　Integer 类

从类声明 public final class Integer extends Number implements Comparable<Integer>{}，可以知道 Integer 类是最终类，Integer 类在对象中包装了一个基本类型 int 的值。该类提供了多个方法，还为 int 类型和 String 类型的互相转换提供了几种方法。

4.3.3　Long 类

从类声明 public final class Long extends Number implements Comparable<Long>{}，可以知道 Long 类是最终类，Long 类在对象中封装了基本类型 long 的值。该类提供了多个方法，还为 long 类型和 String 类型的互相转换提供了几种方法。

4.3.4　Float 类

从类声明 public final class Float extends Number implements Comparable<Float>{}，可以知道 Float 类是最终类，Float 类在对象中封装了一个 float 基本类型的值。该类提供了多个方法，还为 float 类型和 String 类型的互相转换提供了几种方法。

4.3.5 Double 类

从类声明 public final class Double extends Number implements Comparable<Double>{}，可以知道 Double 类是最终类，Double 类在对象中封装了一个基本类型 double 的值。该类提供了多个方法，还为 double 类型和 String 类型的互相转换提供了几种方法。

【示例 4.2】以 Double 类为例说明数据类型的转换方法，因为 double 是最高类型，它可以做的其他的类也可以做。

```
class DoubleMethod{
public static void main(String[] args){
    double d=64; //基本类型变量
    Double  D=new Double(d); //用基本类型变量 d 初始化一个 Double 类的对象 D
    System.out.println("D.byteValue()=  "+D.byteValue());//获取对象 D 的 byte 型数值
    System.out.println("D.shortValue()=  "+D.shortValue());//D 的数值转换为 short 型
    System.out.println("D.intValue()=  "+D.intValue());  //D 的数值转换为 int 型
    System.out.println("D.longValue()=  "+D.longValue()); //D 的数值转换为 long 型
    System.out.println("D.floatValue()=  "+D.floatValue());//D 的数值转换为 float 型
    System.out.println("D.toHexString(64)= "+D.toHexString(64)); //B 的数值转换为十六进制数
    System.out.println("D.hashCode()= "+D.hashCode()); //B 的数值转换为十六进制数
    System.out.println("D.toString()=  "+D.toString()); //B 的数值转换为字符串
    System.out.println("D.parseDouble(\"123\")=  "+D.parseDouble("123"));//字符串转换
double 型数值
    }
}
```

演示结果如图 4.2 所示。

```
D.byteValue()=  64          D.toHexString(64)= 0x1.0p6
D.shortValue()=  64         D.hashCode()= 1078984704
D.intValue()=  64           D.toString()=  64.0
D.longValue()=  64          D.parseDouble("123")=  123.0
D.floatValue()=  64.0
```

图 4.2

4.3.6 Character 类

从类声明 public final class Character extends Object implements Serializable, Comparable <Character>{}，可以知道 Character 类是最终类，是 Object 类的子类。Character 类对应一个基本类型 char，提供了各种数据类型相互转换的方法，该类提供了几种方法，可将英文字符从大写转换成小写或从小写转换成大写。

【示例 4.3】

```
class CharOperater{
    public static void main(String[] args){
    char c='c';//基本类型变量
    Character C=new Character(c); //用基本类型变量 c 初始化一个 Character 类的对象 C
    System.out.println("C.charValue()= "+C.charValue());//获取对象 C 的 char 数值
    System.out.println("C.toUpperCase('x')= "+C.toUpperCase('x'));//将英文字符从小写转换
成大写
    System.out.println("C.toUpperCase('X')= "+C.toLowerCase('X'));//将英文字符从大写转换
成小写
```

```
        System.out.println("C.valueOf('A').hashCode()= "+C.valueOf('A').hashCode());//字符 A 的 unicode 码值
        System.out.println("C.valueOf('B').hashCode()= "+C.valueOf('B').hashCode());//字符 B 的 unicode 码值
        System.out.println("C.valueOf('0').hashCode()= "+C.valueOf('0').hashCode());//字符 0 的 unicode 码值
        System.out.println("C.valueOf('1').hashCode()= "+C.valueOf('1').hashCode());//字符 1 的 unicode 码值
        }
    }
```

演示结果如图 4.3 所示。

```
C.charValue()= c                C.valueOf('A').hashCode()= 65
C.toUpperCase('x')= X           C.valueOf('B').hashCode()= 66
C.toUpperCase('X')= x           C.valueOf('0').hashCode()= 48
                                C.valueOf('1').hashCode()= 49
```

图 4.3

4.3.7　String 类

从类声明 public final class String extends Object implements Serializable, Comparable<String>, CharSequence{},可以知道 String 类是最终类,是 Object 类的子类。Java 使用 java.lang 包中的 String 类来创建一个字符串变量，因此字符串变量是引用类型变量，是一个对象。

（1）创建字符串对象

用构造器产生的字符串对象 str1 和 str2 是两个对象，str1 和 str2 分别表示符号地址，每个符号地址分别保存一个对象的所在地址，str1 保存的 0xaa00 是"hello"字符串所在内存的地址。str2 保存的 0xff00 是另一个"hello"字符串所在内存的地址，虽然 str1 和 str2 内容相同，用 equals 方法比较结果为 true，但还是两个对象，如图 4.4 所示。用比较运算符“= =”比较两个对象的内存地址，str1= =str2 得到的结果是 false。

```
String str1= new String ("hello"); String str2= new String ("hello");
```

str2= new String ("helloJava");产生新的对象，当然需要新的内存地址，如图 4.5 所示。

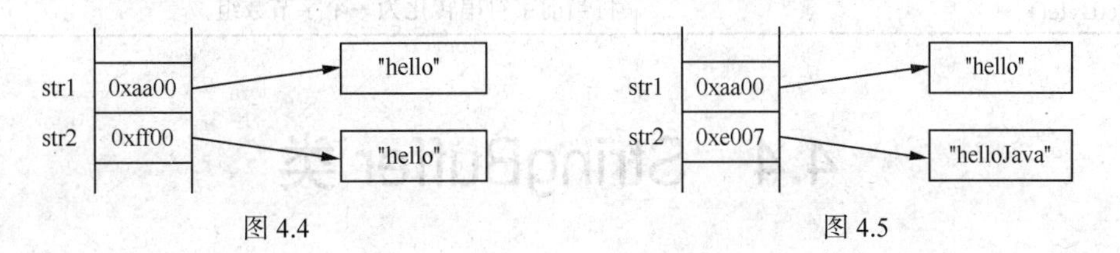

图 4.4　　　　图 4.5

Java 语言还提供了另一种方式来创建 String 对象,也就是用赋值运算符直接产生字符串对象,str1 和 str2 是同一个对象的两种表示。str1 和 str2 分别表示符号地址,每个符号地址保存的是同一个对象的所在地址,str1 和 str2 保存的都是 0xaa00,是一个"hello"字符串所在内存的地址,虽然 str1 和 str2 是两个符号地址,但符号地址的内容相同,指向同一个对象"hello",如图 4.6 所示。用 equals 方法比较 str1 和 str2 结果为 true，用比较运算符“= =”比较两个对象的内存地址，str1= =str2 得到的结果也是 true。

```
String str1= "hello"; String str2= "hello";
```

str2= "helloJava";产生新的对象，当然需要新的内存地址，如图 4.7 所示。

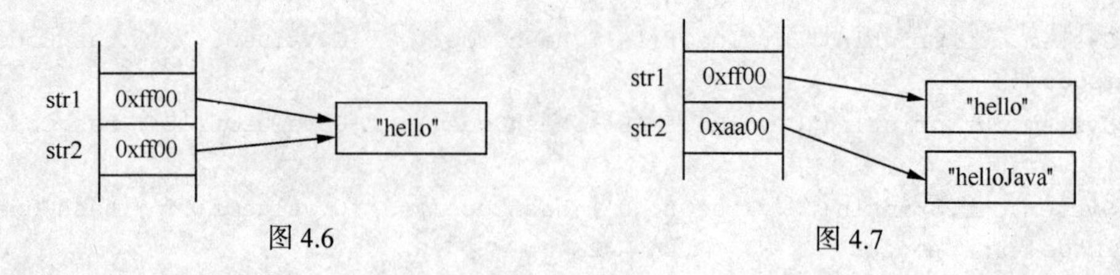

图 4.6　　图 4.7

任何修改字符串对象内容的方法，都会产生一个新的字符串对象，同一个字符串对象的内容是不可修改。

用构造器通过字符数组 char h [] = {'h', 'e', 'l', "l","o"}；生成的字符串 String str1= new String(h);与由构造器生成的字符串 String str1= new String ("hello"); 等效。

即 char h [] = {'h', 'e', 'l','l','o'}与"hello"等效。

（2）String 类的常用方法

String 类的常用方法如表 4-1 所示。

表 4-1

构造方器或普通方法格式	说明
int length()	计算字符串的长度
char charAt(int index)	取得指定下标位置的字符
int indexOf(int ch)	取得指定字符在此字符串中第一次出现的下标位置
int lastIndexOf(int ch)	取得指定字符在此字符串中最后一次出现的下标位置
String substring(int beginIndex,int endIndex)	取得一个字符串的子字符串
boolean equals(Object anObject)	比较两个字符串的值
String trim()	去掉字符串的左右空白
String[] split(String regex)	根据匹配给定的正则表达式来拆分此字符串
String toLowerCase()	将此字符串中的所有字符都转换为小写
String toUpperCase()	将此字符串中的所有字符都转换为大写
char[] toCharArray()	将此字符串转换为一个新的字符数组
byte[] getByte()	将当前字符串转化为一个字节数组

4.4 StringBuffer 类

用 String 类创建的字符串对象是不可修改的，也就是说，String 类字符串不能修改、删除或替换其中的某个字符，即 String 对象一旦创建，对象内容是不可以再发生变化的，如图 4.8 所示。例如：

```
String s=new String("I love this game");
```

用 StringBuffer 类能创建可修改的字符串序列，即该类的对象的实体的内存空间可以自动的改变大小，便于存放一个可变的字符串。一个 StringBuffer 对象调用 append()方法可以在字符串尾部追加字符串。例如：

```
StringBuffer s=new StringBuffer("I love this game");
```

则对象名 s 调用 append()再追加一个字符串序列（见图 4.9）的语句如下：

```
s.append("ok");
```

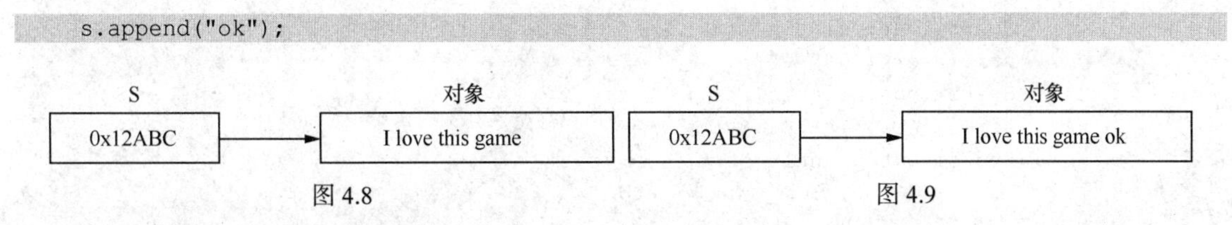

图 4.8　　　　图 4.9

1. StringBuffer 类的构造方器

StringBuffer 类有 3 个构造方器：StringBuffer(),StringBuffer(int size)和 StringBuffer(String s)。

（1）构造方器 StringBuffer()创建一个 StringBuffer 对象，分配给该对象的实体的初始容量可以容纳 16 个字符，当该对象的实体存放的字符序列的长度大于 16 时，实体的容量自动增加，以便存放所增加的字符。StringBuffer 对象可以通过方法 length()获取实体中存放的字符序列的长度，通过方法 capacity()获取当前实体的实际容量。

（2）构造方器 StringBuffer(int size)创建一个 StringBuffer 对象，可以指定分配给该对象的实体的初始容量为参数 size 指定的字符个数。当该对象的实体存放的字符序列的长度大于 size 个字符时，实体的容量自动增加，以便存放所增加的字符。

（3）构造方器 StringBuffer(String s)创建一个 StringBuffer 对象，可以指定分配给该对象的实体的初始容量为参数字符串 s 的长度格外再加 16 个字符。

2. StringBuffer 类的常用方法

StringBuffer 类的常用方法如下。

（1）append()方法，将其他 Java 类型数据转化为字符串后，再追加到 StringBuffer 对象中。

（2）char charAt(int n) 方法，得到参数 *n* 指定的位置上的单个字符。当前对象实体中的字符串序列的第一个位置为 0，第二个位置为 1，依此类推。*n* 的值必须是非负的，并且小于当前对象实体中字符串序列的长度。

（3）void setCharAt(int n,char ch) 方法，将当前的 StringBuffer 对象实体中的字符串位置 *n* 处的字符用参数 ch 指定的字符替换，*n* 的值必须是非负的，并且小于当前对象实体中字符串序列的长度。

（4）StringBuffer insert(int index,String str) 方法，将一个字符串插入另一个字符串中，并返回当前对象的引用。

（5）Public StringBuffer reverse()方法，将对象实体中的字符翻转，并返回当前对象的引用。

（6）StringBuffer delete(int startIndex,int endIndex)方法，从当前 StringBuffer 对象实体中的字符串中删除一个子字符串，并返回当前对象的引用。这里，startIndex 指定了需删除的第一个字符的下标，而 endIndex 指定了需删除的最后一个字符的下一个字符的下标。

（7）StringBuffer replace(int startIndex,int ednIndex,String str)方法，将当前 StringBuffer 对象实体中的字符串的一个子字符串用参数 str 指定的字符串替换。被替换的子字符串由下标 startIndex 和 endIndex 指定，即从 startIndex 到 endIndex-1 的字符串被替换。该方法返回当前 StringBuffer 对象的引用。

【示例 4.4】字符串缓存 StringBuffer 类演示。

```
public class StringBufferTest{
        public static void main(String args[ ]){
          StringBuffer str=new StringBuffer("0123456789");
           str.setCharAt(0 ,'a');
           str.setCharAt(1 ,'b');
```

```
            System.out.println(str);
            str.insert(2, "**");
            System.out.println(str);
            str.delete(6,8);
            System.out.println(str);
        }
    }
```

上述程序的输出结果如图 4.10 所示。

```
ab23456789
ab**23456789
ab**236789
```

图 4.10

注意　可以使用 String 类的构造方器 String (StringBuffer bufferstring)创建一个字符串对象。

4.5 Exception 类

异常是程序运行时可能发生的事件，这个事件导致程序无法正常运行。例如，算术运算中除数为 0，连接一个不存在的数据库，打开一个不存在的文件，从数组、向量、链表中提取的元素越界等。

如果没有发生异常，程序可以正常运行下去。如果发生异常，程序无法运行下去，导致崩溃，Java 通过异常类来处理这个问题。所谓异常处理，就是指可以跳过异常，继续运行下去。用异常类处理异常的基本语法格式如下：

```
try {
    // 可能发生异常的一些语句，没有发生异常，执行这里的语句
    }catch(异常类 eName){
     //跳过异常，执行这里的语句，可以通过异常对象 eName 调用异常类的方法报告异常信息
    }
    finally{
     //无论是否发生异常，总要执行这里的语句
    }
```

程序中进行了异常处理，就保证了无论是否发生异常，程序都可以运行下去。例如：

在示例 3.18 中，当输入两个整数时，显示相加的结果；当输入的不是整数时，提示输入错误，无论输入是否正确，方法 actionPerformed()都可以执行下去。

```
public void actionPerformed(ActionEvent e){
          try{
             int s1=Integer.parseInt(n1.getText());//要求输入整数，实际可能不是整数
             int s2=Integer.parseInt(n2.getText());//若输入的不是整数，则发生异常
             int s3=s1+s2;
             n3.setText(String.valueOf(s3));//当输入的是两个整数时，显示相加的结果
             }catch(Exception ee){
             n3.setText("输入错误!");//发生异常时，说明输入有错误
            }
    }
```

Java 定义了大量异常类用于异常处理，Exception 类就是其中最重要的异常类，许多异常类都是 Exception 类的子类，Exception 的类声明是 public class Exception extends ThroWable。Exception 类的常用方法如下。

- String getMessage()，返回异常详细信息。
- StackTraceElement[] getStackTrace()，提供编程访问由 printStackTrace() 输出的堆栈跟踪信息。
- void printStackTrace()，将此 throwable 及其追踪输出至标准错误流。
- void printStackTrace(PrintWriter s)，将此 throwable 及其追踪输出到指定的 PrintWriter。

常用的异常处理方式如下。

（1）在方法定义时方法捕捉并处理异常，调用该方法时可以不考虑异常问题。

```
public void methodA (){
        try{
          // 可能发生异常的一些语句
          }catch(ExceptionType e){//是捕捉异常
          //发生异常时执行这里的语句
         }
}
```

（2）在方法定义时不处理异常，把可能发生的异常抛出，调用该方法时捕捉并处理异常。

```
public void methodA () throws ExceptionType{
                //可能发生异常的一些语句
}
public void methodB (){
        try{
            methodA (); //可能发生异常
          }
          catch(ExceptionType e){//是捕捉异常
            //这些语句是处理异常的
          }

     }
```

【示例 4.5】自定义异常类。

```
class MyException extends Exception{
          public MyException(String input){
                    super(input);
          }
          public void ExtraMethod(){
                    System.out.println("调用自定义异常对象中的自定义方法");
          }
}
public class ExceptionExample{
          public static void main(String[] args) {
                   // 创建自定义异常类对象
                   MyException me = new MyException("自定义异常类");
               try{
                        throw me;
               }
               catch(Exception ex){
               System.out.println("通过 Exception 也可以捕获到异常，但却丢失了自定义异常对象
中的方法");
```

```
                }
                try{
                        throw me;
                }
                catch(MyException ex){
                ex.ExtraMethod();
            }
            try{
                  throw me;
            }
            catch(Exception ex){
            MyException myexcep=(MyException)ex;
            System.out.println("强制类型转换时要确定你抛出的确实是 MyException 对象");
            myexcep.ExtraMethod();
            }
        }
}
```

上述程序的输出结果如图 4.11 所示。

```
通过Exception也可以捕获到异常，但却丢失了自定义异常对象中的方法
调用自定义异常对象中的自定义方法
强制类型转换时要确定你抛出的确实是MyException对象
调用自定义异常对象中的自定义方法
```

图 4.11

【示例 4.6】自定义一种“异常”。

```
class ContainingAException extends Exception{
          public ContainingAException(String input){
                  super(input);
          }
          public ContainingAException(){
                  super();
                  }
          public void ShowMessage(){
                  System.out.println("捕获到异常，您输入的字符串中含有 A");
          }
}
public class ExceptionDemo {
          public static void ShowString(String str)throws ContainingAException{
                if(str.indexOf('A')==-1)
                System.out.println(str);
                else
                throw new ContainingAException();
          }
          public static void main(String[] args) {
                        try{
                           ShowString("不含触发异常的字母");
                           ShowString("含触发异常的字母 A");
                        }
                        catch (ContainingAException e)
                        {
                                e.ShowMessage();
                        }
          }
}
```

上述程序的输出结果如图 4.12 所示。

```
不含触发异常的字母
捕获到异常，您输入的字符串中含有A
```

图 4.12

4.6　Scanner 类

Scanner 是一个可以使用正则表达式来分析基本类型和字符串的简单文本扫描器，Scanner 使用分隔符模式将其输入分解为标记，默认情况下该分隔符模式与空白匹配。然后可以使用不同的 next 方法将得到的标记转换为不同类型的值。例如，以下代码使用户能够从键盘输入两个整数，然后打印其和。

```
Scanner reader=new Scanner(System.in);
int a=reader.nextInt();
int b=reader.nextInt();
System.out.println(a+b);
```

再看一个例子，以下代码使 long 类型可以通过 myNumbers 文件中的项分配。

```
Scanner sc = new Scanner(new File("myNumbers"));
while (sc.hasNextLong()) {
      long aLong = sc.nextLong();
}
```

扫描器还可以使用不同于空白的分隔符。下面是从一个字符串读取若干项的例子。

```
String input = "1 fish 2 fish red fish blue fish";
Scanner s = new Scanner(input).useDelimiter("\\s*fish\\s*");
System.out.print(s.nextInt());
System.out.print(s.nextInt());
System.out.print(s.next());
System.out.print(s.next());
s.close();
```

输出为：

```
1 2 red blue
```

4.7　StringTokenizer 类

StringTokenizer 类允许应用程序将字符串分解为标记，StringTokenizer 方法不区分标识符、数和带引号的字符串，它们也不识别并跳过注释。标记可以在创建时指定，也可以根据每个标记来指定分隔符集合。StringTokenizer 的实例有两种行为方式，这取决于它在创建时使用的 returnDelims 标志的值是 true 还是 false。如果标志为 false，则分隔符字符用来分隔标记，标记是连续字符（不是分隔符）的最大序列。如果标志为 true，则认为那些分隔符字符本身即为标记。因此标记要么是一个分隔符字符，要么是那些连续字符（不是分隔符）的最大序列。

StringTokenizer 对象在内部维护字符串中要被标记的当前位置。某些操作将此当前位置移至已处理的字符后。

通过截取字符串的一个子串来返回标记，该字符串用于创建 StringTokenizer 对象。下面是一个使用 tokenizer 的示例。代码如下：

```
StringTokenizer st = new StringTokenizer("this is a test");
 while (st.hasMoreTokens()) {
      System.out.println(st.nextToken());
}
```

输出以下字符串：

```
this
is
a
test
```

StringTokenizer 是出于兼容性的原因而被保留的遗留类。建议所有寻求此功能的人使用 String 的 split 方法或 java.util.regex 包。下面的示例阐明了如何使用 String.split 方法将字符串分解为基本标记。

```
String[] result = "this is a test".split("\\s");
    for (int x=0; x<result.length; x++)
        System.out.println(result[x]);
```

输出以下字符串：

```
this
is
a
test
```

1. StringTokenizer 的主要构造器

StringTokenizer(String str);为指定字符串构造一个 string tokenizer。

StringTokenizer(String str, String delim);为指定字符串构造一个 string tokenizer。

StringTokenizer(String str, String delim, boolean returnDelims);为指定字符串构造一个 string tokenizer。

2. StringTokenizer 的主要方法

int countTokens();计算在生成异常之前可以调用此 tokenizer 的 nextToken 方法的次数。

boolean hasMoreElements();返回与 hasMoreTokens 方法相同的值。

boolean hasMoreTokens();测试此 tokenizer 的字符串中是否还有更多的可用标记。

String nextToken();返回此 Stringtokenizer 的下一个标记。

String nextToken(String delim);返回此 string tokenizer 的字符串中的下一个标记。

把一个 StringTokenizer 对象称为一个字符串分析器，字符串分析器封装着语言符号和对其进行操作的方法。nextToken()方法可以逐个获取字符串，分析其中的语言符号（单词），每获取到一个语言符号，字符串就分析其中负责计数的变量，其值就自动减一，该计数变量的初始值等于字符串中单词的数目，字符串分析器调用 countToken()方法可以得到计数变量的值。字符串分析器通常用 while 循环来逐个获取语言符号，为了控制循环，我们可以使用 StringTokenizer 类中的 hasMoreTokens()方法，只要计数的变量的值大于 0，该方法就返回 true，否则返回 false。

【示例 4.7】本例中用户从键盘输入一个浮点数，程序分别输出该数的整数部分和小数部分，效果如图 4.13 所示。

```
import java.util.*;
public class StringTokenizerTest{
   public static void main(String args[ ]){
```

```
        String []mess={"整数部分","小数部分"};
        Scanner reader=new Scanner(System.in);
        double x=reader.nextDouble();
        String s=String.valueOf(x);
        StringTokenizer fenxi=new StringTokenizer(s,".");
        for(int i=0;fenxi.hasMoreTokens();i++){
        String str=fenxi.nextToken();
        System.out.println(mess[i]+":"+str);
        }
    }
}
```

```
从键盘输入一个浮点数=23.275
整数部分:23
小数部分:275
```

图 4.13

【示例 4.8】按标记符分段翻转一行字，效果如图 4.14 所示。

```
import java.util.*;
import java.io.EOFException;
public class StringReverse{
    private static void stringReverse(){
        String s = " ,\t:'';?";
        String a = "中国 大连,中山路,320 号;你好,欢迎光临! ";
        Stack  stack = new Stack();
        StringTokenizer stringTokenizer = new StringTokenizer(a,s,true);
        while (stringTokenizer.hasMoreTokens()){
            stack.push(stringTokenizer.nextElement());
         }
        System.out.println("\n 原来的一行字如下: \n" + a);
        System.out.println("\n 翻转后这一行字如下: ");
        while(!stack.empty()){
          System.out.print(stack.pop());
        }
        System.out.println("\n");
        }
    public static void main(String[] args){
        stringReverse();
    }
}
```

```
原来的一行字如下:
中国 大连,中山路,320号;你好,欢迎光临!

翻转后这一行字如下:
欢迎光临!,你好;320号,中山路,大连 中国
```

图 4.14

4.8　Vector<E> 泛型类

从类声明 public class Vector<E> extends AbstractList<E> implements List<E>, RandomAccess, Cloneable, Serializable，可以知道 Vector<E>是泛型类，是 AbstractList<E>泛型类的子类。

用 Vector 类创建的对象与数组一样，可以使用整数索引访问其中的元素。Vector 的大小可以根据需要增大或缩小，以适应创建 Vector 后进行添加或移除项的操作，元素的类型可以不同，但如果数组的长度是固定的，则元素的类型必须相同。每个向量会试图通过维护 capacity 和 capacityIncrement 来优化存储管理。capacity 始终至少应与向量的大小相等；这个值通常比后者大些，因为随着将组件添加到向量中，其存储将按 capacityIncrement 的大小增加存储块。应用程序可以在插入大量组件前增加向量的容量，这样就减少了增加的重分配的量。

Vector 对象是一个很灵活的 Java 数据结构，有时需要将一个 Vector 中保存的对象传递给另一个 Java 程序并保持 Vector 的数据结构，下面用一个示例说明如何把一个 Vector 对象序列化并放到一个文件中。

【示例 4.9】把一个 Vector 对象存储到一个 vector 文件中，模拟服务器处理。

```
import java.util.*;
class VectorDemo {
            public static void main(String[] args){
            int a[]={1,2,3};
             Vector vector =new Vector();
               /**用 add()方法向 vector 放对象*/
               vector.add("北京 ");
               vector.add("上海 ");
               vector.add("大连 ");
               vector.add("青岛 ");
               /**给 vector 写入数组 a*/
               vector.add(a); //元素的类型可以不同
              /**用 add get()方法从 vector 获取对象*/
              for(int i=0;i<vector.size();i++){if(vector.get(i).equals(a)){
                 int b[]=a;
                 for(int k=0;k<b.length;k++){System.out.print(b[k]);}
                 }else
                 System.out.print(vector.get(i));}
            }
}
```

下面是 Vector 类的常用方法简介。

Vector() 构造一个空向量。

Vector(int) 用指定的初始化容量构造一个空向量。

addElement(Object) 在向量尾部添加一个指定对象，并把它的长度加一。

elementAt(int) 返回指定下标处的对象。

elements() 返回该向量的元素的一个枚举。

insertElementAt(Object, int) 在指定的 index 处插入作为该向量元素的指定对象。

isEmpty() 测试该向量是否无元素。

lastElement() 返回向量的最后一个元素。

removeAllElements() 删除向量的所有元素并把它的大小置为零。

removeElement(Object) 从向量中删除第一个出现的参数。

removeElementAt(int) 删除指定下标处的元素。

setElementAt(Object, int) 设置在向量中指定的 index 处的元素为指定的对象。

size() 返回该向量的元素数。

toString() 返回该向量的字符串表示。

4.9　LinkedList<E> 泛型类

从类声明 public class LinkedList<E> extends AbstractSequentialList<E> implements List<E>, Queue<E>, Cloneable, Serializable，可以知道 LinkedList<E>是泛型类，是 AbstractSequentialList<E>泛型类的子类。此类实现了 List 接口和 Queue 接口，允许将链表应用于堆栈、队列或双端队列(deque)，为 add、poll 等提供先进先出队列操作。其他堆栈和双端队列操作可以根据标准列表操作方便地进行再次强制转换。所有操作都是按照双向链表的需要执行的。在列表中编索引的操作将从开头或结尾遍历列表。如果多个线程同时访问列表，而其中至少一个线程从结构上修改了该列表，则它必须保持外部同步。这一般通过对自然封装该列表的对象进行同步操作来完成。

LinkedList 数据结构是一种双向链表，每一个对象除了数据本身外，还有两个引用，分别指向前一个元素和后一个元素，和数组的顺序存储结构（如 ArrayList）相比，插入和删除比较方便，但速度会慢一些。

栈（Stack）是限制仅在表的一端进行插入和删除运算的线性表，通常称插入、删除的这一端为栈顶（Top），另一端称为栈底（Bottom），当表中没有元素时称为空栈，栈为后进先出的线性表。

栈的修改是按后进先出的原则进行的。每次删除（退栈）的总是当前栈中“最新”的元素，即最后插入（进栈）的元素，而最先插入的被放在栈的底部，要到最后才能删除。

【示例 4.10】栈为后进先出的线性表。

```
package ms;
import java.util.*;
public class MyStack {
     private LinkedList l=new LinkedList();
     public void push(Object o){l.addFirst(o);}
     public Object pop(){return l.removeFirst();}
      public Object peek(){return l.getFirst();}
     public boolean empty(){return l.isEmpty();}
     public static void main(String[] args){
       MyStack s=new MyStack();
       s.push("北京");
       s.push("上海");
       s.push("大连");
       System.out.print(s.empty());
       System.out.print(s.pop());
       System.out.print(s.pop());
       System.out.print(s.pop());
       System.out.println(s.empty());;
     }
}
```

运行程序的输出结果如图 4.15 所示。

队列（Queue）是只允许在一端进行插入，而在另一端进行删除的运算受限的线性表，允许删除的一端称为队头，允许插入的一端称为队尾，当队列中没有元素时称为空队列，队列称作先进先出的线性表。

false大连　上海　北京　**true**

图 4.15

【示例 4.11】队列为先进先出的线性表。

```
package mq;
import java.util.*;
public class MyQueue {
        private LinkedList l=new LinkedList();
        public void put(Object ob){l.addLast(ob);}
        public Object get(){return l.removeFirst();}
        public boolean empty(){return l.isEmpty();}
        public static void main(String[] args){
        MyQueue q=new MyQueue();
        q.put("北京");
        q.put("上海");
        q.put("大连");
        System.out.print(q.empty());
        System.out.print(q.get());
        System.out.print(q.get());
        System.out.print(q.get());
        System.out.println(q.empty());
        }
}
```

运行程序的输出结果如图 4.16 所示。

```
false北京  上海  大连  true
```

图 4.16

1. LinkedList 的构造器

LinkedList();构造一个空列表。

LinkedList(Collection<? extends E> c);构造一个包含指定集合中的元素的列表，这些元素按其集合的迭代器返回的顺序排列。

2. LinkedList 的主要方法

boolean add(E o)；将指定元素追加到此列表的结尾。

void add(int index, E element)；在此列表中指定的位置插入指定的元素。

boolean addAll(Collection<? extends E> c);追加指定 Collection 中的所有元素到此列表的结尾，顺序是指定 Collection 的迭代器返回的这些元素的顺序。

boolean addAll(int index, Collection<? extends E> c);将指定集合中的所有元素从指定位置开始插入此列表。

void addFirst(E o)；将给定元素插入此列表的开头。

void addLast(E o)；将给定元素追加到此列表的结尾。

void clear()；从此列表中移除所有元素。

boolean contains(Object o)；如果此列表包含指定元素，则返回 true。

E get(int index)；返回此列表中指定位置处的元素。

E getFirst()；返回此列表的第一个元素。

E getLast()；返回此列表的最后一个元素。

int indexOf(Object o)；返回此列表中首次出现的指定元素的索引，如果列表中不包含此元素，则返回-1。

boolean remove(Object o)；移除此列表中首次出现的指定元素。

E set(int index, E element)；将此列表中指定位置的元素替换为指定的元素。

int size()；返回此列表的元素数。

Object[] toArray()；以正确顺序返回包含此列表中所有元素的数组。

4.10 ArrayList<E>泛型类

从类声明 public class ArrayList<E>extends AbstractList<E>implements List<E>, RandomAccess, Cloneable, Serializable，可以知道 ArrayList <E>是泛型类，是 AbstractList<E>泛型类的子类。ArrayList 使用一个内置的数组来存储元素，当数组需要增长时，对数组进行重新分配，将会导致性能急剧下降。如果知道一个 ArrayList 将会有多少个元素，可以通过构造方器来指定容量。

ArrayList 是基于基础数组的，使用 get 方法访问列表中的任意一个元素时，速度要比 LinkedList 快。LinkedList 中的 get 方法是按照顺序从列表的一端开始检查，直到另外一端。

每个 ArrayList 实例都有一个容量。该容量是指用来存储列表元素的数组的大小。它总是至少等于列表的大小。随着向 ArrayList 中不断添加元素，其容量也自动增，但并未指定增长策略的细节，因为这不只是添加元素会带来分摊固定时间开销那样简单。

1. ArrayList 的构造器

ArrayList()；构造一个初始容量为 10 的空列表。

ArrayList(Collection<? extends E> c)；构造一个包含指定 Collection 的元素的列表，这些元素是按照该 Collection 的迭代器返回它们的顺序排列的。

ArrayList(int initialCapacity)；构造一个具有指定初始容量的空列表。

2. ArrayList 的主要方法

boolean add(E o)；将指定的元素追加到此列表的尾部。

void add(int index, E element)；将指定的元素插入此列表中的指定位置。

boolean addAll(Collection<? extends E> c)；按照指定 Collection 的迭代器所返回的元素顺序，将该 Collection 中的所有元素追加到此列表的尾部。

boolean addAll(int index, Collection<? extends E> c)；从指定的位置开始，将指定 Collection 中的所有元素插入到此列表中。

void clear()；移除此列表中的所有元素。

boolean contains(Object elem)；如果此列表中包含指定的元素，则返回 true。

void ensureCapacity(int minCapacity)；如有必要，增加此 ArrayList 实例的容量，以确保它至少能够容纳最小容量参数所指定的元素数。

int indexOf(Object elem)；搜索给定参数第一次出现的位置，使用 equals 方法进行相等性测试。

boolean isEmpty()；测试此列表中是否没有元素。

int lastIndexOf(Object elem)；返回指定的对象在列表中最后一次出现的位置索引。

int size()；返回此列表中的元素数。

Object[] toArray()；返回一个按照正确的顺序包含此列表中所有元素的数组。

<T> T[] toArray(T[] a)；返回一个按照正确的顺序包含此列表中所有元素的数组；返回数组运行时的类型，即指定数组运行时的类型。

在添加大量元素前，应用程序可以使用 ensureCapacity 操作来增加 ArrayList 实例的容量，这可以减少递增式再分配的数量。这一般通过对自然封装该列表的对象进行同步操作来完成。

如果不存在这样的对象，则应该使用 Collections.synchronizedList 方法将该列表“包装”起来。这最好在创建时完成，以防止意外对列表进行不同步的访问：

```
List list = Collections.synchronizedList(new ArrayList());
```

【示例 4.12】使用 get 方法访问列表中任意一个元素的速度要比 LinkedList 快。

```
package al;
import java.util.List;
import java.util.LinkedList;
import java.util.ArrayList;
import java.util.Arrays;
import java.util.Collections;
class AL{
        static final int N=50000;
        static Integer al[]=new Integer[N];
        static{for(int i=0;i<N;i++){ al[i]=new Integer(i);}}
        static List list=Arrays.asList(al);
        static long getTime(List lst){
        long start=System.currentTimeMillis();
        for(int i=0;i<N;i++){int index=Collections.binarySearch(lst, list.get(i));}
        return System.currentTimeMillis()-start;
    }
    public static void main(String args[]){
        System.out.println("ArrayList 耗时: "+getTime(new ArrayList(list))+"毫秒");
        System.out.println("LinkedList 耗时:"+getTime(new LinkedList(list))+"毫秒");
    }

}
```

运行程序的输出结果如图 4.17 所示。

```
ArrayList耗时: 31毫秒
LinkedList耗时:35438毫秒
```

图 4.17

这是否表明 ArrayList 总是比 LinkedList 性能要好呢？并不一定。在某些情况下 LinkedList 的表现要优于 ArrayList，有些算法在 LinkedList 中实现时效率更高。

【示例 4.13】重复的在一个列表的开端插入一个元素。

```
package la;
import java.util.List;
import java.util.LinkedList;
import java.util.ArrayList;
public class LA{
        static final int N=50000;
        static long addTime(List list){
        long start=System.currentTimeMillis();
        Object o = new Object();
        for(int i=0;i<N;i++) list.add(0, o);
        return System.currentTimeMillis()-start;
        }
        public static void main(String[] args) {
            System.out.println("ArrayList 耗时: "+addTime(new ArrayList()));
            System.out.println("LinkedList 耗时: "+addTime(new LinkedList()));
    }
```

运行程序的输出结果如图 4.18 所示。

```
ArrayList耗时: 1641
LinkedList耗时: 15
```

图 4.18

当操作是在一列数据的后面添加数据而不是在前面或中间,并且需要随机地访问其中的元素时，使用 ArrayList 会提供比较好的性能；当操作是在一列数据的前面或中间添加或删除数据，并且按照顺序访问其中的元素时，就应该使用 LinkedList 了。

4.11 HashMap<K,V> 泛型类

从类声明 public class HashMap<K,V>extends AbstractMap<K,V>implements Map<K,V>, Cloneable, Serializable，可以知道 HashMap<K,V>是泛型类，是 AbstractMap<K,V>泛型类的子类，是基于哈希表的 Map 接口的实现。此实现提供所有可选的映射操作，并允许使用 null 值和 null 键。此类不保证映射的顺序，特别是它不保证该顺序恒久不变。HashMap 对象用来存放一组无序的 key（键）value（值）对。例如，存储每学生的学号和成绩，可以把学号作为 key，把成绩作作为 value。

1. HashMap 的主要构造器

HashMap()；构造一个具有默认初始容量 (16) 和默认加载因子 (0.75) 的空 HashMap。

HashMap(int initialCapacity)；构造一个带指定初始容量和默认加载因子 (0.75) 的空 HashMap。

HashMap(int initialCapacity, float loadFactor)；构造一个带指定初始容量和加载因子的空 HashMap。

HashMap(Map<? extends K,? extends V> m)；构造一个映射关系与指定 Map 相同的 HashMap。

2. HashMap 的主要方法

boolean containsKey(Object key)；如果此映射包含对于指定的键的映射关系，则返回 true。

boolean containsValue(Object value)；如果此映射将一个或多个键映射到指定值，则返回 true。

V get(Object key)；返回指定键在此标识哈希映射中所映射的值。

boolean isEmpty()；如果此映射不包含键-值映射关系，则返回 true。

V put(K key, V value)；在此映射中关联指定值与指定键。

int size()；返回此映射中的键-值映射关系数。

Collection<V> values()；返回此映射所包含的值的 Collection 视图。

【示例 4.14】HashMap 演示。

```
import java.util.HashMap;
import java.util.Iterator;
public class TestHashMap{
    public static void main(String args[]) {
          HashMap map = new HashMap();
         map.put("S20099", 80);
         map.put("S20034", 90);
         map.put("S20015", 90);
         map.put("S20036", 70);
         map.put("S20077", 70);
         map.put("S20088", 60);
         map.put("S20019", 100);
         System.out.println("keySet="+map.keySet());
         System.out.println("values="+map.values());
         System.out.println("key=S20034 value="+map.get("S20034"));
         System.out.println("values contains 100 is "+map.containsValue(100));
         System.out.println("keySet contains S20023 is "+map.containsKey("S20099"));
         System.out.println("keySet contains S20021 is "+map.containsKey("S20021"));
         int sum = 0;
```

```
            int size = map.size();iterate
            for (Iterator iterator = map.keySet().iterator(); iterator.hasNext();){
            sum =sum+map.get(iterator.next()).hashCode();/**遍历（iterator）map */
            }
        System.out.println("Totalscore="+sum+"\nStudents\'snumber="+size+"\nAverage="+
sum/(double )size);
        }
    }
```

上述程序的输出结果如图 4.19 所示。

```
keySet=[S20036, S20015, S20088, S20099, S20019, S20077, S20034]
values=[70, 90, 60, 80, 100, 70, 90]
key=S20034 value=90
values contains 100 is true
keySet contains S20023 is true
keySet contains S20021 is false
Totalscore=560
Students's number=7
Average=80.0
```

图 4.19

每一个要用 HashMap.get()方法检索信息的类都要对 key 值的类实现 hashcode()和 equals()方法，以判断所要检索的关键字与先前放进去的关键值是不是相等，相等时就返回关键值对应的 value。

4.12 枚举和迭代器

如果多个线程同时访问列表，而其中至少一个线程从结构上修改了该列表，则它必须保持外部同步。这一般通过对自然封装该列表的对象进行同步操作来完成。如果不存在这样的对象，则应该使用 Collections.synchronizedList 方法来“包装”该列表。最好在创建时完成这一操作，以防止对列表进行意外的不同步访问，如下所示：

```
List list = Collections.synchronizedList(new LinkedList( ));
```

Collections 类完全由在 Collection 上进行操作或返回 Collection 的静态方法组成。它包含在 Collection 上操作的多态算法，即“包装器”，包装器返回由指定 Collection 支持的新 Collection，以及少数其他内容，此类中所含多态算法的文档通常都包括对实现的简短描述。应该将这类实现视为实现注意事项，而不是将它们视为规范的一部分。实现者应该可以随意使用其他算法替代，只要遵循规范本身即可。

实现 Enumeration 接口的对象，它生成一系列元素，一次生成一个。连续调用 nextElement 方法将返回一系列的连续元素。例如，要输出向量 v 的所有元素，可使用以下方法：

```
for (Enumeration e = v.elements() ; e.hasMoreElements() ;) {
    System.out.println(e.nextElement());
}
```

这些方法主要通过向量的元素、哈希表的键以及哈希表中的值进行枚举。枚举也用于将输入流指定到 SequenceInputStream 中。

此接口的功能与 Iterator 接口的功能是重复的。此外，Iterator 接口添加了一个可选的移除操作，并使用较短的方法名。新的实现应该优先考虑使用 Iterator 接口而不是 Enumeration 接口。

boolean hasMoreElements();测试此枚举是否包含更多的元素。

E nextElement();实现如果此枚举对象至少还有一个可提供的元素，则返回此枚举的下一个元素。

Iterator<E>为接口对集合进行迭代的迭代器。迭代器代替了 Java Collections Framework 中的 Enumeration。迭代器与枚举有两点不同：迭代器允许调用方利用定义良好的语义在迭代期间从迭代器所指向的集合移除元素，例如：

```
list l = new ArrayList();
 l.add("aa");
 l.add("bb");
 l.add("cc");
 for (Iterator iter = l.iterator(); iter.hasNext();) {
  String str = (String)iter.next();
  System.out.println(str);
  }
```

迭代器可以用于 while 循环语句，例如：

```
 Iterator iter = l.iterator();
 while(iter.hasNext()){
  String str = (String) iter.next();
  System.out.println(str);
 }
```

4.13　实例讲解与问题研讨

【实例 4.1】服务器用向量的数据结构保存对象数据。

```
import java.io.*;
import java.util.*;
import javax.sql.rowset.serial.SerialException;
class VectorServer implements Serializable{
          private Vector vect=new Vector();
          public boolean add(Object ob){return vect.add(ob);}
          public void printf(){System.out.println(this.vect);}
          public static void main(String[] args){
          VectorServer server =new VectorServer();//
           server.add("北京");
           server.add("上海");
           server.add("大连");
           try{
              FileOutputStream obFile = new FileOutputStream("server.vec");
              ObjectOutputStream write = new ObjectOutputStream(obFile);
              write.writeObject(server);
              write.flush();
              obFile.close();
              }catch (IOException e){/**捕捉 IOException 类型的异常*/
              e.printStackTrace();
              }
     }
}
```

VectorServer 的运行结果产生一个 server.vec 文件，如图 4.20 所示。

图 4.20

【实例 4.2】用向量的数据结构读取对象数据。

```
import java.io.*;
import java.util.*;
class VectorClient{
      public static void  main(String args[]){
           try {
                FileInputStream obFile =new FileInputStream("server.vec");
                ObjectInputStream read =new ObjectInputStream(obFile);
                VectorServer client=(VectorServer)read.readObject();
                client.printf();
                } catch (Exception e){
                 e.printStackTrace();
                }
        }
}
```

VectorClient 的运行读出 server.vec 文件的内容，如图 4.21 所示。

[北京，上海，大连]

图 4.21

4.14 小结

1. java.lang 是任何程序默认引进的包，提供了用 Java 语言程序设计的一些基础类。

2. Object 类是这个结构的最高顶点，是一个抽象类，所有的类都默认继承它，都是它的子类，默认继承它的方法，常用的方法包括 toString()，equals()和 getClass()。

3. Number 类的子类 Byte、Short、Integer、Long、Float 和 Double，分别对应一个基本类型，提供了各种数据类型相互转换的方法。

4. String 类用来声明字符串变量，都是对象，用 String 类创建的字符串对象是不可修改的，也就是说，String 类字符串不能修改删除或替换其中的某个字符。

5. StringBuffer 类声明的字符串变量是可修改的，如可以调用 append()方法在字符串尾部追加字符串。

6. 异常是方法调用时可能发生的事件，这个事件导致程序无法正常运行。可以在方法定义时捕捉并处理异常，调用该方法时可以不考虑异常问题。若在方法定义时不处理异常，可把可能发生的异常抛出，调用该方法时捕捉并处理它。

7. 用 Vector 类创建的对象与数组一样，可以使用整数索引访问其中的元素，Vector 的大小可以根据需要增大或缩小，以适应创建 Vector 后进行添加或移除项的操作。元素的类型可以不同，但如果数组的长度是固定的，则元素的类型必须相同。

8. LinkedList 数据结构是一种双向的链表，每一个对象除了数据本身外，还有两个引用，分别指向前一个元素和后一个元素，数组为顺序存储结构，故插入和删除比较方便，但速度会慢一些。

9. 栈（Stack）是限制仅在表的一端进行插入和删除运算的线性表，通常称插入、删除的这一端为栈顶（Top），另一端称为栈底（Bottom），当表中没有元素时称为空栈，栈为后进先出的线性表。

10. 队列（Queue）是只允许在一端进行插入，而在另一端进行删除的运算受限的线性表，允许删除的一端称为队头，允许插入的一端称为队尾，当队列中没有元素时称为空队列，队列称作先进先出的线性表。

11. ArrayList 类是基于基础数组的，使用 get 方法访问列表中的任意一个元素时，速度要比 LinkedList 快。LinkedList 中的 get 方法是按照顺序从列表的一端开始检查，直到另外一端。

12. HashMap 对象用来存放一组无序的 key（键）value（值）对，是查找最方便的一种数据结构。

习题 4

一、思考题

1. Java 语言提供 Byte、Short、Integer、Long、Float 和 Double 类有什么用途？
2. String 类有什么用途？什么情况下 String 类声明字符串变量？
3. StringBuffer 类有什么用途？什么情况下 StringBuffer 类声明字符串变量？
4. 什么是异常？怎样处理异常？如何自己定义异常？
5. 创建 Vector 类的向量对象有什么用途？如何把对象保存到向量中和从向量中取出对象？
6. 创建 LinkedList 类的链表对象有什么用途？如何把对象保存到链表中和从链表中取出对象？
7. 如何用链表实现栈和队列？
8. 创建 HashMap 类的 HashMap 对象有什么用途？如何把对象保存到 HashMap 中和从链表中取出 HashMap？

二、上机练习题

1. 编写、编译和运行本章的所有示例程序。
2. 编写、编译和运行本章的实例程序。
3. 用 Vector 类设计一个用户帐号和密码的保管程序。
4. 用 HashMap 类设计一个用户登录的帐号和密码的验证程序。

第 5 章 Java 的 I/O 流和文件管理

天之道，利而不害；圣人之道，为而不争。

——老子

程序中可以使用变量、数组、向量等临时存储数据，文件是由操作系统管理的以文件名为单位存储在磁盘上的数据，文件可以用来长期存储数据，本章的重点是介绍读文件的方法和写文件的方法。

许多程序需要从程序外部读（Input）数据和往程序的外部写（Output）数据，程序与外部数据交换主要是以数据流形式，数据流分为两种，一种是字符流，另一种是字节流。字符是 16 位的 Unnicode 编码，字节是 8 位的二进制数据。java.io 包提供了输入数据流类、输出数据流类、文件输入数据流类、文件输出数据流类等各种数据流类，用来实现数据传输。

5.1 I/O 流类简述

InputStream 抽象类是表示字节输入流的所有类的超类，需要定义 InputStream 的子类的应用程序必须提供输入字节的方法。

OutputStrea 抽象类是表示输出字节流的所有类的超类，需要定义 OutputStream 的子类的应用程序必须提供输出字节的方法。

InputStream 和 OutputStream 是用来实现各种数据流传输的基础类。字节数据流传输可以运用在网络、I/O 和文件等方面，字节文件用来存储字节数据，任何其他形式的数据都可以转化为字节数据。

FileInputStream 类和 FileOutputStream 类分别用于读字节流文件和写字节流文件，如图像文件。

FileReader 类和 FileWriter 类分别用于读字符流文件和写字符流文件，如文本文件。

DataInputStream 从数据输入流中读取基本类型数据，可以使用数据输出流写入稍后由数据输入流读取的数据。

DataOutputStream 将基本类型数据写入数据输出流中，可以使用数据输入流将数据读入。

可以把 ObjectOutputStreamr 和 FileOutputStream 结合起来，将序列化对象写入文件，把 ObjectInputStream 和 FileInputStream 结合起来，将文件里的序列化对象读出来。

BufferedWriter 将文本写入字符输出流，缓冲各个字符，从而提供单个字符、数组和字符串的高效写入。

可以把 BufferedWriter 和 FileWriter 结合起来，将数据分行写入文件。

BufferedReader 从字符输入流中读取文本，缓冲各个字符，从而提供字符、数组和行的高效读取。

可以把 BufferedReader 和 FileReader 结合起来，将文件里的数据按行读出来。

InputStreamReader 是字节流通向字符流的桥梁。

PrintWriter 是文本输出流打印对象的格式化表示形式。

5.2　文件 File 类

File 类是文件的抽象表示形式，用 File 类创建的文件对象可以封装一个实际文件，文件对象可以调用一些方法获取这个实际文件的一些信息，也可以用对象表示一个实际文件。文件可以是绝对路径名或相对路径名，绝对路径名是完整的路径名，不需要任何其他信息就可以定位一个实际文件。相对路径名必须使用来自其他路径名的信息进行解释。默认情况下，java.io 包中的类总是根据当前用户目录来分析相对路径名。此目录由系统属性 user.dir 指定，通常是 Java 虚拟机的调用目录。File 类的常用方法如下。

boolean canRead()，测试应用程序是否可以读取此抽象路径名表示的文件。

boolean canWrite()，测试应用程序是否可以修改此抽象路径名表示的文件。

int compareTo(File pathname)，按字母顺序比较两个抽象路径名。

boolean delete()，删除抽象路径名表示的文件或目录。

void deleteOnExit()，在虚拟机终止时，请求删除抽象路径名表示的文件或目录。

boolean exists()，测试抽象路径名表示的文件或目录是否存在。

File getAbsoluteFile()，返回绝对路径名的文件对象。

String getAbsolutePath()，返回文件的绝对路径名。

例如：File file=new File(c:\\fileName); c:\\fileName 是一个实际文件，file 是封装了 c:\\fileName 的文件对象，用 file.exists();可以测试 c:\\fileName 是否存在，用 file.getAbsolutePath();可以返回文件的绝对路径名，可以在以 c:\\fileName 为参数的地方，用 file 替换 c:\\fileName，以便测试实际文件。

5.3　写文件 File 类

保存文件实际上也就是要写一个文件，写一个文件主要分 3 步。

（1）创建一个写文件流对象的同时也创建了一个实际文件，例如：

```
FileWriter write= new FileWriter(fileName,true);
```

write 是写文件流对象，fileName 是实际文件，true 表示从 fileName 末尾开始写，不要覆盖原来的内容。

（2）用写文件流对象 write 调用 write()方法，把准备好的数据写入文件流，例如：

```
write.write(data);
```

data 是事先准备好的数据。

（3）关闭写文件流，把写在文件流中的数据真正写到文件中，例如：

```
write.close();
```

写文件流是连续的字节或字符序列，从程序流向文件。

【示例 5.1】写文件。

```
import java.io.*;
import java.util.*;
public class writeFile{
public static void writeChar(String fileName,String fileContent){//写字符文件的方法
                    FileWriter write;
                    try
                    {
                    write = new FileWriter(fileName,true);
                    write.write(fileContent);
                    write.close();
                    }catch(Exception ex){ex.printStackTrace();}
}
public static void writeByte(String fileName,byte[] fileContent){//写字节文件的方法
                   FileOutputStream write;
                   try{
                      write= new FileOutputStream(fileName,true);
                      write.write(fileContent);
                      write.close();
                      }catch(Exception e){e.printStackTrace();}
}
public static void writeLine(String fileName,String fileContent){ //通过缓冲流写字符文件的方法
                     BufferedWriter write;
                     try
                     {
                     write = new  BufferedWriter(new FileWriter(fileName,true));
                     write.write(fileContent);
                     write.close();
                     }catch(Exception ex){ex.printStackTrace();}
}
public static void writeObject(String fileName, Object fileContent){//写对象文件的方法
                    FileOutputStream write;
                    try{
                        write= new FileOutputStream(fileName,true);
                        ObjectOutputStream writeObj = new ObjectOutputStream(write);
                        writeObj.writeObject(fileContent);
                        write.close();
                        }catch (IOException e){e.printStackTrace();}
}
public static void main(String[] args){
                   writeChar("c:\\charFile","hello1");
                   writeByte("c:\\byteFile","hello1".getBytes());
                   writeLine("c:\\charFileLine","hello1");
                   Vector v =new Vector();
                      v.add("北京");
                      v.add("上海");
                      v.add("大连");
                   writeObject("c:\\objV",v);
                   writeObject("c:\\objD",new Date());
```

```
                writeObject("c:\\objM",new MySerializable(5,5));
            }
}
class MySerializable implements java.io.Serializable{
    int x,y;MySerializable(int x,int y){this.x=x;this.y=y;}
}
```

5.4　读文件 File 类

打开文件实际上就是要读一个文件，读一个文件也主要分 3 步。

（1）创建一个读文件流对象，封装一个要读的实际文件，例如：

```
FileReader  reader = new FileReader(fileName);
```

reader 是一个读文件流对象，fileName 是要读的实际文件。

（2）用读文件流对象 reader 调用 read()方法，把从 fileName 中读出的数据放入准备好数组中，例如：

```
reader.read (data);
```

data 是事先准备好的数组。

（3）关闭读文件流，例如：

```
reader.close();
```

读文件流是连续的字节或字符序列，从文件流向程序。

【示例 5.2】读文件。

```
import java.io.*;
import java.util.*;
public class readFile{
public static char[] readChar(String fileName){
          File f=new File(fileName);
          if(f.exists()){
                FileReader reader;
                char data[]=new char[1024];
                try{
                reader = new FileReader(fileName);
                reader.read(data);
                reader.close();
                return data;
                }catch(Exception ex){ex.printStackTrace();}
             }else{System.out.println(fileName+":文件不存在!");}
          return null;
}
public static byte[] readByte(String fileName){
          File f=new File(fileName);
          if(f.exists()){
              FileInputStream reader;
              try{
                 reader = new FileInputStream(fileName);
                 byte[] data = new byte[1024];
                 int i = reader.read(data);
                 reader.close();
                 return data;
                }catch(Exception e){e.printStackTrace();}
```

```
            }else{System.out.println(fileName+":文件不存在!");}
            return null;
    }
    public static BufferedReader readLine(String fileName){
            File f=new File(fileName);
            if(f.exists()){
                    BufferedReader reader;
                    try{
                        reader=new BufferedReader(new FileReader(fileName));
                        return reader;
                   }catch(Exception ex){ex.printStackTrace();}
            }else{System.out.println(fileName+":文件不存在!");}
            return null;
    }
    public static Object readObject(String fileName){
            File f=new File(fileName);
            if(f.exists()){
                  try{
                      FileInputStream objFile =new FileInputStream(fileName);
                      ObjectInputStream read =new ObjectInputStream(objFile);
                      return read.readObject();
                     }catch (Exception e){e.printStackTrace();}
             }else{System.out.println(fileName+":文件不存在!");}
             return null;
    }
    public static void main(String[] args){
                  String s=new String(readChar("c:\\charFile"));
                       System.out.println(s);
                       s=new String(readByte("c:\\byteFile"));
                       System.out.println(s);
                  BufferedReader r=readLine("c:\\charFileLine");
                  try{
                      while((s=r.readLine())!= null){System.out.println(s+"\n");}
                      }catch (Exception e){e.printStackTrace();}
                  Vector v=(Vector)readObject("c:\\objV");
                  System.out.println(v);
                  Date d=(Date)readObject("c:\\objD");
                  System.out.println(d);
                  MySerializable m=(MySerializable)readObject("c:\\objM");
                  System.out.println(m);
       }
    }
```

5.5 InputStreamReader 类

InputStreamReader 类是字节流通向字符流的桥梁，它使用指定的 charset 读取字节并将其解码为字符。它使用的字符集可以由名称指定或显式给定，否则可能接受平台默认的字符集，每次调用 InputStreamReader 中的一个 read() 方法都会导致从基础输入流读取一个或多个字节。要启用从字节到字符的有效转换，可以提前从基础流读取更多的字节，使其超过满足当前读取操作所需的字节，为了达到最高效率，可要考虑在 BufferedReader 内包装 InputStreamReader。例如：

```
BufferedReader in = new BufferedReader(new InputStreamReader(System.in));
```

1. 主要构造器

InputStreamReader(InputStream in)；创建一个使用默认字符集的 InputStreamReader。

InputStreamReader(InputStream in, Charset cs)；创建使用给定字符集的 InputStreamReader。

InputStreamReader(InputStream in, CharsetDecoder dec)；创建使用给定字符解码器的 InputStreamReader。

InputStreamReader(InputStream in, String charsetName)；创建使用指定字符集的 InputStreamReader。

2. 主要方法

void close()；关闭该流。

int read()；读取单个字符。

int read(char[] cbuf, int offset, int length)；将字符读入数组中的某一部分。

boolean ready()；告知是否准备读取此流。

这个类的应用示例将在第 8 章结合网络编程给出。

5.6 BufferedReader 类

BufferedReader 类从字符输入流中读取文本，缓冲各个字符，从而提供字符、数组和行的高效读取，可以指定缓冲区的大小，或者可使用默认的大小。大多数情况下，默认值就足够大了。用 BufferedReader 包装所有其他 read() 方法可能开销很高的 Reader（如 FileReader 和 InputStreamReader）。例如：

```
BufferedReader in = new BufferedReader(new FileReader("foo.in"));
```

将缓冲指定文件的输入。如果没有缓冲，则每次调用 read() 或 readLine() 都会导致从文件中读取字节，并将其转换为字符后返回，而这是极其低效的。

1. 主要构造器

BufferedReader(Reader in)；创建一个使用默认大小输入缓冲区的缓冲字符输入流。

BufferedReader(Reader in, int sz)；创建一个使用指定大小输入缓冲区的缓冲字符输入流。

2. 主要方法

void close()；关闭该流。

void mark(int readAheadLimit)；标记流中的当前位置。

boolean markSupported()；判断此流是否支持 mark() 操作（它一定支持）。

int read()；读取单个字符。

int read(char[] cbuf, int off, int len)；将字符读入数组的某一部分。

String readLine()；读取一个文本行。

boolean ready()；判断此流是否已准备好被读取。

这个类的应用示例将在第 8 章结合网络编程给出。

5.7 PrintWriter 类

向文本输出流打印对象的格式化表示形式。此类实现了各种 print 方法。它不包含用于写入原始字节的方法，对于这些字节，程序应该使用未编码的字节流进行写入。

1. 主要构造器

PrintWriter(File file)；使用指定文件创建不具有自动行刷新的新 PrintWriter。

PrintWriter(File file, String csn)；创建具有指定文件和字符集且不带自动刷行新的新 PrintWriter。

PrintWriter(OutputStream out)；根据现有的 OutputStream 创建不带自动行刷新的新 PrintWriter。

PrintWriter(OutputStream out, boolean autoFlush)；通过现有的 OutputStream 创建新的 PrintWriter。

PrintWriter(String fileName)；创建具有指定文件名称且不带自动行刷新的新 PrintWriter。

2. 主要方法

PrintWriter append(char c)；将指定字符追加到此 writer。

PrintWriter append(CharSequence csq)；将指定的字符序列追加到此 writer。

PrintWriter append(CharSequence csq, int start, int end)；将指定字符序列的子序列追加到此 writer。

void close()；关闭该流。

void flush()；刷新该流的缓冲。

printf(Locale l, String format, Object... args)；将格式化的字符串写入此 writer 的便捷方法。

void println(x)；，x 表示各种基本类型数据。

void write(char[] buf)；写入字符数组。

这个类的应用示例将在第 8 章结合网络编程给出。

5.8 读取键盘输入的数据

【示例 5.3】读取键盘输入的数据。

```
import java.io.*;
import java.util.*;
class KeyboardEntry{
        public static void main(String argv[]){
            Scanner s = new Scanner(System.in);
            System.out.println("请用键盘输入字符：");
            System.out.println("KeyboardEntry="+s.nextLine());
             //创建缓冲区读入数据流并将其与指向系统输入 System.in 的输入数据流连接起来
             BufferedReader b = new BufferedReader(new InputStreamReader(System.in));
             System.out.println("请用键盘输入字符：");
             try{
                 System.out.println("KeyboardEntry="+b.readLine());
              }catch(Exception e){}
        }
}
```

5.9 jar 文件

Java 语言允许把所有需要的 class 文件及相关的文件打包成一个可执行文件。这个可执行文件被称为 Java 存档文件(JAR，Java Archive File)。JAR 文件可以包括文本和其他类型的文件，如图像文件。JAR 文件是一种 zip 格式压缩文件。JAR 文件与 ZIP 文件唯一的区别就是在 JAR 文件的内容中包含了一个 META-INF/MANIFEST.MF 文件，这个文件是在生成 JAR 文件的时候自动创建的。

可以利用 jar 命令来制作 JAR 文件。jar 是随 JDK 安装的，在 JDK 安装目录下的 bin 目录中，Windows 下文件名为 jar.exe，Linux 下文件名为 jar。它的运行需要用到 JDK 安装目录下 lib 目录中的 tools.jar 文件。使用不带任何参数的 jar 命令我们可以看到 jar 命令的用法如下：

```
jar {ctxu} [jar-文件] [manifest-文件] [-C 目录]文件名列表
```

其中 {ctxu} 是 jar 命令的子命令，每次 jar 命令只能包含 ctxu 中的一个，它们的含义如下。

- c　创建新的 JAR 文件包
- t　列出 JAR 文件包的内容列表
- x　展开 JAR 文件包的指定文件或者所有文件
- u　更新已存在的 JAR 文件包 (添加文件到 JAR 文件包中)
- v　生成详细报告并打印到标准输出
- f　指定 JAR 文件名，通常这个参数是必须的
- m　指定需要包含的 MANIFEST 清单文件
- 0　只存储，不压缩，这样产生的 JAR 文件包会比不用该参数产生的体积大，但速度更快
- M　不产生所有项的清单（MANIFEST）文件，此参数会忽略 -m 参数

[jar-文件]即需要生成、查看、更新或者解开的 JAR 文件包，它是 -f 参数的附属参数。

[manifest-文件]即 MANIFEST 清单文件，它是-m 参数的附属参数。

文件名列表指定一个文件/目录列表，这些文件/目录就是要添加到 JAR 文件包中的文件/目录。如果指定了目录，那么 jar 命令打包的时候会自动把该目录中的所有文件和子目录打入包中。

下面举一些例子来说明 jar 命令的用法：

```
jar cvf  Demo.Jar  *.Java  icon.gif
```

是在当前目录下，将所有的 Java 文件和图像文件 icon.gif 一起打包为 Demo.Jar 文件。

```
jar xvf Demo.Jar
```

是将已经存在的 Demo.Jar 文件揭开压缩包。

```
java-jar Demo.Jar
```

是运行 Demo.Jar 文件。

5.10　实例讲解与问题研讨

【实例 5.1】 把学生成绩写到文件中，然后查看成绩文件。

```
import java.awt.*;
import java.io.*;
import javax.swing.*;
import java.awt.event.*;
class SdudentsFile extends JFrame implements ActionListener{
      JPanel south,center;
      JTextField  num,name,score;
      JButton b1,b2,b3;
      SdudentsFile(){
      setBounds(100,100,600,100);
      setVisible(true);
      b1=new JButton("保存");
      b2=new JButton("取消");
```

```
        b3=new JButton("查看");
        num=new JTextField(3);
        name=new JTextField(10);
        score=new JTextField(10);
        center=new JPanel();
        center.setLayout(new GridLayout(3,2));
        center.add(new JLabel("学号"));
        center.add(num);
        center.add(new JLabel("姓名"));
        center.add(name);
        center.add(new JLabel("成绩"));
        center.add(score);
        south=new JPanel();
        south.setLayout(new GridLayout(1,3));
        south.add(b1);
        south.add(b2);
        south.add(b3);
        add("Center",center);
        add("South",south);
        b1.addActionListener(this);
        b2.addActionListener(this);
        b3.addActionListener(this);
        pack();
        }
       public void actionPerformed(ActionEvent e){
       String sid,sname,s;
        if(e.getSource()==b1){
                        sid=num.getText().trim();
                        sname=name.getText().trim();
                        s=score.getText().trim();
                        if(sid.equals("")||sname.equals("")||s.equals("")){
                        JOptionPane.showMessageDialog(null,"不能空!");
                        }else{
                        writeChar(sid+"---"+sname+"---"+s+"\n");
                        }
                        cancel();
                      }
        if(e.getSource()==b2){
                       cancel();
                      }
        if(e.getSource()==b3){
                       JDialog nf=new JDialog();
                       nf.setVisible(true);
                       nf.setBounds(200,200,600,100);
                       nf.add(new Label("---学号"+"---姓名"+"---成绩---"));
                       BufferedReader reader=readLine();
                       String line;
                       try{
                           int r=0;
                           while((line= reader.readLine() )!= null){
                             nf.add(new Label(line));r++;
                             }
                           reader.close();
                           nf.setLayout(new GridLayout(r,1));
```

```
                                nf.pack();
                            }catch(Exception sss){}
                        }
    }
    public void writeChar(String data){
                    FileWriter write;
                    try
                    {
                    write = new FileWriter("c:\\student.txt",true);
                    write.write(data);
                    write.close();
                    }catch(Exception ex){ex.printStackTrace();}
    }
    public BufferedReader readLine(){
                    BufferedReader reader;
                    try{
                        reader = new BufferedReader(new FileReader("c:\\student.txt"));
                        return reader;
                       }catch(Exception ex){ex.printStackTrace();}
                   return null;
    }
    public void cancel(){
                     num.setText("");
                     name.setText("");
                     score.setText("");
    }
    public static void main(String args[]){
    new SdudentsFile();
    }
}
```

根据本实例，说明下面两行代码的各有什么含义，又有什么联系。

```
BufferedReader reader = readLine();
BufferedReader reader = new BufferedReader(new FileReader("c:\\student.txt"));
```

5.11　小结

Java 数据是以数据流方式进行传输，I/O 数据流是数据传输的基础，文件可以用来长期存储数据。读写文件的基本过程是创建数据流对象、用据流对象读写文件和关闭数据流。

最常见的文件是字符文件和字节文件，Java 程序文件就是符文件，class 文件就是字节文件。

FileInputStream 类和 FileOutputStream 类分别用于读字节流文件和写字节流文件。

FileReader 类和 FileWriter 类分别用于读字符流文件和写字符流文件。

创建数据流对象、用据流对象读写文件和关闭数据流可能发生 I/O 异常，要进行异常处理。

习题 5

一、思考题

1. 什么是数据流？字节流与字符流有什么不同？

2. 什么是文件？字节文件与字符文件有什么不同？
3. 读写文件的基本过程分几步？每步都做什么？
4. FileWriter 的主要方法是什么？如何调用？
5. FileReader 的主要方法是什么？如何调用？
6. BufferedReader 在读文件和读键盘输入中有什么不同？
7. ObjectInputStream 可以与什么类结合使用，用途是什么？
8. 结合本章示例，说明方法定义中的返回值和参量的意义各是什么。
9. 结合本章示例，说明方法调用时需要做的事情为什么不放在方法定义中做。

二、上机练习题

1. 编译和运行本章所有示例程序。
2. 编译和运行本章实例 5.1 程序。
3. 把实例 5.1 打包成 jar 文件并运行这个 jar 文件。

第 6 章 Java 的图形用户界面程序设计

图难于其易，为大于其细。

——老子

图形用户界面(Graphics User Ineterface,GUI)是一种用户与程序进行交互的人-机界面，GUI 的功能强大且操作方便，无论采用 J2SE、J2EE 还是 J2ME，都需要 GUI。

在 Java2 也就是 JDK1.2 以前，Java GUI 设计使用的是 java.awt 包中提供的类，awt 的意思是就是抽象视窗工具（Abstrac Window Toolkit）。

从 Java 2 开始，JDK 增加了一个扩展包 javax.swing，在 java.awt 包的基础上，提供了功能更为强大的用于 GUI 设计的各种类，包括视窗类、容器类、组件类、事件处理类、布局管理类和图形图像处理工具类。

Java GUI 设计的主要任务是创建一个可以独立存在于屏幕上的视窗，视窗中可以放一些可视化的对象，这些可视化的对象通常称为组件，组件只能存在于视窗之中，视窗中的组件布局要合理，还要能够响应用户用鼠标和键盘进行的操作，实现用户与程序的交互，以下简称交互。

Java GUI 用到的所有类都是 java.awt.Container 类的直接子类或间接子类，其中 java.awt.Window 和 javax.swing.JComponent 是 Container 类的两个主要直接子类，Window 类的子类称为顶层容器类，如 JFrame 类和 JDialog 类是 GUI 的基础；而 JComponent 类的众多子类都称为组件类，有负责输入和存储数据的 JTextField 类和 JTextArea 类，有负责显示数据和图片的 JLabel 类，有负责控制运行的 JButton 类和 JMenuItem 类等。

6.1 视窗 JFrame 类

用 JFrame 类创建的视窗对象，可以被虚拟机添加到屏幕上，视窗由一个标题栏和一个根窗格 RootPane 组成，如图 6.1 所示。

标题栏包含一个图标、一个标题、一个最小化按钮、一个最大化按钮和一个关闭按钮，当用户用鼠标单击关闭按钮时，默认的行为是简单地隐藏视窗。要更改默认的行为，可调用方法 setDefaultCloseOperation(int)，int 必须指定下列选项之一。

JFrame.DO_NOTHING_ON_CLOSE 表示不执行任何操作。

JFrame.HIDE_ON_CLOSE 表示简单地隐藏视窗，是默认值。

JFrame.DISPOSE_ON_CLOSE 表示简单地隐藏视窗并释放该视窗内存。

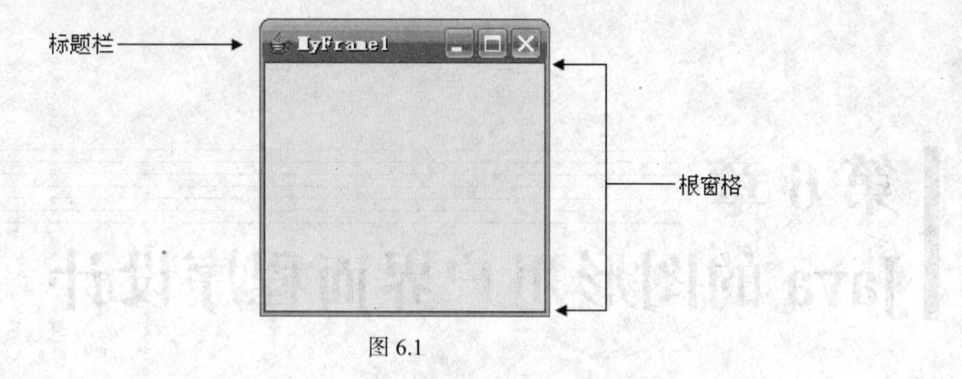

图 6.1

JFrame.EXIT_ON_CLOSE 表示使用 System.exit()方法退出应用程序。

【示例 6.1】用 JFrame 类创建一个简单的视窗，如图 6.1 所示。

```
import javax.swing.*;
class MyFrame1{
        public static void main(String args[]){
        JFrame frame1= new JFrame("MyFrame");
            frame1.setVisible(true);
            frame1.setSize(200,200);
            frame1.setDefaultCloseOperation(JFrame.DO_NOTHING_ON_CLOSE);
        }
}
```

示例 6.1 的代码解释如下：

JFrame frame1= new JFrame("MyFrame");是创建一个视窗 frame1，默认情况下 frame1 是不显示。

frame1.setVisible(true)；是显示视窗，frame1，frame1.setSize(200,200)是设置 frame1 的大小。

frame1.setDefaultCloseOperation(JFrame.DO_NOTHING_ON_CLOSE)；是把视窗 frame1 的关闭按钮设置为不执行任何操作。

根窗格 RootPane 主要包括窗格玻璃 GlassPane、菜单栏 MenuBar、窗格容器 ContentPane、窗格分层 LayeredPane 四个部分，如图 6.2 所示。

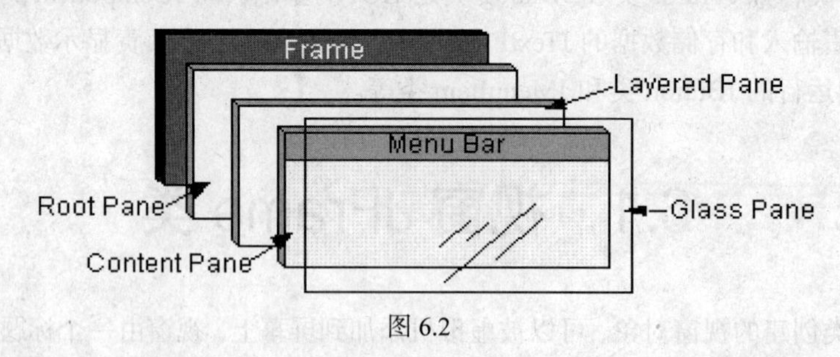

图 6.2

JRootpane 由一个 glassPane 和一个可选的 menuBar 以及一个 contentPane 组成。JLayeredPane 负责管理 menuBar 和 contentPane。glassPane 位于所有窗格之前，以便能够截取鼠标移动和绘图，glassPane 上的线条和图像可涵盖其下的视窗，不受其边界的限制。

【示例 6.2】在添加了组件的视窗上绘图。

```
import java.awt.*;
import javax.swing.*;
class MyGlass extends JFrame{
```

```
    JButton button;int x=10,y=10;
    MyGlass(){
            button=new JButton("button");
            add("North",button);
            button.setBounds(20,20,70,20);
            setBounds(200,200,200,200);
            setVisible(true);
            }
    public void paint(Graphics g){//在 glassPane 上的绘图方法，由视窗调用
    g.setColor(Color.red);//设置绘图颜色
    g.drawOval(x,y,x+100,y+100);// 绘一个圆
    }
    public static void main(String args[]){
    new MyGlass();
    }
}
```

菜单栏 MenuBar 和窗格容器 ContentPane 是用户可见部分，是根窗格 RootPane 的主要部分，也是视窗的主要内容，如图 6.3 所示。

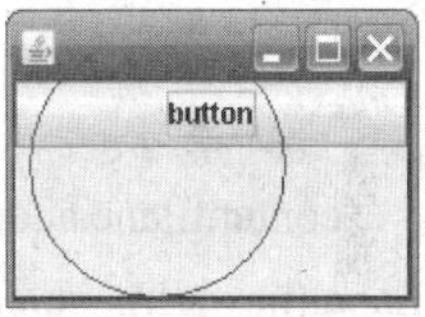

菜单栏是用来存放各种菜单 Menu 组件的容器，用视窗的 setJMenuBar(JMenuBar menubar)方法，把菜单栏放在视窗中标题栏下面的默认位置，其中的菜单会自动布局成一行。

图 6.3

窗格容器是随着视窗一起创建的，每个视窗只能有一个窗格容器，用来存放添加在视窗中的组件，可以调用视窗的 getContentPane()方法来操作窗格容器，除了菜单栏以外的所有组件必须通过窗格容器放到视窗中，可以调用视窗的 setLayout()方法来布局放在窗格容器中的组件，默认布局是 BorderLayout（东、西、南、北、中）布局。

【示例 6.3】用 JFrame 类创建一个设置了菜单栏和窗格容器的视窗，如图 6.4 所示。

```
import java.awt.*;
import javax.swing.*;
class MyFrame2{
   public static void main(String args[]){
     JFrame frame2 = new JFrame("MyFrame");
     frame2.setBounds(100,0,200,200);
     frame2.setVisible(true);
     JMenuBar menuBar = new JMenuBar();
     menuBar.setBackground(Color.lightGray);
     menuBar.add(new JMenu("File"));
     menuBar.add(new JMenu("Edit"));
     frame2.setJMenuBar(menuBar);
     Container contentPane=frame2.getContentPane();
     contentPane.setBackground(Color.gray);
     contentPane.add(new JLabel(new ImageIcon(".\\butlersm.gif")));
   }
}
```

示例 6.3 的代码解释如下：

JMenuBar menuBar = new JMenuBar();是创建一个菜单栏 menuBar。

menuBar.add(new JMenu("File"));和 menuBar.add(new JMenu("Edit"));是在菜单栏 menuBar 放两个菜单。

frame2.setJMenuBar(menuBar);是把菜单栏 menuBar 放到视窗 frame2 中。

图 6.4

Container contentPane=frame2.getContentPane();是用容器对象 contentPane 表示视窗 frame2 的容器窗格 ContentPane，contentPane.setBackground(Color.gray);是设置 frame2 的容器窗格 ContentPane 的背景色。

contentPane.add(new JLabel(new ImageIcon(".\\butlersm.gif")));是在 frame2 的容器窗格 ContentPane 中放置一个带图片 ImageIcon 的标签 Label，默认的布局是放在中间。

Container contentPane=frame2.getContentPane();和 contentPane.setBackground(Color.gray);可以合并为：

```
frame2.getContentPane().setBackground(Color.gray);
```

contentPane.add(new JLabel(new ImageIcon(".\\butlersm.gif")));也可以改为 frame2.add(new JLabel(new ImageIcon(".\\butlersm.gif")));，frame2.add()表示把组件放到 frame2 的容器窗格 ContentPane 中，与改写前的意思是一样的。

但 frame2.getContentPane().setBackground(Color.gray); 不能改写为 frame2.setBackground (Color.gray);。

frame2 表示整个视窗，frame2.getContentPane()表示视窗的容器，是视窗的一部分。

1. 视窗类 JFrame 的常用构造器简介

JFrame()构造一个初始时不可见的新视窗。

JFrame(String title)创建一个新的、初始不可见的、具有指定标题的新视窗。

2. 视窗类 JFrame 的常用方法简介

视窗类 JFrame 的常用方法如表 6-1 所示。

表 6-1

返回类型	方法声明	用途及说明
protected void	addImpl(Component comp, Object constraints, int index)	添加指定的子 Component
protected void	frameInit()	由构造方法调用，初始化 JFrame
JMenuBar	getJMenuBar()	返回此视窗上设置的菜单栏
static void	setDefaultLookAndFeelDecorated(boolean);	提供装饰边界和窗口小件
void	setBounds(int a,int b,int width,int height)	设置视窗的位置和大小
void	setSize(int width,int heigent)	设置视窗的大小
void	setVisible(boolean b)	设置视窗的可见性
void	setIconImage(Image image)	设置最小化图标中的图像
void	setJMenuBar(JMenuBar menubar)	设置此视窗的菜单栏
void	setLayeredPane(JLayeredPane layeredPane)	设置 layeredPane 属性

续表

返回类型	方法声明	用途及说明
void	setLayout(LayoutManager manager)	设置 LayoutManager
void	setContentPane(Container contentPane)	设置 contentPane 属性
public void	setDefaultCloseOperation(int)	设置 xxxx_ON_CLOSE

6.2 对 话 框

对话框 Dialog 是可以独立存在于屏幕上的子视窗，用来交互，包括普通对话框 JDialog 类、简单对话框 JOptionPane 类、文件选择器对话框 JFileChooser 类等。

1. JDialog 类

对话框 JDialog 类与 JFrame 类有一些相似，在视窗中能做的事，在对话框中也能做，对话框的主要内容也包括菜单栏和窗格容器，如图 6.5 所示。

File　Edit

图 6.5

把示例 6.3 中的 JFrame 用 JDialog 替换，产生的就是对话框。

【示例 6.4】创建普通对话框。

```
import java.awt.*;
import javax.swing.*;
class MyDialog{
      public static void main(String args[]){
         JDialog dialog= new JDialog();//创建没有指定所有者、没有标题并且无模式对话框
         dialog.setBounds(210,0,200,200);
         dialog.setVisible(true);
         JMenuBar menuBar = new JMenuBar();
         menuBar.setBackground(Color.lightGray);
         menuBar.add(new JMenu("File"));
         menuBar.add(new JMenu("Edit"));
         dialog.setJMenuBar(menuBar);
         dialog.getContentPane().setBackground(Color.gray);
         dialog.add(new JLabel(new ImageIcon(".\\butlersm.gif")));
      }
}
```

（1）JDialog 类的构造器简介

JDialog();创建一个没有指定拥有者、没有标题并且无模式对话框，如示例 6.4 所示。

JDialog(Frame owner,String dialogName,boolean modal); 创建一个有拥有者、有标题并有模式的对话框。其中 owner 表示对话框的拥有者视窗，当拥有者视窗关闭时对话框随之关闭，dialogName 表示对话框的标题，当 modal 为 true 时，阻止对话框的拥有者视窗的交互，直到这个对话框被关闭，当 modal 为 false 时，交互可以在对话框与拥有者视窗之间互相切换。其中的 Frame 类型也可以用 Dialog 替换。

如示例 6.5 所示，在学生成绩统计视窗中用 PasswordDialong.createJDialog(this,"Password",true); 创建一个 Password 对话框，Password 对话框阻止了在学生成绩统计视窗的交互，直到输入了正确的 Password 之后，对话框被关闭，学生成绩统计视窗才可以交互。

（2）JDialog 类的常用方法简介

setContentPane(Container contentPane)；设置 contentPane 属性。

void setGlassPane(Component glassPane)；设置 glassPane 属性。

void setJMenuBar(JMenuBar menu)；设置菜单栏。

void setLayeredPane(JLayeredPane layeredPane)；设置 layeredPane 属性。

void setLayout(LayoutManager manager)；设置 LayoutManager。

但对话框主要用于显示信息或输入信息及进行临时交互，因此对话框中一般不需要菜单条，也不需要改变大小，对话框出现时，可以设置禁止它的所属视窗交互，直到这个对话框被关闭，如图 6.6 所示，必须输入正确的密码，才能进入。

图 6.6

【示例 6.5】设置禁止对话框的所属视窗交互，直到这个对话框被关闭。

```
public class PasswordDialong{
        public static void createJDialog(Frame owner,String dialogName,boolean modal){
        final JButton b=new JButton("Confirm");
        final JDialog dialog= new JDialog(owner,dialogName,modal);
        int x=(int)owner.getLocationOnScreen().getX();
        int y=(int)owner.getLocationOnScreen().getY();
           dialog.setBounds(x,y,300,60);
           final JPasswordField pw=new JPasswordField();
           dialog.setLayout(new GridLayout(1,3));
           dialog.add(new JLabel("Password:"));
           dialog.add(pw);
           dialog.add(b);
           dialog.setDefaultCloseOperation(JFrame.DO_NOTHING_ON_CLOSE);
           b.addActionListener(new ActionListener(){//处理按钮事件的内部类
                public void actionPerformed(ActionEvent e){
               if(e.getSource()==b){
                  String ss=new String(pw.getPassword());
                    if(ss.trim().equals("aaa")){dialog.dispose();}else{b.setText("Confirm
again");}
                }
            }
           });
        dialog.setVisible(true);
        }
}
```

可以把这个 PasswordDialong 用在任何视窗中。

2. JOptionPane 类

JOptionPane 类用来创建能弹出的标准对话框，向用户发出通知或请求用户提供值，用 JOptionPane 类具有的静态方法可以创建各种标准对话框，类似于 PasswordDialong 类。

用 showConfirmDialog()方法，创建询问一个确认问题对话框（见图 6.7）。

用 showMessageDialog()方法，创建告知用户某事已发生的对话框（见图 6.8）。

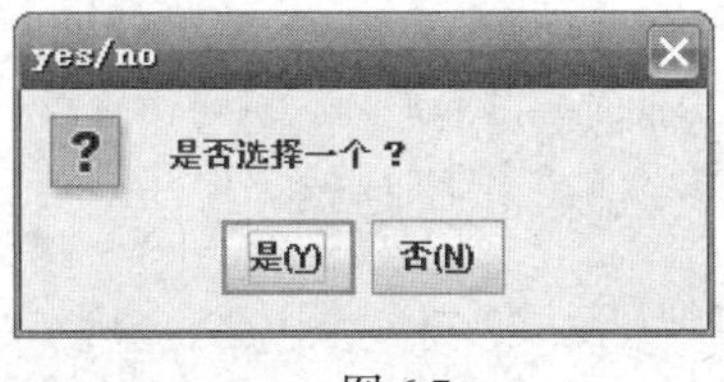

图 6.7

图 6.8

用 showInputDialog()方法，创建提示要求某些输入的对话框（见图 6.9）。

用 showOptionDialog()方法，创建上述三项统一的对话框（见图 6.10）。

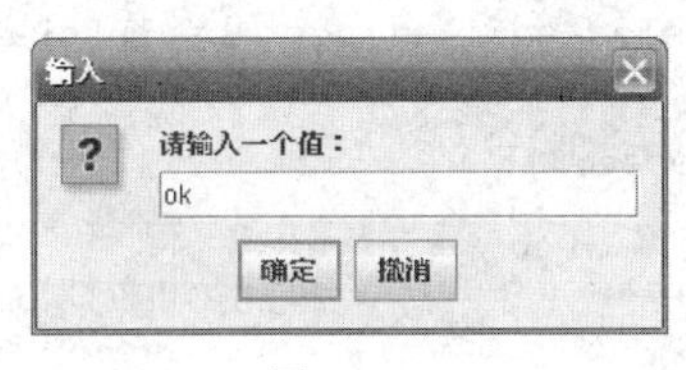

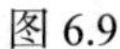

图 6.9

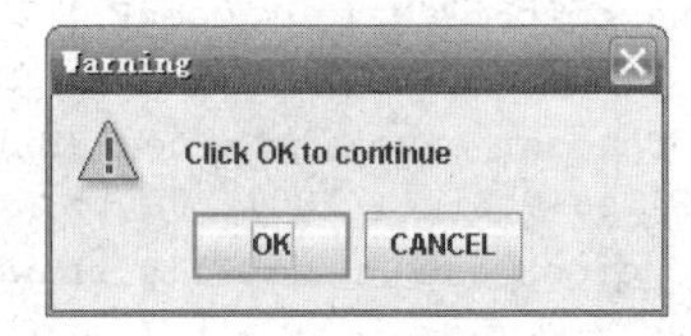

图 6.10

【示例 6.6】创建标准对话框。

```
    import javax.swing.*;
    import java.awt.*;
    public class MyJOptionPane{
          public static void main(String[] args){
          OptionPane.showConfirmDialog(null, "是否选择一个 ？", "yes/no",JOptionPane.
YES_NO_OPTION);
          JOptionPane.showMessageDialog(null,"一个好消息！");
          String inputValue = JOptionPane.showInputDialog("请输入一个值：");
          Object[] options = { "OK", "CANCEL"};
          JOptionPane.showOptionDialog(null, "Click OK to continue", "Warning",
          JOptionPane.YES_NO_OPTION,JOptionPane.WARNING_MESSAGE, null, options, options[0]);
          }
    }
```

示例 6.6 创建的标准对话框拥有者都为 null，在实际使用时可以指定对话框拥有者。

3. JFileChooser 类

JFileChooser 类为用户选择文件提供了一种简单的机制，弹出一个针对用户主目录的文件选择器。

显示一个要求用户打开文件的对话框，获取要打开的文件名，如图 6.11 所示。

显示一个要求用户保存文件的对话框，获取要保存的文件名，如图 6.12 所示。

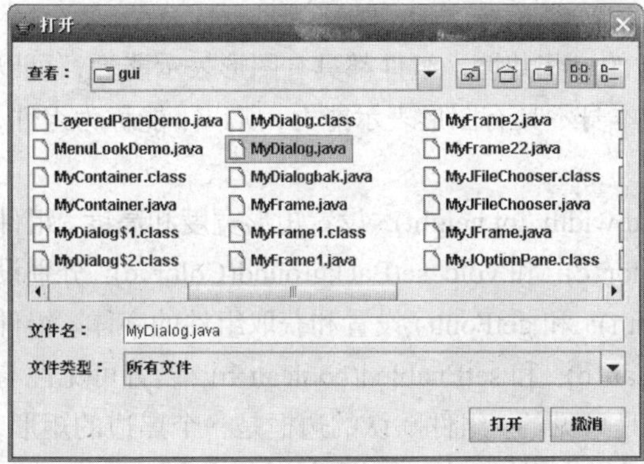

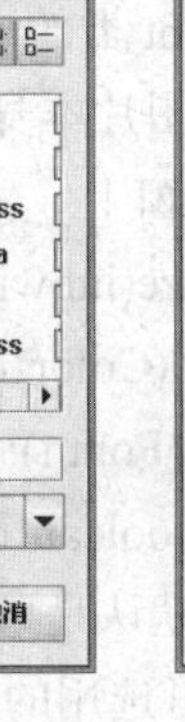

图 6.11

图 6.12

【示例 6.7】创建文件选择对话框。

```
import javax.swing.*;
import java.awt.*;
public class MyJFileChooser{
        public static void main(String[] args){
        JButton button=new JButton("Myfile");
        JFileChooser openFile = new JFileChooser();
        openFile.setSize( 200, 200 );
        int choiceOpen = openFile.showOpenDialog(button.getParent());     //显示打开文件
的对话框
        String openFileName = openFile.getSelectedFile().getAbsolutePath();//获取要打开
的文件名
        JFileChooser saveFile = new JFileChooser();
        saveFile.setSize( 200, 200 );
        int choiceClose = saveFile.showSaveDialog(button.getParent());    //显示保存文件
的对话框
        String saveFileName=saveFile.getSelectedFile().getAbsolutePath(); //获取要保存的
文件名
        }
}
```

在示例 6.7 中 button.getParent()是创建文件选择对话框需要指定的参数，没有其他意义，在实际使用时可以指定一个有意义的参数。

（1）JFileChooser 类的主要构造器简介

JFileChooser();构造一个指向用户默认目录的 JFileChooser。

JFileChooser(File currentDirectory);使用给定的 File 作为路径来构造一个 JFileChooser。

JFileChooser(FileSystemView fsv);使用给定的 FileSystemView 构造一个 JFileChooser。

（2）JFileChooser 类的主要方法简介

void addActionListener(ActionListener l);向文件选择器添加一个 ActionListener。

int showDialog(Component parent,String approveButtonText);弹出自定义文件选择器对话框。

int showOpenDialog(Component parent);弹出一个“Open File”文件选择器对话框。

int showSaveDialog(Component parent);弹出一个“Save File”文件选择器对话框。

6.3 组 件 类

所有组件都兼有 Container 类和 JComponent 类的一些共性，组件都具有图形表示能力，可以在视窗中显示和与用户进行交互，字符串对和图片本身不具有图形表示能力，所以不能称为组件，但可以把字符串对和图片放在组件中显示在视窗上。

组件的形状基本上都是矩形，可以用 setSize(int width ,int height); 设置矩形宽度和高度。组件都具有背景色和前景色，可以用 setBackground(Color c); 和 void setBackground(Color c); 分别设置。组件具有系统默认的字体，可以用 setFont(Font f); 和 getFont();设置和获取组件的字体。组件具有可见性与激活性，可以用 void setVisible(boolean b); 和 setEnabled(boolean b); 设置可见性与激活性，除了视窗和普通对话框外，其他组件默认是可见的。组件默认的边框是一个黑边的矩形，可以用 setBorder(Border border)；设置边框，可选用的边框如示例 6.8 所示。

组件可以响应用户的操作，当组件被操作时产生一个事件，事件驱动一个方法执行，完成预定的任务，实现了程序与用户的交互。

所有组件都不能独立存在于屏幕中，必须放在窗格容器中通过视窗来显示，可以放置其他组件的组件称为容器，窗格容器也称为根容器，根容器只能直接放在视窗中，而不能放在任何其他容器中，放在根容器中的其他容器也称为中间容器，组件可以直接布局到根容器中，也可以先把组件布局在中间容器中，再把中间容器布局在根容器中。

6.3.1 面板和内部视窗

面板 JPanel 和内部视窗 JInternalFrame 都是中间容器。

面板具有双重角色，一方面作为容器，可以用 setLayout()方法在面板中设置布局并添加组件，一方面作为组件可以添加到根容器中，这样就可以把一组相关的组件作为一个组件在根容器中布局，根容器中的布局更为简单和美观。

在面板中添加组件都按照该容器的缺省布局排列，面板的默认布局管理器是 FlowLayout，即添加组件的顺序是自左向右，自上向下。一个视窗中可以使用多个面板容器，如图 6.13 所示。

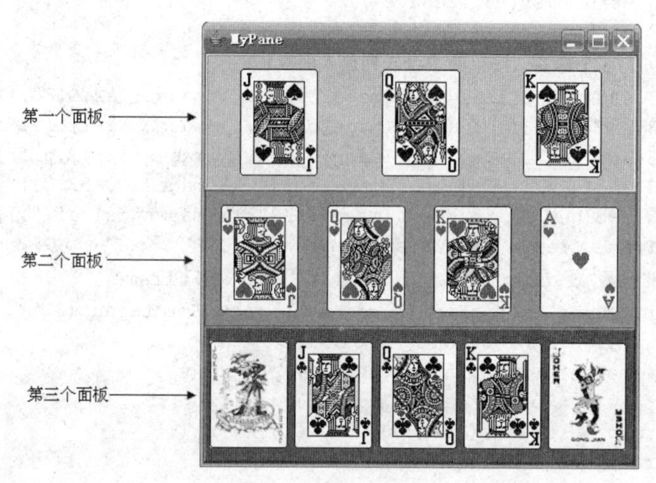

图 6.13

【示例 6.8】一个视窗中可以使用多个面板容器。

```
import javax.swing.*;
import javax.swing.border.*;
import java.awt.*;
public class MyPanel{
        public static void main(String args[]){
        //下面是可以选用的边框
        Border line = BorderFactory.createLineBorder(Color.red);
        Border raisedetched = BorderFactory.createEtchedBorder(EtchedBorder.RAISED);
        Border loweredetched = BorderFactory.createEtchedBorder(EtchedBorder.LOWERED);
        Border raisedbevel = BorderFactory.createRaisedBevelBorder();
        Border loweredbevel = BorderFactory.createLoweredBevelBorder();
        Border empty = BorderFactory.createEmptyBorder();
        //创建面板 p1.
        JPanel p1 = new JPanel(new GridLayout(1,3));
        //设置面板 p1 的边框和背景色
        p1.setBorder(raisedetched);
```

```
        p1.setBackground(Color.lightGray);
        //创建 3 个标签，按布局 1 行 3 列放入面板 p1
        p1.add(new JLabel(new ImageIcon(".\\images\\1-11.gif")));
        p1.add(new JLabel(new ImageIcon(".\\images\\1-12.gif")));
        p1.add(new JLabel(new ImageIcon(".\\images\\1-13.gif")));
        //创建面板 p2
        JPanel p2 = new JPanel(new GridLayout(1,4));
        //设置面板 p1 的边框和背景色
        p2.setBorder(line);
        p2.setBackground(Color.gray);
        //创建 4 个标签按 Grid 布局 1 行 4 列放入面板 p2
        p2.add(new JLabel(new ImageIcon(".\\images\\2-11.gif")));
        p2.add(new JLabel(new ImageIcon(".\\images\\2-12.gif")));
        p2.add(new JLabel(new ImageIcon(".\\images\\2-13.gif")));
        p2.add(new JLabel(new ImageIcon(".\\images\\2-1.gif")));
        //创建面板 p3
        JPanel p3 = new JPanel(new GridLayout(1,5));
        //设置面板 p3 的边框和背景色
        p3.setBorder(raisedbevel);
        p3.setBackground(Color.darkGray);
        //创建 5 个标签，按布局 1 行 5 列放入面板 p3
        p3.add(new JLabel(new ImageIcon(".\\images\\s2.GIF")));
        p3.add(new JLabel(new ImageIcon(".\\images\\3-11.gif")));
        p3.add(new JLabel(new ImageIcon(".\\images\\3-12.gif")));
        p3.add(new JLabel(new ImageIcon(".\\images\\3-13.gif")));
        p3.add(new JLabel(new ImageIcon(".\\images\\s1.gif")));
        JFrame frame= new JFrame("MyPane");
        //把面板 p1,p2,p3,按 Grid 布局 3 行 1 列放入窗口 frame
        frame.getContentPane().setLayout(new GridLayout(3,1));
        frame.getContentPane().add(p1);
        frame.getContentPane().add(p2);
        frame.getContentPane().add(p3);
        frame.setBounds(300,300,200,200);
        frame.setVisible(true);
        }
}
```

1. 面板类 JPanel 的常用构造器简介

JPanel() 创建具有默认布局管理器 FlowLayout 的面板。

JPanel(boolean isDoubleBuffered) 创建具有默认布局管理器 FlowLayout 和指定缓冲策略的面板。

JPanel(LayoutManager layout) 创建具有指定布局管理器的面板。

JPanel(LayoutManager layout,boolean isDoubleBuffered) 创建具有指定布局管理器和缓冲策略的面板。

2. 面板类 JPanel 的常用方法简介

AccessibleContext getAccessibleContext() 获取与此 JPanel 关联的 AccessibleContext。

PanelUI getUI() 返回呈现此组件的外观 (L&F) 对象。

String getUIClassID() 返回指定呈现此组件的 L&F 类名的字符串。

protected String paramString() 返回此 JPanel 的字符串表示形式。

void setUI(PanelUI ui) 设置呈现此组件的外观 (L&F) 对象。

6.3.2　标签、按钮和工具栏

标签主要用来显示数据；按钮包括不同按钮、多选按钮、单选按钮和组合按钮，主要用来响应用户交互，产生动作事件并控制程序运行；工具栏主要用来对按钮布局，还可以利用工具栏把一组按钮摆成一行或一列。

1. 标签 Jlabel

用标签 JLabel 类创建的标签组件，用来显示文本、图像或同时显示二者，标签不对输入事件做出反应，可以通过设置垂直和水平对齐方式，指定标签显示区中标签内容在何处对齐，只显示文本的标签默认情况下是开始边对齐；而只显示图像的标签则水平居中对齐。

图 6.14

图 6.14 的视窗分为高度相等的三部分，上部放入了一个同时显示文本和图像的标签，中部放入了一个只显示文本的标签，下部放入了一个只显示图像的标签。

【示例 6.9】创建标签组件。

```
import java.awt.*;
import javax.swing.*;
import javax.swing.border.*;
public class MyLabel{
     public static void main(String[] args){
      Border line1 = BorderFactory.createLineBorder(Color.red);
      Border line2 = BorderFactory.createLineBorder(Color.blue);
      Border raisedetched = BorderFactory.createEtchedBorder(EtchedBorder.RAISED);
      Border loweredetched = BorderFactory.createEtchedBorder(EtchedBorder.LOWERED);
      Border raisedbevel = BorderFactory.createRaisedBevelBorder();
      Border loweredbevel = BorderFactory.createLoweredBevelBorder();
      Border empty = BorderFactory.createEmptyBorder();
       //创建一个图像组件 icon，其中包含一个图片 butlersm.gif
       ImageIcon icon=new ImageIcon(".\\butlersm.gif");
       //创建三个标签 JLabel 组件 label1、label2、label3
       JLabel label1=new JLabel("Image and Text",icon,JLabel.CENTER);
       JLabel label2=new JLabel("Text-Only Label");
       JLabel label3=new JLabel(icon);
       //分别设置 label1、label2、label3 的边框、前景色和字体
       label1.setBorder(line1);
       label1.setForeground(Color.blue);
       label1.setFont(new Font("黑体",10,20));
       label2.setBorder(raisedetched);
       label2.setForeground(Color.red);
       label2.setFont(new Font("新宋体",10,28));
       label3.setBorder(line2);
       JFrame frame= new JFrame("MyPane");
      //设置面板 p1,p2,p3,按布局 3 行 1 列放入窗口 frame
      frame.getContentPane().setLayout(new GridLayout(3,1));
      frame.getContentPane().add(label1);
      frame.getContentPane().add(label2);
      frame.getContentPane().add(label3);
      frame.setBounds(200,200,200,200);
      frame.setVisible(true);
    }
}
```

（1）JLabel 类的主要构造器

public JLabel(String s);创建名字是 s 的标签，s 在标签中靠左对齐。

public JLabel(String s,int aligment)；参数 aligment 决定标签中的文字在标签中的水平对齐方式。aligment 的取值是 JLabel.CENTER、JLabel.LEFR 或 JLabel.RIGHT。

public JLabel(Icon icon);创建具有图标 icon 的标签，icon 在标签中靠左对齐。

public JLabel(String s,Icon,int aligment);创建名字是 s、具有图标 icon 的标签。参数 aligment 决定标签中的文字和图表作为一个整体在标签中的水平对齐方式（名字总是在图标的右面）。

（2）JLabel 类的常用方法

String getText();获取标签的名字。

void setText(String s);设置标签的名字是 s.

void setIcon(Icon icon);设置标签的图标是 icon。

void setHorizontalTextPosition(int a);参数 a 确定名字相对于标签上的图标的位置。a 的取值是 JLabel.LEFT 或 JLabel.RIGHT。

2. 普通按钮 JButton

用 JButton 类来创建普通按钮组件，按钮组件也可以用来显示文本和图像，但主要是用来交互的，当用鼠标或用快捷键单击按钮时，按钮产生一个事件用来控制一个方法的调用，这种交互方式被称为事件处理。事件处理的原则是把事件的产生与事件的响应相分离，事件处理的方式是一种“工厂模式”。

当用户用鼠标或用快捷键单击按钮时，由按钮产生一个事件，按钮并不知道由什么对象来响应这个事件，更不知道响应对象要做什么，但规定了响应对象必须是 ActionListener 类型，并提供一个 addActionListener()方法，让响应对象到按钮这来注册。

一个类只要实现了 ActionListener 接口，这个类的对象就是 ActionListener 类型对象，ActionListener 类型对象必须有一个 actionPerformed()方法，用来做响应事件时要做的事。当单击按钮时，按钮负责创建一个 ActionEvent 类的对象 e，并用事件对象 e 作为参数调用已注册的响应对象的 actionPerformed (ActionEvent e)方法。事件对象 e 中含有一个事件源对象和一个获取事件源对象的方法 getSource()。在 actionPerformed (ActionEvent e)方法中，可以利用对象 e 的 getSource()，判断是哪一个按钮被单击，由响应对象做出相应的处理，如图 6.15 所示。

图 6.15

【示例 6.10】在视窗中创建和使用普通按钮，按钮产生的事件由视窗来做出响应。

```
import javax.swing.*;
import java.awt.*;
import javax.swing.border.*;
import java.awt.event.*;
public class MyButton extends JFrame implements ActionListener{
        Border line = BorderFactory.createLineBorder(Color.red);
        Border raisedetched = BorderFactory.createEtchedBorder(EtchedBorder.RAISED);
        Border raisedbevel = BorderFactory.createRaisedBevelBorder();
        JButton button1,button2,button3;  //声明按钮
        Icon icon1,icon2;
        boolean isTrue=true; //控制图片切换的变量
  MyButton(){
```

```
        icon1=new ImageIcon(".\\butlersm.gif");
        icon2=new ImageIcon(".\\wood8.GIF");
        button1=new JButton(icon1);      //按钮用来显示图像
        button1.setBorder(raisedetched); //设置按钮的边框
        button2=new JButton("用鼠标或快捷键 Alt+B 单击这里.");//按钮用来显示文本
        button2.setBorder(line);
        button2.setBackground(Color.gray); //设置按钮的背景色
        button2.setForeground(Color.red);  //设置按钮的前景色
        button2.setFont(new Font("新宋体",10,20)); //设置按钮显示文本的字体
        button2.setMnemonic(KeyEvent.VK_B); //设置按钮快捷键 Alt+B
        button3=new JButton(icon2);
        button3.setBorder(raisedbevel);
        setLayout(new GridLayout(3,1)); //把按钮组件布局到 MyButton 视窗中
        add(button1);
        add(button2);
        getContentPane().add(button3);
        button1.addActionListener(this); //this 在 button1 中注册，this 响应 button1 发生的
事件
        button2.addActionListener(this); //this 在 button2 中注册，this 响应 button2 发生的
事件
        button3.addActionListener(this); //this 在 button3 中注册，this 响应 button3 发生的
事件
        setBounds(100,100,350,200);
        setVisible(true);
    }
    public void actionPerformed(ActionEvent e){//当事件发生时自动调用的方法
        if(e.getSource()==button1){button1.setText("不要单击这里");}
        if(e.getSource()==button3){button3.setText("不要单击这里");}
        if(isTrue&&e.getSource()==button2){
                                //button1 和 button3 的图片交换
                                button1.setIcon(icon2);button3.setIcon(icon1);
                                button1.setText("");button3.setText("");
                                //下次单击执行 else 块
                                 isTrue=false;
                                   }
                    else
                                   {
                                   //button1 和 button3 的图片交换
                                   button1.setIcon(icon1);button3.setIcon(icon2);
                                   //下次单击执行 if 块
                                   isTrue=true;
                                   }
      }
      public static void main(String args[]){
               new MyButton();
      }
  }
```

示例 6.10 具有在视窗中创建和使用按钮的一般性，代码解释如下。

```
public class MyButton extends JFrame implements ActionListener{
          MyButton(){
          //需要创建一个什么样的视窗在这确定
```

```
        //addActionListener(this);方法必须被调用，this 表示用类创建的任何对象
        }
        public void actionPerformed(ActionEvent e){
        //当事件发生时需要做什么事在这确定
        }
        public static void main(String args[]){
                    new MyButton();
        }
}
```

（1）JButton 类的主要构造器

JButton(String text); 创建名字是 text 的按钮。

JButton(Icon icon); 创建带有图标 icon 的按钮。

JButton(String text,Icon icon); 创建名字是 text 且带有图标 icon 的按钮。

（2）JButton 类常用的方法

public void setText(String text); 重新设置当前按钮的名字，名字由参数 text 指定。

public String getText(); 获取当前按钮上的名字。

public void setIcon(Icon icon); 重新设置当前按钮上的图标。

public Icon getIcon(); 获取当前按钮上的图标。

public void setHorizontalTextPosition(int textPosition); 设置按钮名字相对按钮上图标的水平位置。textPosition 的有效值为 AbstractButtion.LEFT、AbstracButton.CENTERT 或 AbstractButton. RIGHT。

public void setVerticalTextPosition(int textPosition); 设置按钮上名字相对按钮上图标的垂直位置。textPsition 的有效值为 AbstractButton.TOP、AbstractButton.CENTERT 或 AbstractButton. BOTTOM。

public void setVerticalTextPosition 的有效值为 AbstracButton.TOP、AbstractButton.CENTERT 或 AbstractButton.BOTTOM。

public void addActionListener(ActionListener); 向按钮增加动作监视器。

public void removeActionListener(ActionListener); 移去按钮上的动作监视器。

3. 多选按钮 JCheckBox 类

JCheckBox 类用来创建多选按钮组件，多选按钮 JcheckBox 有两种状态：选中或未选中，用户通过单击该组件切换状态，如图 6.16 所示。

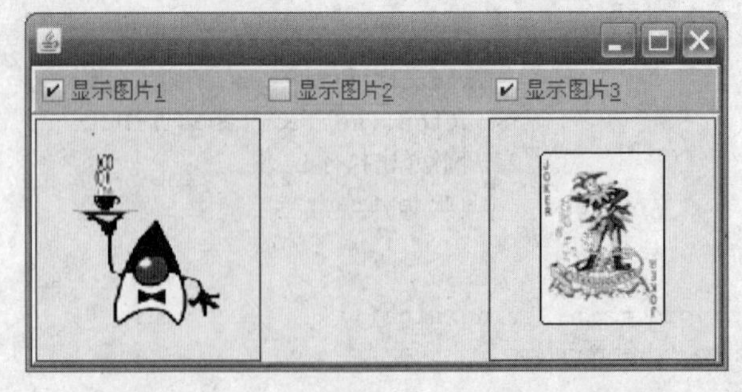

图 6.16

【示例 6.11】创建多选按钮。

```
import javax.swing.*;
import java.awt.*;
```

```
import javax.swing.border.*;
import java.awt.event.*;
public class MyJCheckBox extends JFrame implements ActionListener{
    JCheckBox box1,box2,box3;
    JLabel label1,label2,label3;
    JPanel pane1,pane2;
    MyJCheckBox(){
      Border line = BorderFactory.createLineBorder(Color.red);
      Border raisedbevel = BorderFactory.createRaisedBevelBorder();
        box1=new JCheckBox("显示图片 1");
        box1.setBackground(Color.lightGray);
        box1.setMnemonic(KeyEvent.VK_1);//设置按钮快捷键
        box1.setForeground(Color.red);
        box1.setFont(new Font("新宋体",10,12));
        box2=new JCheckBox("显示图片 2");
        box2.setBackground(Color.lightGray);
        box2.setMnemonic(KeyEvent.VK_2);//设置按钮快捷键
        box2.setForeground(Color.red);
        box2.setFont(new Font("新宋体",10,12));
        box3=new JCheckBox("显示图片 3");
        box3.setBackground(Color.lightGray);
        box3.setForeground(Color.red);
        box3.setFont(new Font("新宋体",10,12));
        box3.setMnemonic(KeyEvent.VK_3);//设置按钮快捷键
        pane1=new JPanel();
        pane1.setBorder(raisedbevel);
        pane1.setLayout(new GridLayout(1,3));
        pane1.add(box1);pane1.add(box2);pane1.add(box3);
        label1=new JLabel(new ImageIcon(".\\butlersm.gif"));
        label1.setBorder(line);
        label1.setVisible(false);
        label2=new JLabel(new ImageIcon(".\\wood8.GIF"));
        label2.setBorder(line);
        label2.setVisible(false);
        label3=new JLabel(new ImageIcon(".\\s2.GIF"));
        label3.setBorder(line);
        label3.setVisible(false);
        pane2=new JPanel();
        pane2.setBorder(raisedbevel);
        pane2.setLayout(new GridLayout(1,3));
        pane2.add(label1);pane2.add(label2);pane2.add(label3);
        getContentPane().add(pane1,BorderLayout.NORTH);
        getContentPane().add(pane2,BorderLayout.CENTER);
        box1.addActionListener(this);
        box2.addActionListener(this);
        box3.addActionListener(this);
        setBounds(200,200,400,200);
        setVisible(true);

    }
    public void actionPerformed(ActionEvent e){
        if(box1.isSelected())label1.setVisible(true);else label1.setVisible(false);
        if(box2.isSelected())label2.setVisible(true);else label2.setVisible(false);
        if(box3.isSelected())label3.setVisible(true);else label3.setVisible(false);
```

```
    }
    public static void main(String args[]){
        new MyJCheckBox();
    }
}
```

（1）JCheckBox 类的主要构造器

public JCheckBox(); 创建一个没有名字的多选按钮，初始状态是未选中。

public JCheckBox(String text); 创建一个名字是 text 的多选按钮，初始状态是未选中。

public JCheckBox(Icon icon); 创建一个带有默认图标 icon 但没有名字的多选按钮，初始状态是未选中。

（2）JCheckBox 类的主要方法

public void setIcon(Icon sefaultIcon); 设置多选按钮上的默认图标。

public boolean isSelected(); 如果多选按钮处于选中状态该方法返回 true，否则返回 false。如果多选按钮没有指定图标，多选按钮就显示为一个“小方框”，如果是选中状态，“小方框”里面就有个小对号。

JCheckBox 类还提供了 addItemListener()方法，用来处理 ItemEvent 事件，需要的接口是 ItemListener，可以用 public void itemStateChanged(ItemEvent e);对发生的事件做出处理。

ItemEvent 事件对象除了可以使用 getSource()方法返回发生 ItemEvent 事件的事件源外，也可以使用 getItemSelectable()方法返回发生 ItemEvent 事件的事件源。

4. 单选按钮 JRadioButton 类

单选按钮 JRadioButton 类用来创建单选按钮组件，单选按钮在同一时刻只能选中单选按钮中的一个。当创建了若干个单选按钮后，应使用 ButtonGroup 再创建一个对象，然后利用这个对象把这若干个单选按钮归组。归到同一组的单选按钮每一时刻只能选一个，如图 6.17 所示。

图 6.17

【示例 6.12】创建单选按钮。

```
import java.awt.*;
import java.awt.event.*;
import javax.swing.*;
public class MyRadioButton extends JFrame implements ActionListener {
    static String birdString = "Bird";
    static String catString = "Cat";
    static String dogString = "Dog";
    static String rabbitString = "Rabbit";
    static String pigString = "Pig";
    JLabel label;
    JRadioButton birdButton,catButton,dogButton,rabbitButton,pigButton;
    ButtonGroup group;
```

```
    public MyRadioButton() {
        birdButton = new JRadioButton(birdString);
        birdButton.setMnemonic(KeyEvent.VK_B);
        birdButton.setActionCommand(birdString);
        birdButton.setSelected(true);
        catButton = new JRadioButton(catString);
        catButton.setMnemonic(KeyEvent.VK_C);
        catButton.setActionCommand(catString);
        dogButton = new JRadioButton(dogString);
        dogButton.setMnemonic(KeyEvent.VK_D);
        dogButton.setActionCommand(dogString);
        rabbitButton = new JRadioButton(rabbitString);
        rabbitButton.setMnemonic(KeyEvent.VK_R);
        rabbitButton.setActionCommand(rabbitString);
        pigButton = new JRadioButton(pigString);
        pigButton.setMnemonic(KeyEvent.VK_P);
        pigButton.setActionCommand(pigString);
        //Group the radio buttons.
        group = new ButtonGroup();
        group.add(birdButton);
        group.add(catButton);
        group.add(dogButton);
        group.add(rabbitButton);
        group.add(pigButton);
        birdButton.addActionListener(this);
        catButton.addActionListener(this);
        dogButton.addActionListener(this);
        rabbitButton.addActionListener(this);
        pigButton.addActionListener(this);
        label = new JLabel("选择你喜欢的宠物");
        JPanel radioPanel = new JPanel(new GridLayout(1, 1));
        radioPanel.add(birdButton);
        radioPanel.add(catButton);
        radioPanel.add(dogButton);
        radioPanel.add(rabbitButton);
        radioPanel.add(pigButton);
        add(radioPanel, BorderLayout.LINE_START);
        add(label, BorderLayout.CENTER);
        getContentPane().setBackground(Color.white);
        setBounds(200,200,200,200);
        setVisible(true);
    }
    public void actionPerformed(ActionEvent e) {
          label.setText("");
         label.setIcon(new ImageIcon("images/"+e.getActionCommand()+ ".gif"));
    }
    public static void main(String[] args) {
        //Create and set up the window.
        new MyRadioButton();
    }
}
```

5. 组合按钮 JComboBox

组合按钮 JComboBox 类用来创建组合按钮组件，用户可以从下拉列表中选择值，下拉列表在用户请求时显示。如果使组合框处于可编辑状态，则组合框将包括用户能在其中键入值的可编辑字段，如图 6.18 所示。

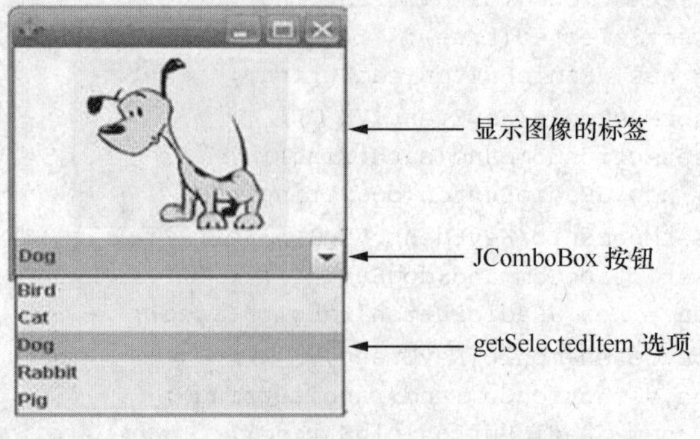

图 6.18

【示例 6.13】创建组合按钮。

```
import java.awt.*;
import java.awt.event.*;
import javax.swing.*;
public class MyComboBox extends JPanel implements ActionListener{
JComboBox comBox;
    JLabel label;
    public MyComboBox(){
        String[] petName = {"Bird", "Cat", "Dog", "Rabbit", "Pig"};
        comBox = new JComboBox(petName);
        label = new JLabel();
        label.setFont(new Font("新宋体",10,18));
        label.setText("选择你喜欢的宠物");
        label.setHorizontalAlignment(JLabel.CENTER);
        setLayout(new BorderLayout());
        add(comBox, BorderLayout.SOUTH);
        add(label, BorderLayout.CENTER);
        comBox.addActionListener(this);
        setBackground(Color.white);
        }
        public MyComboBox(String s){
        String[] petName = {"Bird", "Cat", "Dog", "Rabbit", "Pig"};
        comBox = new JComboBox(petName);
        setLayout(new BorderLayout());
        add(comBox, BorderLayout.CENTER);
        comBox.addActionListener(this);
        setBackground(Color.white);
        }
      public void actionPerformed(ActionEvent e){
        JComboBox com = (JComboBox)e.getSource();
        String name = (String)com.getSelectedItem();
        label.setText("");
        label.setIcon(new ImageIcon("images/" + name + ".gif"));
    }
    public static void main(String[] args){
            JFrame f=new JFrame();
            f.getContentPane().add(new MyComboBox());
            f.setBounds(100,100,350,200);
```

```
            f.setVisible(true);
    }
}
```

（1）组合按钮类的主要构造器

public JcomboBox(); 创建一个没有选项的下拉列表

public JcomboBox(String name[]); 创建一个有 name[]确定选项的下拉列表。

（2）组合按钮的主要方法

public void addItem(Object anObject); 增加选项。

public int getSelectedIndex(); 返回当前下拉列表中被选中的选项的索引，索引的起始值是 0。

public Object getSelectedItem(); 返回当前下拉列表中被选中的选项。

public void addItemListener(ItemListener); 向下拉列表增加 ItemEvent 事件监视器。当下拉列表获得监视器后，用户在下拉列表的选项中选中某个选项时就发生 ItemEvent 事件，此时 ItemEvent 类将自动创建一个事件对象。

6. 工具栏

工具栏 JToolBar 类是用来创建工具栏组件的，利用工具栏可以把一组带有图标的按钮摆成一行或一列，通常用 BorderLayout 布局把工具栏放在容器的上方。

【示例 6.14】 创建组工具栏。

```
import javax.swing.*;
import java.awt.*;
import java.awt.event.*;
public class MyToolBar extends JPanel implements ActionListener{
   JComboBox comBox;
   JButton b1,b2,b3,b4,b5,b6;
   JToolBar toolbar;
   MyToolBar(){
           toolbar=new JToolBar();
           String[] petName = {"Bird", "Cat", "Dog", "Rabbit", "Pig"};
           comBox=new JComboBox(petName);
           comBox.setMaximumSize(new Dimension(160,50));
           b1=new JButton(new ImageIcon("imgs\\new.gif"));
           b2=new JButton(new ImageIcon("imgs\\open.gif"));
           b3=new JButton(new ImageIcon("imgs\\save.gif"));
           b4=new JButton(new ImageIcon("imgs\\cut.gif"));
           b5=new JButton(new ImageIcon("imgs\\copy.gif"));
           b6=new JButton(new ImageIcon("imgs\\paste.gif"));
           toolbar.add(b1);
           toolbar.add(b2);
           toolbar.add(b3);
           toolbar.add(b4);
           toolbar.add(comBox);
           toolbar.add(b5);
           toolbar.add(b6);
           setLayout(new BorderLayout());
           add(toolbar, BorderLayout.NORTH);
   }
  public void actionPerformed(ActionEvent e){
   //省略处理按钮事件
   }
   public static void main(String args[]){
      JFrame f=new JFrame();
```

```
            f.getContentPane().add(new MyToolBar());
            f.setBounds(100,100,350,150);
            f.setVisible(true);
    }
}
```

6.3.3 菜单条、菜单和菜单项

菜单的作用类似于按钮，但菜单比按钮节省空间，布局也简单，可以让用户在几个选项中选择其中的一个。菜单通常被放在菜单条中或放在视窗中以弹出菜单的形式呈现，菜单条中通常包括一个或几个菜单。菜单条被排放在窗口的顶部，通常用鼠标左键单击或快捷键展开菜单。菜单包含一些菜单项或子菜单，菜单项和子菜单可以产生 ItemEvent 事件和 ActionEvent 事件，通过实现相应的接口方法进行处理。

菜单条 JMenuBar 类是用来创建菜单条组件的，菜单条通常包含一些菜单，可以调用视窗的 setJMenuBar 方法，把菜单条直接添加到 JFrame 的窗格容器中，菜单条的默认位置，如图 6.19 所示。

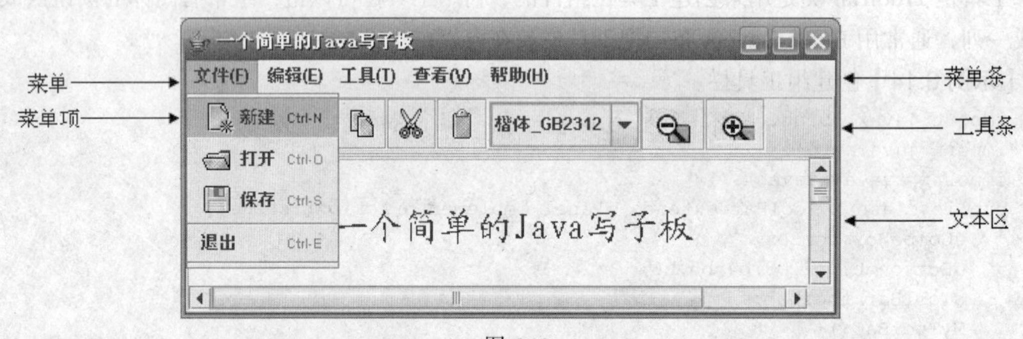

图 6.19

JFrame 类有一个将菜单条放置到窗口中的方法：

```
public void setJMenuBar(JMenuBar menuber);
```

该方法将菜单条添加到窗口的菜单条区域（注意：只能向窗口添加一个菜单条）。

1. JMenu 菜单类

菜单 JMenu 类用来创建菜单组件，菜单通常放在菜单条组件中，以文本字符串的形式显示，用户单击字符串时以弹出式菜单形式显示，包括标准菜单项，如 JMenuItem、JCheckBoxMenuItem、JRadioButtonMenuItem 和 Jeeparator 等。JMenu 需要两个附件类来辅助其工作，它们是 JPopupMenu 类和 LookAndFeel 类。JMenu 类将创建 JPopupMenu 类，并从当前可插入的观感中获得自己的观感，用户单击 JMenu，LookAndFeel 类负责绘制菜单栏中的菜单以及对在其中发生的所有事情做出响应。

菜单提供了一种节省空间的方法，可以让用户在几个选项中选择其中的一个。

菜单在窗口中的摆放位置和窗口中的其他控件有些不一样.菜单通常被放在菜单条中或以弹出菜单的形式呈现，菜单条中通常包括一个或几个菜单，如图 6.19 所示。

JMenu 类的主要方法有以下几种。

JMenu(String s); 建立一个指定标题菜单，标题由参数 s 确定。

public void add(MenuItem item); 向菜单增加由参数 item 指定的菜单选项对象。

public void add(String s); 向菜单增加指定的选项。

public JMenuItem getItem(int n); 得到指定索引处的菜单选项。

public int genItemCount(); 得到菜单选项数目。

2. JMenuItem 菜单项

JMenuItem 类用来创建菜单项组件，菜单项放在菜单中。

（1）JMenuIem 类的主要构造器

JMenuLtem(String s); 构造有标题的菜单项。

JMenuItem(String text,Icon icon); 构造有标题和图标的菜单项。

（2）JMenuIem 类的主要方法

public void setEnabled(boolean b); 设置当前菜单项是否可被选择。

public String getLabel(); 得到菜单项的名字。

public void setAccelerator(KeyStroke keyStroke);为菜单项设置快捷键。

为了向该方法的参数传递一个 KeyStroke 对象，可以使用 public static KeyStroke getKeyStroke(char keyChar) 方法返回一个 KeyStroke 对象；也可以使用 KeyStroke 类的 public static Keystroke(int keyCode,int modifiers)方法返回一个 KeyStroke 对象，其中参数 keyCode 的取值范围为 KeyEvent.VK_A 至 KeyEvent.VK_Z，modifiers 的取值为 InputEventALT_MASK、InputEvent.CTRL_MASK 或 inputEvent.SHIFT_MASK。

3. 嵌入子菜单

Jmenu 类是 JmenuItem 类的子类，因此菜单可以作为菜单项放到另一个菜单中，这样的菜单称为子菜单。

6.3.4 文本行和文本区

1. 文本行

文本行 JTextField 类创建文本行。用户可以在文本行中输入单行的文本。

（1）JTextField 类的主要构造器

JTextField(int x);创建文本框对象，可以在文本框中输入若干个字符，文本框的可见字符个数由参数 x 指定。

JTextField(String s);创建文本框对象，则文本框的初始字符串为 s，可以在文本框中输入若干个字符。

（2）JTextField 类的主要方法

public void setText();设置文本框中的文本为参数 s 指定的文本，文本框中先前的文本将被清除。

public String getText();获取文本框中的文本。

public void setEditable(Boolean b);指定文本框的可编辑性。创建的文本框默认是可编辑的。

public void setHorizontalAlignment(int alignment);设置文本。

使用 JTextField 类的子类 JPasswordField 可以建立一个密码框对象。密码框可以使用 setRchoChar(char c)设置回显字符（默认的回显字符是“*”），char[] getPassword()方法返回密码框中的密码。

2. 文本区

文本区 JTextArea 类创建文本区。文本区使用 setWrapStyleWord(Boolean b)方法决定输入的文本能否在文本区的右边界自动换行；可以使用 setLineStyleWord(Boolean b)方法决定是以单词为界（b，取 true 时）还是以字符为界（b 取 falsh 时）进行换行。文本区除了使用 getText()和 setTex(String s)获取并替换文本区的文本外，还可以使用 append(String s)方法尾加文本，使用 insert(String s,int x)方法在文本区的指定位置处插入文本，使用 replaceRange(String newString,int start,int end)方法将文本区 start 至 end 处的文本替换为新文本 newString。文本区使用 getCaretPosition()方法获取文本区中输入光标的位置，使用 setCarePosition(int position)设置文本区中输入光标的位置（position 不能大于文本区中字符的个数）。文本区还可以使用 copy()和 cut()方法将文本区中选中的内容复制或剪切到系统剪贴板，使用 paste()方法将系统剪贴板上取回的数据替换选中的内容，否则取回的数据被插入到文本区当前输入光标处。用户可以使用鼠标选中文本区的内容，程序也可以让文本区调用 setSlectionStart(int selectionStart)和 setSelectionEnd(int selectionEnd)方法设置选中的文本，或使用 select(int selectionStart,int selectionEnd)和 selectAll()方法选中部分文本或全部文本。

【示例 6.15】创建菜单条、菜单、菜单项、文本行和文本区。

```
import java.io.*;
import javax.swing.*;
import java.awt.*;
import java.awt.event.*;
import javax.swing.border.*;
public class MyTextArea extends JFrame implements ActionListener{
        String className;
        String fileName;
        String path;
        JMenuBar jmb;
        JMenu jm1,jm11,jm2,jm3,jm4,jm5;  //菜单
        JMenuItem jmi01,jmi11,jmi12,jmi13,jmi21,jmi22,jmi23; //菜单项
        JTextArea textArea;
        JTextArea outText;
        JComboBox comBox;
        JButton b1,b2,b3,b4,b5,b6,b7,b8,b9,b10;//工具条上的按钮
        int count=0;
        JToolBar toolbar;
        JDesktopPane pane;
        Border etched = BorderFactory.createEtchedBorder(EtchedBorder.RAISED);
        public  MyTextArea(){//构造器
                    jm1=new JMenu("文件(F)");
                    jm1.setMnemonic(KeyEvent.VK_F);
                    jm2=new JMenu("编辑(E)");
                    jm2.setMnemonic(KeyEvent.VK_E);
                    jm3=new JMenu("工具(T)");
                    jm3.setMnemonic(KeyEvent.VK_T);
                    jm4=new JMenu("查看(V)");
                    jm4.setMnemonic(KeyEvent.VK_V);
                    jm5=new JMenu("帮助(H)");
                    jm5.setMnemonic(KeyEvent.VK_H);

                    //创建 jm1 的菜单项并添加菜单项到菜单中
                    jmi01=new JMenuItem("新建",new ImageIcon("imgs\\new.gif"));
                    jmi01.setAccelerator(KeyStroke.getKeyStroke('N',InputEvent.CTRL_MASK));
                    jm1.add(jmi01);
                    jmi11=new JMenuItem("打开",new ImageIcon("imgs\\open.gif"));
                    jmi11.setAccelerator(KeyStroke.getKeyStroke('O',InputEvent.CTRL_MASK));
```

```
    jm1.add(jmi11);
    jmi12=new JMenuItem("保存",new ImageIcon("imgs\\save.gif"));
    jmi12.setAccelerator(KeyStroke.getKeyStroke('S',InputEvent.CTRL_MASK));
    jm1.add(jmi12);
    jm1.addSeparator();
    jmi13=new JMenuItem("退出");
    jmi13.setAccelerator(KeyStroke.getKeyStroke('E',InputEvent.CTRL_MASK));
    jm1.add(jmi13);

    //创建 jm2 的菜单项并添加菜单到菜单中
    jmi21=new JMenuItem("复制",new ImageIcon("imgs\\open.gif"));
    jmi21.setAccelerator(KeyStroke.getKeyStroke('C',InputEvent.CTRL_MASK));
    jm2.add(jmi21);
    jmi22=new JMenuItem("剪切",new ImageIcon("imgs\\save.gif"));
    jmi22.setAccelerator(KeyStroke.getKeyStroke('X',InputEvent.CTRL_MASK));
    jm2.add(jmi22);
    jm1.addSeparator();
    jmi23=new JMenuItem("粘贴");
    jmi23.setAccelerator(KeyStroke.getKeyStroke('V',InputEvent.CTRL_MASK));
    jm2.add(jmi23);

    //创建菜单条
    jmb=new JMenuBar();
    //添加菜单到菜单条中
    jmb.add(jm1);
    jmb.add(jm2);
    jmb.add(jm3);
    jmb.add(jm4);
    jmb.add(jm5);

    //添加菜单条到窗口
    setLayout(new BorderLayout());
    setJMenuBar(jmb);
    textArea=new JTextArea();
    textArea.setBorder(etched);
    JScrollPane pane=new JScrollPane(textArea);
    pane.setBorder(etched);

    //用来显示提示信息
    outText=new JTextArea();
    outText.setBorder(etched);
    JScrollPane pane1=new JScrollPane(outText);
    pane1.setBorder(etched);
   //把工作区分割为上下两部分
   JSplitPane splitPane = new JSplitPane(JSplitPane.VERTICAL_SPLIT);
    splitPane.setTopComponent(pane);
    splitPane.setBottomComponent(pane1);
    getContentPane().add("Center",splitPane);
//监听菜单项事件
jmi01.addActionListener(this);
jmi11.addActionListener(this);
jmi12.addActionListener(this);
```

```
                jmi13.addActionListener(this);


    //得到各种字体的名字
    String[]  fontNames=GraphicsEnvironment.getLocalGraphicsEnvironment().getAvailable
FontFamilyNames();
                //用组合按钮选择字体
                  comBox=new JComboBox(fontNames);
                  comBox.setMaximumSize(new Dimension(110,35));
                  comBox.setBorder(etched);
                b1=new JButton(new ImageIcon("imgs\\new.gif"));
                b2=new JButton(new ImageIcon("imgs\\open.gif"));
                b3=new JButton(new ImageIcon("imgs\\save.gif"));
                b4=new JButton(new ImageIcon("imgs\\copy.gif"));
                b5=new JButton(new ImageIcon("imgs\\cut.gif"));
                b6=new JButton(new ImageIcon("imgs\\paste.gif"));
                b7=new JButton(new ImageIcon("images\\im8.jpg"));
                b8=new JButton(new ImageIcon("images\\im9.jpg"));
                b9=new JButton(new ImageIcon("images\\im8.jpg"));
                b10=new JButton(new ImageIcon("images\\im9.jpg"));
                //监听按钮
                b1.addActionListener(this);
                b2.addActionListener(this);
                b3.addActionListener(this);
                b4.addActionListener(this);
                b5.addActionListener(this);
                b6.addActionListener(this);
                comBox.addActionListener(this);
                b7.addActionListener(this);
                b8.addActionListener(this);
                b9.addActionListener(this);
                b10.addActionListener(this);
                    toolbar=new JToolBar();
                    toolbar.add(b1);
                    toolbar.add(b2);
                    toolbar.add(b3);
                    toolbar.add(b4);
                    toolbar.add(b5);
                    toolbar.add(b6);
                    toolbar.add(comBox);
                    toolbar.add(b7);
                    toolbar.add(b8);
                    toolbar.add(b9);
                    toolbar.add(b10);
                    toolbar.setBorder(etched);
                    add(toolbar, BorderLayout.NORTH);
                    //设置窗口大小并显示窗口
                    setVisible(true);
                    setTitle("一个简单的 Java 写子板");
                    setBounds(100,100,500,400);
      }
      //事件处理方法
      public void actionPerformed(ActionEvent e){
            if(e.getSource()==jmi01||e.getSource()==b1){
               newText();
```

```
        }
         if(e.getSource()==jmi11||e.getSource()==b2){
           open();
        }else if(e.getSource()==jmi12||e.getSource()==b3){
           save();
         }else if(e.getSource()==jmi13){
           quit();
         }else if(e.getSource()==jmi21||e.getSource()==b4){
           textArea.copy();
         }
         else if(e.getSource()==jmi22||e.getSource()==b5)
         {
           textArea.cut();
         }else if(e.getSource()==jmi13||e.getSource()==b6){
              textArea.paste();
         } else if(e.getSource()==comBox){
           String name = (String)comBox.getSelectedItem();
           textArea.setFont(new Font(name,Font.PLAIN,30));
         }else if(e.getSource()==b7){
           String name = textArea.getFont().getFontName();
           int size=textArea.getFont().getSize()-2;
           textArea.setFont(new Font(name,Font.PLAIN,size));
         }else if(e.getSource()==b8){
           String name = textArea.getFont().getFontName();
           int size=textArea.getFont().getSize()+2;
           textArea.setFont(new Font(name,Font.PLAIN,size));
         }else if(e.getSource()==b9){//编译 Java 程序文件
           if(fileName==null)
           save();
           try{
           Process ex = Runtime.getRuntime().exec("javac "+fileName);
               ex.waitFor();
               int k=ex.exitValue();
               if(k==0){outText.setText("编译成功！");
               }else{outText.setText("编译失败！");}
        }catch (Exception ew){ ew.printStackTrace();}
     }
 }
 public void newText(){
   new MyTextArea();
 }
 public void open(){  //打开文件方法
 JFileChooser openFile = new JFileChooser();
       openFile.setSize(500,250 );
       Container parentOpen = jmi11.getParent();
       int choice = openFile.showOpenDialog(parentOpen);
       if( choice == JFileChooser.APPROVE_OPTION ){
              fileName= openFile.getSelectedFile().getAbsolutePath();
     className=openFile.getSelectedFile().getName();
                className=className.substring(0,className.length()-5);
                path=openFile.getSelectedFile().getParent();
                System.out.println( className);
                 BufferedReader reader;
                 String line;
                 try
```

```
                    {
                    reader = new BufferedReader(new FileReader(fileName));
                    textArea.setText( reader.readLine()+" ");
                    while((line= reader.readLine() )!= null){textArea.append(line+"\n");}
                    }catch(Exception ex){String message=ex.getMessage();ex.printStack
Trace();}
        }
    }
    public void save(){//保存文件方法
        JFileChooser jfc = new JFileChooser();
                jfc.setSize(500,250);
                 Container parent = jmi12.getParent();
                   int choice = jfc.showSaveDialog( parent );
                   if( choice == JFileChooser.APPROVE_OPTION ){
                 File fObj;
                 FileWriter writer;
                 fileName=jfc.getSelectedFile().getAbsolutePath();
                 className=jfc.getSelectedFile().getName();
                 className=className.substring(0,className.length()-5);
                 path=jfc.getSelectedFile().getParent();
                 System.out.println( path);
                  try{
                      writer = new FileWriter( fileName );
                      textArea.write(writer);
                      writer.close();
                      }catch(IOException ioe){ ioe.printStackTrace();}
                  jfc.setCurrentDirectory(new File(fileName));
                  }
        }
        public void quit(){//退出方法
           System.exit(0);
        }
        public static void main(String[] args){
           new MyTextArea();
        }
    }
```

文本区可以触发 DucumenEvent 事件，DucumenEvent 类在 javax.swing.event 包中。用户在文本区组件的 UI 代表的视图中进行文本编辑操作，使得文本区中的文本内容发生变化，将导致该文本区所维护的文档模型中的数据发生变化，从而导致 DucumenEvent 事件的发生。文本区调用

addDucumentListener(DucumentListener listener)方法可以向文本区维护的文档注册监视器。监视器需实现 DucumentListener 接口，该接口中有以下 3 个方法：

```
Public void changedUpdate(DocumentEvent e)
Public void removeUpdate(DocumentEvent e)
Public void insertUpdate(DocumentEvent e)
```

文本区调用 getDocument()方法返回维护的文档，该文档是实现了 Document 接口类的一个实例。

【示例 6.16】有两个文本区和一个文本框。当用户在文本区 inText 进行编辑操作时，文本区 outText 将显示第一个文本区中所有和指定模式匹配的字符串。用户可以事先在一个文本框 patternText 中输入指定的模式，如输入“[^\s\d\p {Punct}]+”，即通过该模式获得文本区 inputText 中的全部单词。

```
import javax.swing.*;
import java.awt.event.*;
```

```
import java.awt.*;
import java.util.regex.*;
import javax.swing.event.*;
class PatternTextArea extends JFrame implements DocumentListener,ActionListener{
   JTextArea inputText,showText;
   JTextField patternText;
   Pattern p;   //模式对象
   Matcher m;   //匹配对象
   PatternTextArea(){
      inputText=new JTextArea();
      showText=new JTextArea();
      patternText=new JTextField("[^\\s\\d\\p{Punct}]+");
      patternText.addActionListener(this);
      JPanel panel=new JPanel();
      panel.setLayout(new GridLayout(1,2));
      panel.add(new JScrollPane(inputText));
      panel.add(new JScrollPane(showText));
      add(panel,BorderLayout.CENTER);
      add(patternText,BorderLayout.NORTH);
      (inputText.getDocument()).addDocumentListener(this);
      setBounds(120,120,260,270);
      setVisible(true);
   }
   public void changedUpdate(DocumentEvent e){
         hangdleText();
   }
   public void removeUpdate(DocumentEvent e){
         changedUpdate(e);
   }
   public void insertUpdate(DocumentEvent e){
         changedUpdate(e);
   }
   public void hangdleText(){
      showText.setText(null);
      String s=inputText.getText();
      p=Pattern.compile(patternText.getText());
      m=p.matcher(s);
      while(m.find()){
         showText.append("从"+m.start()+"到"+m.end()+":");
         showText.append(m.group()+":\n");
      }
   }
   public void actionPerformed(ActionEvent e){
      hangdleText();
   }
   public static void main(String args[]){
      new PatternTextArea();
   }
}
```

6.3.5　表格和窗格滚动条

1. JTable 表格

表格 JTable 类用来创建表格组件，表格组件可以显示和编辑规则的二维单元表，JTable 有很多用来自定义其呈现和编辑的工具，同时提供了这些功能的默认设置，从而可轻松地设置简单表格。JTable 使用唯一的整数来引用它所显示模型的行和列。JTable 只是采用表格的单元格范围，并在绘制时使用 getValueAt(int, int) 从模型中检索值。

MyTable

姓名	性别	年龄	地址	学生
王 昱	女	24	北京	true
李向阳	男	38	上海	false
萧 晓	男	23	香港	true
郑 芝	女	22	伦敦	true
鲁 达	男	28	纽约	false

【示例 6.17】创建表格。

```
import javax.swing.JFrame;
import javax.swing.JPanel;
import javax.swing.JScrollPane;
import javax.swing.JTable;
import java.awt.Dimension;
import java.awt.GridLayout;
public class MyTable extends JPanel {
    private boolean DEBUG = false;
    public MyTable() {
        super(new GridLayout(1,0));
        String[] columnName = {"姓名","性别","年龄","地址","学生"};
        Object[][] data = {{"王  昱", "女", new Integer(24),"北京", new Boolean(true)},
                           {"李向阳", "男", new Integer(38),"上海", new Boolean(false)},
                           {"萧  晓", "男", new Integer(23),"香港", new Boolean(true)},
                           {"郑  芝", "女", new Integer(22),"伦敦", new Boolean(true)},
                           {"鲁  达", "男", new Integer(28),"纽约", new Boolean(false)},
                          };
        final JTable table = new JTable(data, columnName);
        table.setPreferredScrollableViewportSize(new Dimension(500, 70));
        //Create the scroll pane and add the table to it
        JScrollPane scrollPane = new JScrollPane(table);
        //Add the scroll pane to this panel
        add(scrollPane);
    }
    public static void main(String[] args) {
        JFrame frame = new JFrame("MyTable");
        frame.setDefaultCloseOperation(JFrame.EXIT_ON_CLOSE);
        //Create and set up the content pane
        MyTable newContentPane = new MyTable();
        newContentPane.setOpaque(true); //content panes must be opaque
        frame.setContentPane(newContentPane);
        //Display the window
        frame.pack();
        frame.setVisible(true);
    }
}
```

JTable 类的主要构造方法如下。

```
JTable (Object data[][],Object columnName[])
```

参数 columnName 用来指定表格的列名。表格的视图将以行和列的形式显示数组 data 每个单元中对象的字符串表示，也就是说，表格视图中对应着 data 单元中对象的字符串表示。

用户在表格单元中输入的数据都被认为是一个 Object 对象，用户通过表格视图对象表格单元中的数据进行编辑，以修改二维数组 data 中对应的数据，在表格视图中输入或修改数据后，需按回车键或用鼠标单击表格的单元格确定所输入或修改的结果。当表格需要刷新显示时，调用 repaint()方法。

2. JScrollPane 窗格滚动条

可以把一个组件放到一个窗格滚动条中，通过滚动条来观察这个组件。例如，JTextArea 不自带滚动条，因此需要把文本区放到一个滚动窗格中。

JScorollPane 的构造方法是 JScorollPane(component c)可以构造一个窗格滚动条。

6.3.6　树和窗格拆分

1. 树 JTree 类与节点 DefaultMutableTreeNode 类

树 JTree 类用来创建树的组件，将分层数据显示为节点，DefaultMutableTreeNode 类用来创建树的节点，树中特定的节点可以由 TreePath 标识，展开节点是一个非叶节点，由返回 false 的 TreeModel.isLeaf(node) 标识，当展开其所有祖先时，该节点将显示其子节点。折叠节点是隐藏它们的节点。隐藏节点是位于折叠祖先下面的节点。所有可查看节点的父节点都是可以展开的，但是可以显示它们，也可以不显示它们。显示节点是可查看的并且位于可以看到它的显示区域，如图 6.20 所示。

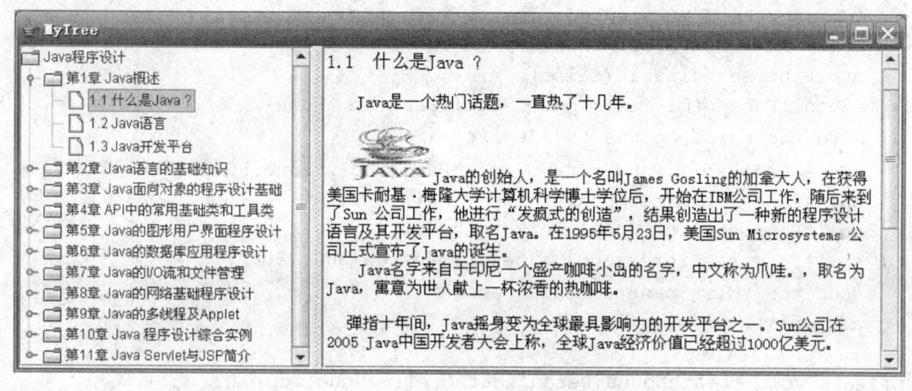

图 6.20

树组件的节点中可以存放对象，DefaultMutableTreeNode 类是实现了 MutableTreeNode 接口的类，可以使用这个类创建树上的节点。DefaultMutableTreeNode 类的两个常用的构造方法如下。

```
DefaultMutableTreeNode(Object userObject)
DefaultMutableTreeNode(Object userObject,boolean allowChildren)
```

第一个构造方法创建的节点默认可以有子节点，即它可以使用方法，add()添加其他节点作为它的子节点。如果需要，一个节点可以使用 setAllowChildren(boolean b)方法来设置是否允许有子节点。两个构造方法中的参数 userObject 用来指定节点中存放的对象，节点可以调用 getUObject()方法得到节点中存放的对象。

创建若干个节点，并规定好了它们之间的父子关系后，再使用 Jtree 类的构造方法 Jtree(TreeNode root)创建根节点是 root 的树，树使用 getLastSelectedPathComponent()方法获取选中的节点。

2. 树的 TreeSelectionEvent 事件

树组件可以触发 TreeSelectionEvent 事件，树使用 addTreeSelectionListener(TreeSelectionListener

listener)方法获得一个监视器，通知树的监视器，监视器将自动调用 TreeSelectionEvent 方法创建一个监视器，通知树的监视器，监视器将自动调用 TreeSelectionListener 接口中的方法。创建监视器的类必须实现 TreeSelectionListener 接口，此接口中的方法是 public void valueChanged(TreeSelectionEvent e){}。

【示例 6.18】创建树。

```
import javax.swing.*;
import javax.swing.tree.*;
import javax.swing.event.*;
import java.net.URL;
import java.awt.*;
public class MyTree extends JPanel implements TreeSelectionListener {
    JEditorPane htmlPane;
    JTree tree;
    public MyTree() {
        //Create the nodes
        DefaultMutableTreeNode top =new DefaultMutableTreeNode("Java 程序设计");
        createNodes(top);
        //Create a tree that allows one selection at a time
        tree = new JTree(top);
        //Listen for when the selection changes
        tree.addTreeSelectionListener(this);
        //Create the scroll pane and add the tree to it
        JScrollPane treeView = new JScrollPane(tree);
        //Create the HTML viewing pane
        htmlPane = new JEditorPane();
        htmlPane.setEditable(false);
        JScrollPane htmlView = new JScrollPane(htmlPane);
        //Add the scroll panes to a split pane
        JSplitPane splitPane = new JSplitPane(JSplitPane.HORIZONTAL_SPLIT);
        splitPane.setLeftComponent(treeView);
        splitPane.setRightComponent(htmlView);
        splitPane.setPreferredSize(new Dimension(500, 300));
        //Add the split pane to this panel
        add(splitPane);
    }
    private void createNodes(DefaultMutableTreeNode top) {
        DefaultMutableTreeNode z1,z2,z3,z4,z5,z6,z7,z8,z9,z10,z11;
        z1 = new DefaultMutableTreeNode("第 1 章 Java 概述");
        top.add(z1);
        DefaultMutableTreeNode z1j1,z1j2,z1j3;
        //DefaultMutableTreeNode t11,t12,t13,t14
        z1j1 = new DefaultMutableTreeNode(new BookInfo("1.1 什么是 Java ?","z1j1.html"));
        z1.add(z1j1);
        z1j2 = new DefaultMutableTreeNode(new BookInfo("1.2 Java 语言","z1j2.html"));
        z1.add(z1j2);
        z1j3= new DefaultMutableTreeNode(new BookInfo("1.3 Java 开发平台","z1j3.html"));
        z1.add(z1j3);
        z2 = new DefaultMutableTreeNode("第 2 章 Java 语言的基础知识");
        top.add(z2);
        DefaultMutableTreeNode z2j1,z2j2,z2j3;
        //DefaultMutableTreeNode t11,t12,t13,t14
        z2j1 = new DefaultMutableTreeNode(new BookInfo("2.1Java 语言字符集和基本符号
","z2j1.html"));
```

```
        z2.add(z2j1);
        z2j2 = new DefaultMutableTreeNode(new BookInfo("2.2    数据类型和变量","z2j2.html"));
        z2.add(z2j2);
        z2j3= new DefaultMutableTreeNode(new BookInfo("2.3    运算符和表达式","z2j3.html"));
        z2.add(z2j3);
        z3 = new DefaultMutableTreeNode("第 3 章 Java 面向对象的程序设计基础");
        top.add(z3);z3.add(new DefaultMutableTreeNode(new BookInfo("3.1","z1j1.html")));
        z4 = new DefaultMutableTreeNode("第 4 章 API 中的常用基础类和工具类");
        top.add(z4);z4.add(new DefaultMutableTreeNode(new BookInfo("4.1","z1j1.html")));
        z5 = new DefaultMutableTreeNode("第 5 章 Java 的图形用户界面程序设计");
        top.add(z5);z5.add(new DefaultMutableTreeNode(new BookInfo("5.1","z1j1.html")));
        z6 = new DefaultMutableTreeNode("第 6 章 Java 的数据库应用程序设计");
        top.add(z6);z6.add(new DefaultMutableTreeNode(new BookInfo("6.1","z1j1.html")));
        z7 = new DefaultMutableTreeNode("第 7 章 Java 的 I/O 流和文件管理");
        top.add(z7);z7.add(new DefaultMutableTreeNode(new BookInfo("7.1","z1j1.html")));
        z8 = new DefaultMutableTreeNode("第 8 章 Java 的网络基础程序设计");
        top.add(z8);z8.add(new DefaultMutableTreeNode(new BookInfo("8.1","z1j1.html")));
        z9 = new DefaultMutableTreeNode("第 9 章 Java 的多线程及 Applet");
        top.add(z9);z9.add(new DefaultMutableTreeNode(new BookInfo("9.1","z1j1.html")));
        z10 = new DefaultMutableTreeNode("第 10 章 Java 程序设计综合实例");
        top.add(z10);z10.add(new  DefaultMutableTreeNode(new  BookInfo("10.1","z1j1.
html")));
        z11 = new DefaultMutableTreeNode("第 11 章 Java Servlet 与 JSP 简介");
        top.add(z11);z11.add(new DefaultMutableTreeNode(new BookInfo("11.1","z1j1.html")));

    }
    public void valueChanged(TreeSelectionEvent e){
        DefaultMutableTreeNode  node  =  (DefaultMutableTreeNode)tree.getLastSelected
PathComponent();
        if (node == null) return;
        Object nodeInfo = node.getUserObject();
        if (node.isLeaf()){
            BookInfo book = (BookInfo)nodeInfo;
            try{
            htmlPane.setPage(book.bookURL);//这里必须使用 JEditorPane
            }catch(Exception ee){System.err.println("A bad URL");}

        }
    }
    private class BookInfo{
        public String bookName;
        public URL bookURL;
        public BookInfo(String book, String filename) {
            bookName = book;
            bookURL = getClass().getResource(filename);
        }
        public String toString() {
            return bookName;
        }
    }
    public static void main(String[] args) {
        JFrame frame = new JFrame("MyTree");
        //Add content to the window
```

```
        frame.add(new MyTree());
        //Display the window
        frame.pack();
        frame.setVisible(true);
    }
}
```

3. JSplitPane 拆分窗格

窗格可以被拆分为两部分的容器。拆分窗格有两种：水平拆分和垂直拆分。水平拆分窗格用一条拆分线把容器分成左右两部分，左面放一个组件，右面放一个组件，拆分线可以水平移动。垂直拆分窗格用一条拆分线把容器分成上下两部分，上面放一个组件，下面放一个组件，拆分线可以垂直移动。JSplitPane 的构造方法 JSplitPane(int a,Component b,Component c)可以构造一个拆分窗格。参数 a 取两个静态常量 HORIZONTAL_SPLIT 或 VERTICAL_SPLIT，以决定是水平还是垂直拆分，后两个参数决定要放置的组件。拆分窗格调用 setDividerLocation(double position)设置拆分线的位置。

6.3.7 内部视窗和窗格分层

内部视窗 JInternalFrame 的使用与 JFrame 几乎一样，可以实现最大化、最小化、关闭窗口、加入菜单等功能，不同的是 JInternalFrame 不能单独出现在屏幕上，必须依附在顶层容器中。可以利用 JDesktopPane 来显示并管理众多 JInternalFrame 之间的层次关系，实现多文档界面 MDI。

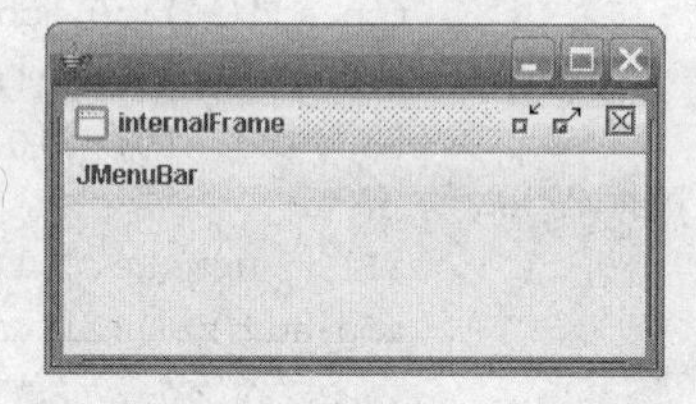

图 6.21

【示例 6.19】创建内部视窗，如图 6.21 所示。

```
import javax.swing.*;
import java.awt.*;
public class MyInternalFrame extends JFrame{
    JMenuBar frameBar;
    JInternalFrame internalFrame;
    public  MyInternalFrame(){
            frameBar=new JMenuBar();
            frameBar.add(new JMenu("JMenuBar"));
            setLayout(new BorderLayout());
            /**创建一个可关闭、可改变大小、具有标题、可最大化与最小化的 Internal Frame*/
            internalFrame= new JInternalFrame("internalFrame", true, true, true, true);
            //设置内部窗口的菜单条并显示内部窗口
            internalFrame.setJMenuBar(frameBar);
            internalFrame.setVisible(true);
            //把内部窗口添加到主窗口，设置主窗口大小并显示主窗口
            add(internalFrame);
            setVisible(true);
            setBounds(100,100,200,200);
     }
     public static void main(String[] args){
        new MyInternalFrame();
        }
}
```

1. JInternalFrame 的重要构造器

JInternalFrame(String title,boolean resizable,boolean closable)；建立一个可关闭、可更改大小、

且具有标题，但不可最大化最小化的 InternalFrame。

JInternalFrame(String title,boolean resizable,boolean closable,boolean maximizable)；建立一个可关闭、可更改大小、具有标题、可最大化，但不可最小化的 Internal Frame。

2. JLayeredPane 分层容器

如果添加到容器中的组件经常需要处理重叠问题，可以考虑将组件添加到 JLayeredPane 分层容器中。JLayeredPane 分层容器将容器分成 5 层，分层容器使用方法 Add(Jcomponent com,int layer)；添加组件 com，并指定 com 所在的层，其中参数 layer 取值为 JLayeredPane 类中的类常量：DEFAULT_LAYER、PALETTE_LAYER、MODAL_LAYER、POPUP_LAYER、DRAG_LAYER。DEFAULT_LAYER 是最低层，添加到 DEFAULT_LAYER 层的组件如果与其他层的组件发生重叠，将被其他组件遮挡。DRAG_LAYER 层是最上面的层，如果 JLayeredPane 中添加了许多组件，鼠标移动一个组件时，可以把移动的组件放到 DRAG_LAYER 层，这样组件在移动过程中，就不会被其他组件遮挡。添加到同一层上的组件如果发生重叠，先添加的会遮挡后添加的组件。

JLayeredPane 对象调用方法 public void setlayer(Component c,int layer) 可以重新设置组件 c 所在的层。

JLayeredPane 对象调用方法 public int getlayer(Component c) 可以获取组件 c 所在的层数。

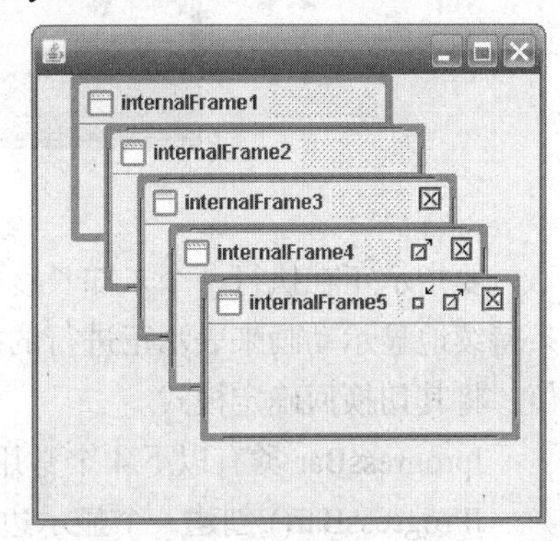

图 6.22

【示例 6.20】在 JlayeredPane 容器中添加 5 个不同的内部视窗，分别位于不同的层上，如图 6.22 所示。

```
import javax.swing.*;
import java.awt.*;
class LayeredPane extends JFrame{
        JLayeredPane pane;
        JInternalFrame f1,f2,f3,f4,f5;
       LayeredPane(){
       setBounds(100,100,320,300);
       pane=new JLayeredPane();
       f1=new JInternalFrame("internalFrame1", false, false, false, false);
       f2=new JInternalFrame("internalFrame2", true, false, false, false);
       f3=new JInternalFrame("internalFrame3", true, true, false, false);
       f4=new JInternalFrame("internalFrame4", true, true, true, false);
       f5=new JInternalFrame("internalFrame5", true, true, true, true);
       pane.setLayout(null);
       pane.add(f5,JLayeredPane.DRAG_LAYER);
       pane.add(f4,JLayeredPane.POPUP_LAYER);
       pane.add(f3,JLayeredPane.MODAL_LAYER);
       pane.add(f2,JLayeredPane.PALETTE_LAYER);
       pane.add(f1,JLayeredPane.DEFAULT_LAYER);
       f5.setBounds(100,120,200,100); f5.setVisible(true);
       f4.setBounds(80,90,200,100); f4.setVisible(true);
       f3.setBounds(60,60,200,100); f3.setVisible(true);
       f2.setBounds(40,30,200,100); f2.setVisible(true);
       f1.setBounds(20,0,200,100); f1.setVisible(true);
       add(pane,BorderLayout.CENTER);
       setVisible(true);
       }
```

```
        public static void main(String args[]){
        new LayeredPane();
    }
}
```

6.3.8 进度条

进度条 JprogressBar 类用来创建进度条组件，其能用一种颜色动态地填充以便显示某任务完成的百分比，如图 6.23 所示。

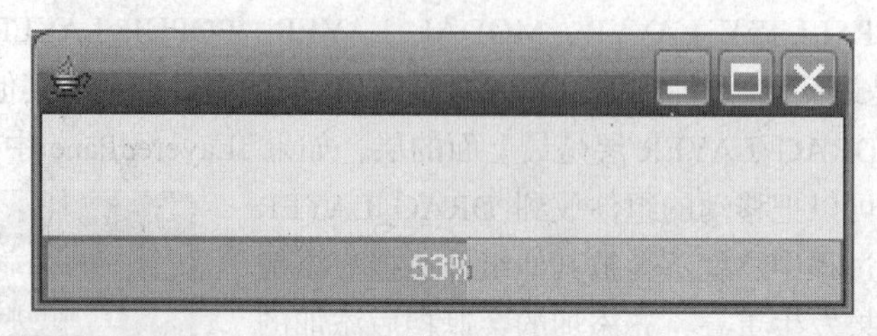

图 6.23

要指示正在执行一个未知长度的任务，可以将进度条设置为不确定模式。不确定模式的进度条持续地显示动画来表示正进行的操作。一旦可以确定任务长度和进度量，则应该更新进度条的值，将其切换回确定模式。

JprogressBar 类有以下 4 个常用的构造函数。

JProgressBar();创建一个显示边框但不带进度字符串的水平进度条。

JProgressBar(BoundedRangeModel newModel);创建使用指定的保存进度条数据模型的水平进度条。

JProgressBar(int orient);创建具有指定方向（JProgressBar.VERTICAL 或 JProgressBar.HORIZONTAL）的进度条。

JProgressBar(int min, int max);创建具有指定最小值和最大值的水平进度条。

当用构造方法 JprogressBar()创建一个水平进度条时，默认最大和最小值分别是 100 和 0。setMinimum(int min)和 setMaximum(int max)方法可改变这两个值。进度条最大值并不是进度条的长度，进度条的长度依赖于放置它的布局和本身是否使用了 setSize()方法设置大小。进度条的最大值 max 是指将进度条平均分成 max 份。如果使用 JprogressBar()方法创建了一个进度条 P_bar，那么 P_bar 默认被平均分成 100 份。当 p_ bar 根据需要调用了 setValue(int n)方法后，如 p_bar.setValue(20)，那么此时进度条的颜色条就填充了整个长条矩形的 20/100，即 20%；如果进度条的最大值被设置成 1000，那么此时进度条的颜色条就填充了整个长条矩形 20/1000，即 2%（a 的值不能超过 max）。如果进度条的最小值是 min，那么使用 setValue(int n)方法时，n 不能小于 min。

方法 JprogressBar(int min,int max)和 JprogressBar(int orient,int min,int max)可以创建进度条，并给出进度条的最大值和最小值，参数 orient 取值为 JprogressBar.HORIZONTAL 或 JprogressBar.VERTICAL，决定进度条是水平填充还是垂直填充。

方法 setStringPainted(boolean a)设置进度条是否使用百分数或字符串来表示进度条的进度情况，方法 intgetValue()可以获取进度值。

【示例 6.21】创建进度条。

```
import javax.swing.*;
import java.awt.*;
public class MyProgressBar extends JFrame{
```

```
    public MyProgressBar(){
          JProgressBar    progressBar = new JProgressBar();
          progressBar.setMaximumSize(new Dimension(110,35));
          progressBar.setBackground(Color.pink);
          progressBar.setVisible(true);
          progressBar.setStringPainted(true);
          add(progressBar,BorderLayout.SOUTH);
          setSize(300,100);
          setVisible(true);
          try{
          int i=0;
          while(i<1000){progressBar.setValue(i++);Thread.sleep(100);
          }
          }catch(InterruptedException e){System.err.print(e.toString());}
          add(progressBar,BorderLayout.SOUTH);
          setSize(400,200);
          setVisible(true);
          }
          public static void main(String args[]){
          new MyProgressBar();
      }
}
```

进度条的一种用法是读取文件时出现一个表示读取进度的进度条，如果读取文件时希望看见文件的读取进度，可以使用 javax.swing 包提供的输入流类 ProgressMonitorInputStream，它的构造方法如下：

```
    ProgressMonitorInputStream(Conmponent c,String s,InputStream);
```

该方法创建的输入流在读取文件时会弹出一个显示读取速度的进度条，进度条在参数 c 指定的组件的正前方显示，若该参数取 null，则在屏幕的正前方显示。

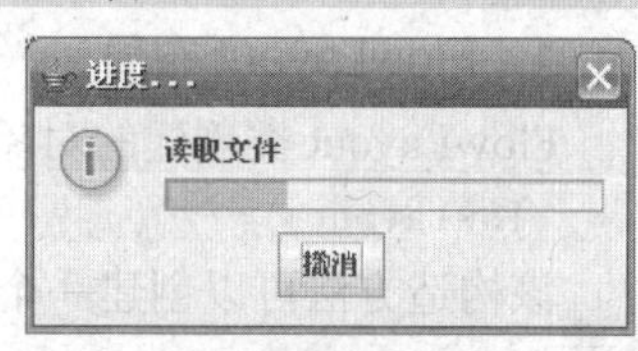

图 6.24

【示例 6.22】使用带进度条的输入流读取文件的内容，如图 6.24 所示。

```
    import javax.swing.*;
    import java.io.*;
    import java.awt.*;
    import java.awt.event.*;
    public class MyProgressMonitor{
           public static void main(String args[]){
           JFrame f=new JFrame();
           FileInputStream input;
           ProgressMonitorInputStream in;
           ProgressMonitor p;
           byte b[]=new byte[1];
           String s;
           JTextArea text=new JTextArea(20,20);
           f.add(text,BorderLayout.CENTER);
           f.setSize(400,200);
           f.setVisible(true);
           try{
                input=new FileInputStream("MyProgressMonitor.java");
                in=new ProgressMonitorInputStream(f,"读取文件",input);
                p=in.getProgressMonitor();//获得进度条
                while(in.read(b)!=-1){
```

```
                s=new String(b);
                text.append(s);
                Thread.sleep(100);//为了看清进度条,延缓 0.1 秒
            }
        }
        catch(InterruptedException e){}
        catch(IOException e){}
    }
}
```

6.4 布局管理类

加入容器中的组件按照一定的顺序和规则放置，使之看起来合理和美观，这就是布局。

Java 中的布局类包括 FlowLayout（流式布局）、BorderLayout（边界布局）、GridLayout（网格布局）、GridBagLayout（网格包布局）和 CardLayout（卡片布局）。

每个布局管理类都有自己特定的用途。要按行和列显示几个同样大小的组件，GridLayout 会比较合适，要在尽可能大的空间里显示一个组件，就要选择 BorderLayout 或 GridBagLayout。每个容器都有一个与它相关的缺省的布局管理器。

定义视窗的大小，如果是在构造函数中使用 super.setBounds(0,0,400,300);来实现，则在主函数中，只需要使用 f.show() 或者 f.setVisible(true);

当把组件添加到容器中时希望控制组件在容器中的位置，这就需要学习布局设计的知识。

1. FlowLayout 布局

FlowLayout 类创建的对象称为 FlowLyout 布局。FlowLayout 类的一个常用构造方法如下：

```
FlowLayout();
```

该构造方法可以创建一个居中对齐的布局对象。例如：

```
FlowLayout flow=new FlowLayout();
```

如果一个容器 con 使用这个布局对象：

```
con.setLayout(flow)
```

那么 con 可以使用 Container 类提供的 add()方法将组件顺序地添加到容器中。组件按照加入的先后顺序从左向右排列，一行排满之后就转到下一行继续从左右排列，每一行中的组件都居中排列。

FlowLayout 布局对象调用 setAlignment(int aligin)方法可以重新设置布局的对齐方式，其中 aligin 可以取值 FlowLayout.LEFT、FlowLayout.CENTER 或 FlowLayout.RIGHT。

FlowLayout 布局对象调用 setHgap(int hgap)方法和 setVgap(int vgap)方法可以重新设置布局的水平间隙。

对于添加到使用 FlowLayout.布局的容器中的组件，组件调用 setSIze(int x,int y)设置的大小无效，如果需要改变最佳大小，组件需调用 Public void setPreferredSize(DimensionpreferredSize)设置大小。例如：

```
Button.setPreferredSize(new Dimension(20,20));
```

【示例 6.23】视窗使用 FlowLayout 布局放置 10 个组件。

```
import java.awt.*;
import javax.swing.*;
class WindowFlow extends JFrame{
```

```
    JButton b[];
    WindowFlow(String s){
      setTitle(s);
      b=new JButton[10];
      FlowLayout flow=new FlowLayout();
      flow.setAlignment(FlowLayout.LEFT);
      flow.setHgap(2);
      flow.setVgap(8);
      setLayout(flow);
      for(int i=0;i<b.length;i++){
        b[i]=new JButton(""+i);
        add(b[i]);
        if(i==b.length-1)
        b[i].setPreferredSize(new Dimension(80,40));
      }
      setBounds(100,100,200,160);
      setVisible(true);
    }
    public static void main(String args[]){
       new WindowFlow("FlowLayout 布局窗口");
    }
}
```

2. BorderLayout 布局

BorderLayout 布局是视窗容器的默认布局，JFrame、JDialog 的内容面板的默认布局都是 BorderLayout 布局。BorderLayout 也是一种简单的布局策略，如果一个容器使用这种布局，那么容器空间简单地划分为东、西、南、北、中五个区域，中间的区域最大。每加入一个组件都应该指明把这个组件添加在哪个区域中，区域由 BorderLayout 中的静态常量 CENTER、NORTH、SOUTH、WEST、EAST 表示。例如，一个使用 BorderLayout 布局的容器 con，可以使用 ADD() 方法将一个组件 b 添加到中心区域：

```
Conadd(b,BorderLayout.CENTER); 或 Conadd(BorderLayout.CENTER,b);
```

添加到某个区域的组件将占据整个这个区域。每个区域只能放置一个组件，如果向某个已放置了组件的区域再放置一个组件，那么先前的组件将被后者替换。使用 BorderLayout 布局的容器最多能添加 5 个组件，若容器中需要添加的组件超过 5 个，就必须使用容器的嵌套或改用其他布局策略。

【示例 6.24】使用 Borderlayout 布局。

```
import javax.swing.*;
import java.awt.*;
public class MyBorderlayout{
      public static void main(String args[]){
      JFrame win=new JFrame("MyBorderlayout");
      JButton bSouth=new JButton("南"),
      JButton bNorth=new JButton("北"),
      JButton bEast =new JButton("东"),
      JButton bWest =new JButton("西");
      JTextArea bCenter=new JTextArea("中心");
      win.add(bNorth,BorderLayout.NORTH);
      win.add(bSouth,BorderLayout.SOUTH);
      win.add(bEast,BorderLayout.EAST);
      win.add(bWest,BorderLayout.WEST);
```

```
        win.add(bCenter,BorderLayout.CENTER);
        win.setBounds(100,100,300,300);
        win.setVisible(true);
        }
    }
```

3. CardLayout 布局

使用 CardLayout 容器可以容纳多个组件，但是实际上同一时刻容器只能从这些组件中选出一个来显示，就像一叠“扑克牌”每次只能显示最上面的一张一样，这个被显示的组件将占据所有的容器空间。

JTabbedPane 创建的对象是一个轻容器，称为选项卡窗格。JTabbedPane 窗格的默认布局是 CardLayout 布局，并且自带一些选项卡（不需要用户添加），这些选项卡与用户添加到 JTabbedPane 窗格中的组件相对应，也就是说，当用户向 JTabbedPane 窗格添加一个组件时，JTabbedPane 窗格就会自动指定给该组件一个选项卡，单击该选项卡，JTabbedPane 窗格将显示对应的组件。选项卡窗格自带的选项卡默认在该选项卡窗格的顶部，从左向右依次排列，选项卡的顺序和所对应的组件的顺序相同。

JTabbedPane 窗格可以使用 Add(String text,Component c);方法将组件 c 添加到 JTabbedPane 窗格中，并指定和组件 c 对应的选项卡的文本提示是 text。创建的选项卡窗格的选项卡的位置由参数 tabPlacement 指定，该参数的有效值为 JTabbedPane.TOP、JTtabbedPane.BOTTOM、JTabbedPane.LEFT 和 JTabbedPane.RIGHT。

【示例 6.25】创建选项卡窗格，添加 5 个带图片的标签，如图 6.25 所示。

```
import javax.swing.*;
import java.awt.*;
class MyCardLayout extends JFrame{
    JTabbedPane p;
    Icon icon[];
    String[] petName = {"Bird", "Cat", "Dog", "Rabbit", "Pig"};
    MyCardLayout(){
        icon=new Icon[petName.length];
        for(int i=0;i<icon.length;i++) icon[i]=new ImageIcon("images/"+petName[i]+".gif");
        p=new JTabbedPane(JTabbedPane.NORTH);
        for(int  i=0;i<icon.length;i++)  p.add(" 观 看  "+petName[i]+"  图 片 ",new
JLabel(icon[i]));
        add(p,BorderLayout.CENTER);
        setBounds(100,100,550,300);
        setVisible(true);
        }
       public static void main(String args[]){
        new MyCardLayout();
    }
}
```

4. GridLayout 布局

GridLayout 是使用较多的布局编辑器，其基本布局策略是把容器划分成若干行若干列的网络区域，组件就位于这些划分出来的小格中。GridLayout 比较灵活，划分多少网络由程序自由控制。而且组件定位也比较精确。使用 GridLayout 布局编辑器的一般步骤如下。

（1）使用 GridLayout 的构造方法 GridLayout(int m.iny n)创建一个布局对象，指定划分网格的行数 *m* 和列数 *n*。GridLayout grid=new GridLayout(m,n);其中 *m* 和 *n* 是给定整数。

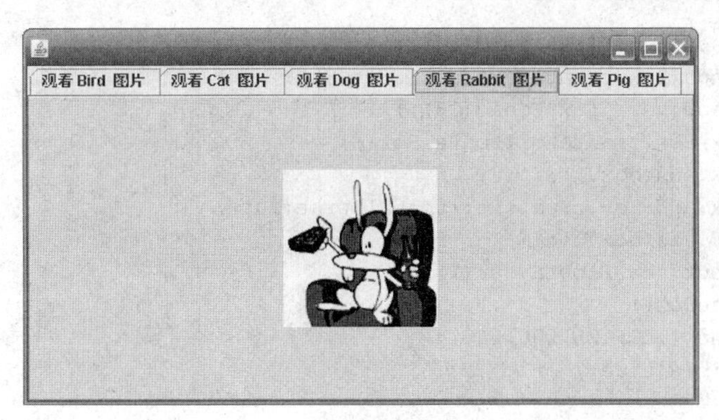

图 6.25

（2）使用 GridLayout 布局的容器最多可添加 $m \times n$ 个组件。GridLayout 布局中每个网格都是相同大小，并且强制组件与网格的大小相同。

由于 GridLayout 布局中每个网格都是相同大小并且强制组件与网格的大小相同，因此容器中的每个组件也都是相同的大小，显得很不自然。为了克服这个缺点，可以使用容器嵌套。例如，一个容器使用 GridLayout 布局，将容器分为三行一列的网络，那么可以把另一个容器添加到某个网格中，而添加的这个容器又可以设置为 GridLayout 布局、FlowLayout 布局、CarderLayout 布局或 BorderLayout 布局等。利用这种嵌套方法，可以设计出符合一定需要的布局。

5. BoxLayout 布局

用 BoxLayout 类可以创建一个布局对象，称为盒式布局，在 BoxLayout java.swing.border 包中。Java swing 包提供了 Box 类，该类也是 Container 类的一个子类，创建的容器称为盒式容器。盒式容器的默认布局是盒式布局，而且不允许更改盒式容器的布局。因此，在策划程序的布局时可以利用容器的嵌套，将某个容器嵌入几个盒式容器，达到布局目的。

使用盒式布局的容器将组件排列在一行或一列，这取决于创建盒式布局对象时，是否指定了是行排列还是列排列。BoxLayout 的构造方法原型为 BoxLayout(Container con,int axis)。

Box 类调用 static 方法 createHorizontalStrut(int width)可以得到一个不可见的水平 Struct 类型对象，称为水平支撑。该水平支撑的高度为 0，宽度是 width。

Box 类调用 static 方法 createVerticalBox(int height)可以得到一个不可见的垂直 Struct 类型对象，称为垂直支撑。参数 height 决定垂直支撑的高度，垂直支撑的宽度为 0。

一个行型盒式布局的容器，可以通过在添加的组件之间插入垂直支撑来控制组件之间的距离。

【示例 6.26】创建盒式布局。

```
import javax.swing.border.*;
class MyBox extends JFrame{
   Box baseBox,boxV1,boxV2;
   MyBox(){
      boxV1=Box.createVerticalBox();
      boxV1.add(new JLabel("输入您的姓名"));
      boxV1.add(Box.createVerticalStrut(8));
      boxV1.add(new JLabel("输入您的 email"));
      boxV1.add(Box.createVerticalStrut(8));
      boxV1.add(new JLabel("输入您的职业"));
      boxV2=Box.createVerticalBox();
      boxV2.add(new JTextField(16));
      boxV2.add(Box.createVerticalStrut(8));
```

```
        boxV2.add(new JTextField(16));
        boxV2.add(Box.createVerticalStrut(8));
        boxV2.add(new JTextField(16));
        baseBox=Box.createHorizontalBox();
        baseBox.add(boxV1);
        baseBox.add(Box.createHorizontalStrut(10));
        baseBox.add(boxV2);
        setLayout(new FlowLayout());
        add(baseBox);
        setBounds(120,125,200,200);
        setVisible(true);
       }
      public static void main(String args[]){
        new MyBox();
    }
  }
```

本示例中有两个列型盒式容器 boxV1、boxV2 和一个行型盒式容器 baseBox。在列型盒式容器的组件之间添加垂直支撑，控制组件之间的距离，将 boX1、boX2 添加到 baseBox 中，并在它们之间添加水平支撑。

6.5 事 件 处 理

事件是由一个对象发出而由其他对象做出响应的消息，事件处理是实现用户与程序交互的主要方式。

事件处理的实质是当用户用鼠标或快捷键单击一个组件（如按钮）时，会有另一个对象（如视窗）的一个方法被调用，这个过程是如何实现的呢？

例如，当一个按钮对象(称之为 A)被单击了，会有另一个对象(称之为 B)的方法被调用，问题是 B 怎么会知道 A 什么时候被单击了呢？答案是由 A 来通知 B，所以 B 就需要事先到 A 那里注册一下，B 中有一个方法等待 A 来调用。另外当 A 被单击时，它可能不止需要 B 来响应，还需要对象 C、D……来响应，同样的道理 C、D……也需要到 A 处来注册一下。A 中会维护一个注册表，通过遍历注册表，可以找到所有在 A 注册过的对象。当 A 被单击时，它会调用每一个在它那里注册过的对象的一个方法。另外，B 可能不止在一个按钮 A 中注册过，它可能还在按钮 A1、A2……中也注册过，任何一个按钮被单击时，都会引发 B 的响应，所以 B 需要知道是哪一个按钮让它响应的，因此 B 中需要有一个方法来获取让它响应的按钮对象。

6.5.1 事件处理机制

如果单击一个组件，这个组件能够调用另一个对象的方法，则称这个组件为事件源，称另一个对象为事件响应者。

用来创建事件源的类称为事件源类，用来创建事件响应者的类称为事件响应类，事件源类与为事件响应类可以彼此独立定义，事件源不知道事件响应者要做什么，事件响应者也不知道事件是如何发生的，为了双方能够相互协作，需要用一个事件处理接口和一个事件类。

事件源类规定事件处理接口的名称和事件处理接口中的方法。

事件源类需要用事件类创建一个事件对象，事件类中有一个保存事件源的变量和一个获取事件源的方法。

事件源类规定事件响应者必须是事件处理接口类型，提供一个事件响应者的注册表和注册方法，当事件源被单击时，事件源会调用已注册的事件响应者实现的接口方法，并创建一个事件对象传递给这个方法。

事件响应者类必须实现事件处理接口和定义接口中方法的方法体，在定义这个方法体时，可以使用事件源传递类的事件对象，利用事件对象获取事件源的方法就可以判断是哪个事件源被单击了。

在示例 6.27 中，MyComponent 类是用来创建事件源的，其中定义了注册方法 addMyListener()和触发事件方法 activateEvent()，在 activateEvent()方法中用事件类 MyEvent 创建一个事件对象 e，事件对象 e 有一个获取事件源对象的方法 getSource()。MyEventTest 类、MyEventTest2 类和 MyEventTest3 类都是用来创建事件响应对象的，在这些类中实现了接口 MyListener 的 eventPerformed()方法，并分别用 MyComponent 类创建事件源对象，事件源对象调用 addMyListener()方法注册事件响应对象，事件源对象调用 activateEvent()方法触发事件并通过接口 MyListener 调用事件响应对象中的 eventPerformed()方法，eventPerformed()方法是在事件响应对象类中实现的，在 eventPerformed()方法中利用事件对象 e 的 getSource()，可以获知是哪一个事件源对象触发的事件，事件发生后，如何进行处理由事件响应对象决定。

【示例 6.27】 事件处理机制。

```
import java.util.Vector;
import javax.swing.*;
class MyEvent{ //1.定义一个事件类用来管理事件源
      Object eventSource;
      public MyEvent(Object eventSource){
      this.eventSource=eventSource;
      }
      //定义一个方法用于获取事件源
      public Object getSource(){return this.eventSource;}
}
interface MyListener{ //2.定义一个接口用来规定响应者类型，响应者类必须实现该接口
public void  eventPerformed(MyEvent e);
}
class MyComponent{ //3.定义一个事件源类，用来注册响应者和调用响应者的 eventPerformed()方法
              private Vector saveEvent=new Vector();
              public  void addMyListener(MyListener obj){
              saveEvent.add(obj);
              }
              public void activateEvent(){ //定义一个方法用于触发事件
              JOptionPane.showMessageDialog(null,"触发事件");
                  MyEvent e=new MyEvent(this);
                  MyListener listener;
                  for(int i=0;i<saveEvent.size();i++){
                  listener=(MyListener)saveEvent.get(i);
                  listener.eventPerformed(e); //调用响应者的 eventPerformed()方法
                  }
          }
```

```
    }
    public class MyEventTest implements MyListener{ //4.定义一个响应事件的类,用来测试事件处理机制
        String MyName;
        int k=0;
        MyComponent com1;
        MyEventTest(){
          com1=new MyComponent();
          //注册该事件
          com1.addMyListener(this); //MyEventTest 注册在 com1
          com1.addMyListener(new MyEventTest2());//MyEventTest2 注册在 com1
          //触发该事件
          com1.activateEvent();//MyEventTest2 第 2 次响应事件,MyEventTest 第 1 次响应事件
          }
          public void  eventPerformed(MyEvent e){
           System.out.println("-----------MyEventTest 第"+(++k)+"次响应事件---------------");
           //响应 com1 触发的事件，打开 MyTextArea
           if(e.getSource()==com1){MyName="MyEventTestcom1";System.out.println(" 事 件源："+MyName);
          }
      }
      public static void main(String[] args){
         new MyEventTest();
       }
    }
    class MyEventTest2 implements MyListener{ //5.再定义一个响应事件的类,用来测试事件处理机制
        String MyName;
        int k=0;
        MyComponent com1,com2;
        MyEventTest2(){
          com1=new MyComponent();
          com2=new MyComponent();
          //注册该事件
          com1.addMyListener(this); //MyEventTest2 注册在 com1
          com2.addMyListener(new MyEventTest3());//MyEventTest3 注册在 com2
          //触发该事件
          com1.activateEvent();//MyEventTest2 第 1 次响应事件
          com2.activateEvent();//MyEventTest3 第 1 次响应事件
      }
      public void  eventPerformed(MyEvent e){
      //响应不同的触发事件，MyName 设置不同的值
      System.out.println("-----------MyEventTest2 第"+(++k)+"次响应事件---------------");
      MyComponent com=(MyComponent)e.getSource();
      if(e.getSource()==com)  {MyName="MyEventTestcom1";System.out.println(" 事 件 源 ："+MyName);}
       if(e.getSource()==com1){MyName="MyEventTest2com1";System.out.println("事件源："+MyName);}
      }
    }
```

```
class MyEventTest3 implements MyListener{
        String MyName;
        int k=0;
        MyEventTest3(){
        MyName="MyEventTest2com2";
        }
        public void  eventPerformed(MyEvent e){
        //响应不同的触发事件，MyName 设置不同的值
        System.out.println("-----------MyEventTest3 第"+(++k)+"次响应事件---------------");
        MyComponent com=(MyComponent)e.getSource();
         if(e.getSource()==com){System.out.println("事件源："+MyName);}
        }
}
```

JavaAPI 中的多数组件都是事件源，JavaAPI 中提供了各种事件类和事件处理接口，是 Java 事件编程的基础。

Java 事件编程的基本步骤如下。

（1）实现 JavaAPI 中提供的事件处理接口。

（2）用事件源对象的注册方法，注册事件响应对象。

（3）实现事件处理接口中规定的方法。

6.5.2　API 中的事件类

Java.awt.event 包中提供了大量用于事件处理的类，此包定义了事件和事件侦听器，以及事件侦听器适配器，它是让事件侦听器的编写过程更为轻松的便捷类。其中 EventObject 类是所有事件类的父类，EventObject 类的重要的方法是 getSource()，返回事件源对象。Java 事件处理的类分为两种：动作事件类和组件事件类。

1. 动作事件类

动作事件类共有以下 4 个，都是由用户操作动作而产生的事件。

ActionEvent：单击组件（如按钮）时发生的事件，事件被传递给 ActionListener 对象，这些对象是使用组件的 addActionListener 方法注册的，用以接收这类事件。

ItemEvent：组件（多选按钮）中含有选项，当选项被选中时发生的事件，事件被传递给 ItemListener 对象，这些对象是使用组件的 addItemListener 方法注册的，用以接收这类事件。

TextEvent：当组件（如文本区）的文本改变时发生的事件，事件被传递给 TextListener 对象，这些对象是使用组件的 addTextListener 方法注册的，用以接收这类事件。

AdjustmentEvent：调节可调整组件（如移动滚动条）时发生的事件，事件被传递给 AdjustmentListener 对象，这些对象是使用组件的 addAdjustmentListener 方法注册的，用以接收这类事件。

2. 组件事件类

组件事件类共有以下 7 个，都是组件的状态发生变化时产生的事件。

KeyEvent：当按下、释放或键入某个键时，由组件对象生成一个事件，该事件被传递给每一个 KeyListener 或 KeyAdapter 对象，这些对象使用组件的 addKeyListener 方法注册，以接收此类事件。

MouseEvent：当鼠标光标处于组件上并发生了鼠标动作时，由组件对象生成一个事件，该事

件被传递给每一个 MouseListener 或 MouseAdapter 对象，这些对象使用组件的 addMouseListener 或 addMouseAdapter 方法注册，以接收此类事件，此类事件既可用于鼠标事件（单击、进入、离开），又可用于鼠标移动事件（移动和拖动）。

PaintEvent：绘制组件时发生的事件，此事件是一个特殊事件类型，用于确保 paint/update 方法的调用连同从事件队列传递过来的其他事件一起序列化。此事件并非专用于事件侦听器模型；程序应该连续重写 paint/update 方法以便正确呈现自身。

WindowEvent：当视窗被打开、关闭、激活、停用、图标化或取消图标、焦点转移到视窗内或移出视窗时，由视窗对象生成此事件，该事件被传递给 WindowListener 或 WindowAdapter 对象，这些对象使用组件的 addWindowListener 方法注册，以接收此类事件。

ComponentEvent：当组件被移动、大小被更改或可见性被更改时发生的事件，事件被传递给 ComponentListener 对象，这些对象是使用组件的 addComponentListener 方法注册的，用以接收这类事件。

ContainerEvent：向容器添加或删除组件时发生的事件，事件被传递给 ContainerListener 对象，这些对象是使用组件的 addContainerListener 方法注册的，用以接收这类事件。当发生该事件时，所有这类侦听器对象都获得此 ContainerEvent。

InputEvent：由某输入设备产生的事件，是所有组件级别输入事件的根事件类。

6.5.3 事件监听器接口

1. ActionListener 接口

用于接收操作动作事件的侦听器接口。对处理操作事件感兴趣的类可以实现此接口，使用该类创建的对象可使用事件组件的 addActionListener(ActionListeneral) 方法向事件组件注册。在发生操作事件时，调用该类对象的 actionPerformed (ActionEvente)方法。

2. AdjustmentListener 接口

用于接收调整事件的侦听器接口。对处理调整事件感兴趣的类可以实现此接口，使用该类创建的对象可使用事件组件的 addAdjustmentListener(AdjustmentListeneral)方法向事件组件注册。在发生调整事件时，调用该类对象的 adjustmentValueChanged(AdjustmentEvente)方法。

3. ComponentListener 接口

用于接收组件事件的侦听器接口。对处理组件事件感兴趣的类要么实现此接口（以及它包含的所有方法），要么扩展抽象 ComponentAdapter 类（只重写感兴趣的方法）。然后，根据该类创建的侦听器对象使用组件的 addComponentListener 方法向该组件注册。当组件的大小、位置或可见性发生更改时，可调用侦听器对象中的相关方法，并将 ComponentEvent 传递给它。

4. ContainerListener 接口

用于接收容器事件的侦听器接口。对处理容器事件感兴趣的类要么实现此接口（以及它包含的所有方法），要么扩展抽象 ContainerAdapter 类（只重写感兴趣的方法）。然后，根据该类创建的侦听器对象使用组件的 addContainerListener 方法向该组件注册。当容器的内容因为添加和移除组件而更改时，可调用侦听器对象中的相关方法，并将 ContainerEvent 传递给它。

5. ItemListener 接口

用于接收项事件的侦听器接口。适于处理项事件的类可以实现此接口。然后，使用组件的 addItemListener 方法向该组件注册由此类创建的对象。选定项事件发生时，调用侦听器对象的 itemStateChanged 方法。

6. KeyListener 接

用于接收键盘事件（击键）的侦听器接口。旨在处理键盘事件的类要么实现此接口（及其包含的所有方法），要么扩展抽象 KeyAdapter 类（仅重写有用的方法）。使用组件的 addKeyListener 方法将从该类创建的侦听器对象向该组件注册。按下、释放或键入键时生成键盘事件，然后调用侦听器对象中的相关方法并将该 KeyEvent 传递给它。

7. MouseListener 接口

用于接收组件上“感兴趣”的鼠标事件（按下、释放、单击、进入或离开）的侦听器接口（要跟踪鼠标移动和鼠标拖动，请使用 MouseMotionListener）。旨在处理鼠标事件的类要么实现此接口（及其包含的所有方法），要么扩展抽象类 MouseAdapter（仅重写所需的方法）。然后使用组件的 addMouseListener 方法将从该类创建的侦听器对象向该组件注册。当按下、释放或单击（按下并释放）鼠标时会生成鼠标事件。鼠标光标进入或离开组件时也会生成鼠标事件。发生鼠标事件时，将调用该侦听器对象中的相应方法，并将 MouseEvent 传递给该方法。

8. MouseMotionListener 接口

用于接收组件上的鼠标移动事件的侦听器接口（对于单击和其他鼠标事件，请使用 MouseListener）。旨在处理鼠标移动事件的类要么实现此接口（及其包含的所有方法），要么扩展抽象 MouseMotionAdapter 类（仅重写有用的方法）。然后使用组件的 addMouseMotionListener 方法将从该类创建的侦听器对象向该组件注册。移动或拖动鼠标时会生成鼠标移动事件（将生成很多此类事件）。发生鼠标移动事件时，将调用该侦听器对象中的相应方法，并将 MouseEvent 传递给该方法。

9. MouseWheelListener 接口

用于接收组件上的鼠标滚轮事件的侦听器接口（对于单击和其他鼠标事件，请使用 MouseListener。对于鼠标移动和拖动，请使用 MouseMotionListener）。旨在处理鼠标滚轮事件的类实现此接口（及其包含的所有方法）。然后使用组件的 addMouseWheelListener 方法将从该类所创建的侦听器对象向该组件注册。旋转鼠标滚轮时生成鼠标滚轮事件。发生鼠标滚轮事件时，将调用对象的 mouseWheelMoved 方法。

10. WindowListener 接口

用于接收窗口事件的侦听器接口。旨在处理窗口事件的类要么实现此接口（及其包含的所有方法），要么扩展抽象类 WindowAdapter（仅重写所需的方法）。然后使用窗口的 addWindowListener 方法将从该类创建的侦听器对象向该 Window 注册。当通过打开、关闭、激活或停用、图标化或取消图标化而改变了窗口状态时，将调用该侦听器对象中的相关方法，并将 WindowEvent 传递给该方法。

11. 事件适配器

为简化编程，JDK 针对大多数事件监听器接口定义了相应的实现类，我们称之为事件适配器（Adapter）类。在适配器类中，实现了相应监听器接口的所有方法，但不做任何事情，即这些 Adapter 类中的方法都是空的。只要继承适配器类，就等于实现了相应的监听器接口。这样仅需重写用户感兴趣的相应函数体代码即可。事件适配器包括下面叙述的三个抽象类适配器:

（1）MouseAdapter 是实现了 MouseListener 接口的抽象适配器类。

使用继承 MouseAdapter 的类可以创建侦听器对象，然后使用组件的 addMouseListener 方法向该组件注册此侦听器对象。当按下、释放或单击（按下后释放）鼠标按键时，或者当鼠标光标进入或离开组件时，则调用侦听器对象中的相关方法，并将 MouseEvent 传递给该方法。

（2）MouseMotionAdapter 是实现了 MouseMotionListener 接口的抽象适配器类。

使用继承 MouseMotionAdapter 的类可创建 MouseEvent 侦听器并重写所需事件的方法，然后使用组件的 addMouseMotionListener 方法向该组件注册此侦听器对象。移动或拖动鼠标时，将调用该侦听器对象中的相应方法，并将 MouseEvent 传递给该方法。

（3）WindowAdapter 是实现了 WindowListener、WindowStateListener、WindowFocusListener 接口的抽象适配器类。

使用继承 WindowAdapter 的类可以创建侦听器对象，然后使用窗口的 addWindowListener 方法向该窗口注册侦听器。当通过打开、关闭、激活或停用、图标化或取消图标化而改变了窗口状态时，将调用该侦听器对象中的相关方法，并将 WindowEvent 传递给该方法。

6.5.4 常见事件处理

1. 鼠标事件

组件是可以触发鼠标事件的事件源，怎样才能导致组件触发鼠标事件呢？ 鼠标事件的类型是 MouseEvent，即组件触发事件时，组件用 MouseEvent 类创建一个事件对象，可以使用 MouseListener 接口和 MouseMotionListener 接口来处理鼠标事件。

MouseListener 接口负责处理下列 5 种鼠标事件。

- 鼠标指针从组件之外进入。
- 鼠标指针从组件内退出。
- 鼠标指针停留在组件上面时，按下鼠标。
- 鼠标指针停留在组件上面时，释放鼠标。
- 鼠标指针停留在组件上面时，单击或连续单击鼠标。

对象用 addMouseListener (MouseListener listener)方法注册到事件源，事件发生时，事件源调用对象的下列方法进行响应，这些方法是 MouseListener 接口规定的方法，对象所属的类必须实现这些方法。

- mousePressed(MouseEvent);　　负责处理鼠标按下触发的鼠标事件。
- mouseReleased(MouseEvent e);负责处理鼠标释放触发的鼠标事件。
- mouseEntered(MouseEvent e); 负责处理鼠标进入组件释放触发的鼠标事件。
- mouseExited(MouseEvent e);　负责处理鼠标退出组件触发的鼠标事件。
- mouseClicked(MouseEvent e; 负责处理鼠标单击或连击触发的鼠标事件。

MouseMotionListener 接口负责处理下列 2 种鼠标事件。

- 在组件上拖动鼠标指针。
- 在组件上移动鼠标指针。

对象用 addMouseMotionListener(MouseMotionListener listener)方法注册到事件源，事件发生时，事件源调用对象的下列方法进行响应，这些方法是 MouseMotionListener 接口规定的方法，对象所属的类必须实现这些方法。

- moiseDragged(MouseEvent e);负责处理鼠标拖动事件。
- mouseMoved(MouseEvent e);负责处理鼠标移动事件。

由于处理鼠标事件接口的方法多于一个，故可以用相应的适配器 MouseAdapter 类和 MouseMotionAdapter 类分别取代 MotionListener 接口和 MouseMotionListener 接口。

在处理鼠标事件时，程序经常关心鼠标在当前组件坐标系中的位置，以及触发鼠标事件使用的是鼠标的左键还是右键等信息。MouseEvent 类中有下列几个重要的方法获取这些信息。

- getX();返回触发当前鼠标事件时，鼠标指针在事件源坐标系中的 x 坐标。
- getY();返回触发当前鼠标事件时，鼠标指针在事件源坐标系中的 y 坐标。

用鼠标拖动容器中的组件时，可以先获取鼠标指针在组件坐标系中的坐标 x 和 y，以及组件的左上角在容器坐标系中的坐标 a 和 b。

【示例 6.28】处理鼠标事件。

```
import java.awt.*;
import java.awt.event.*;
import javax.swing.*;
class MouseOn extends JDialog implements MouseListener{
     JTextField text;
     MouseOn(){
             setBounds(0,0,200,200);
             text=new JTextField(20);
             text.setEditable(false);
             add("North",text);
             addMouseListener(this);
             getContentPane().setBackground(Color.white);
             setVisible(true);
     }
     public void mousePressed(MouseEvent e){text.setText("mousePressed:"+e.getX()+",
"+e.getY());}
     public void mouseReleased(MouseEvent e){text.setText("mouseReleased:"+e.getX()+",
"+e.getY());}
     public void mouseClicked(MouseEvent e){text.setText("mouseClicked:"+e.getX()+",
"+e.getY());}
     public void mouseEntered(MouseEvent e){text.setText("mouseEntered:"+e.getX()+",
"+e.getY());}
     public void mouseExited(MouseEvent e) {text.setText("mouseExited:"+e.getX()+",
"+e.getY());}
}
class MouseMove extends JDialog implements MouseMotionListener{
     JButton button;int x,y;
     Color c;
     MouseMove(){
             setBounds(200,200,200,200);
             button=new JButton();
             add("South",button);
             button.setBounds(20,20,70,20);
             getContentPane().setBackground(Color.white);
             addMouseMotionListener(this);
             setVisible(true);
             }
     public void mouseMoved(MouseEvent e){
     button.setText("mouseMoved");
     c=Color.green;x=(int)e.getX();y=(int)e.getY();repaint();
     }
     public void mouseDragged(MouseEvent e){
     button.setText("mouseDragged");
     c=Color.red;x=(int)e.getX();y=(int)e.getY();repaint();
     }
     public void paint(Graphics g)
```

```
        {g.setColor(c);g.drawLine(x,y,x+1,y+1);}
        public void update(Graphics g){paint(g);}
    }

    class MouseWheel extends JDialog implements MouseWheelListener {
        JTextArea textArea;JScrollPane scrollPane;
        MouseWheel(){
        textArea = new JTextArea();
        scrollPane = new JScrollPane(textArea);
       add("Center",scrollPane);
       setBounds(400,200,200,200);
       setVisible(true);
       }
        public void mouseWheelMoved(MouseWheelEvent e) {
          int notches = e.getWheelRotation();
          if (notches < 0) {
          textArea.setText("Mouse wheel moved UP \n");
          } else {
             textArea.setText("Mouse wheel moved DOWN  \n");

          }
          if (e.getScrollType() == MouseWheelEvent.WHEEL_UNIT_SCROLL) {
          textArea.setText(" Scroll type: WHEEL_UNIT_SCROLL\n");
          } else { //scroll type == MouseWheelEvent.WHEEL_BLOCK_SCROLL
          textArea.setText("Scroll type: WHEEL_BLOCK_SCROLL \n");
          }
        }
    }
    class MyMouse{
        public static void main(String args[]){
        new MouseMove();
        new MouseOn();
        new MouseWheel();
         }
    }
```

2. 键盘事件

当一个组件处于激活状态时，组件可以称为触发 KeyEvent 事件的事件源。当某个组件处于激活状态时，组件可以成为触发 KeyEvent 事件,使用 KeyListener 接口处理键盘事件。

组件使用 addKeyListener()方法获得监视器。监视器是一个对象，创建该对象的类必须实现接口 KeyLIstener。接口 KeyLIstener 有 3 个方法：public void KeyPressed(KeyEvent e)、public void keyTyped(Event e)和 public void KeyReleased(KeyEvent e)。

当按下键盘上某个键时监视器就会发现，然后方法 keyPressed()就会自动执行，并且 KeyEvent 类自动创建一个对象传递给方法 keyPressed()中的参数 e。方法 keyTyped()是 Pressedkey()和 keyPeleased()方法的组合。当键被按下又释放时，keyTyped()方法被调用。

用 KeyEvent 类的 public int getKeyCode()方法可以判断哪个键被按下、敲击或释放，getKeyCode()方法返回一个键码值（如表 6-1 所示），KeyEvent 类的 public char getKeyChar()判断哪个键被按下、敲击或释放，getKeyChar() 方法返回键的字符。

表 6-1　　　　　　　　　　　　　　键码表

键码	键	键码	键
VK_F1-VK_F12	功能键 F1～F12	VK_SEMICOLON	分号
VK_LEFT	向左箭头	VK_PERIOD	.
VK_RIGHT	向右箭头	VK_SLASH	\
VK_UP	向上箭头	VK_BACK_SLASH	/
VK_DOWN	向下箭头	VK_0～VK_9	0～9
VK_KP_UP	小键盘的向上箭头	VK_A～VK_Z	A～z
VK_KP_DOWN	小键盘的向下键盘	VK_OPEN_BRACKET	[
VK_KP_LEFT	小键盘的向左箭头	VK_CLOSE_BRACKET	]
VK_KP_RIGHT	小键盘的向右箭头	VK_UNMPAD0～ VK_UMPAD9	小小键盘上的 0～9
VK_END	END	VK_QUOTE	单引号‘
VK_HOME	HOME	VK_BACK_QUOTE	单引号’
VK_PAGE_DOWN	先后翻页	VK_ALT	Alt
VK_ PAGE_UP	向前翻页	VK_CONTROL	Ctrl
VK_PRINTSCREEN	打印屏幕	VK_SHIFT	Shift
VK_SCROLL_LOCK	滚动锁定	VK_ESCAPE	Esc
VK_CAPS_LOCK	大写锁定	VK_NUM_LOCK	数字锁定
VK_TAB	制表符	VK_DELETE	删除
PAUSE	暂停	VK_ CANCEL	取消
VK_INSERT	插入	VK_CLEAR	清除
VK_ENTER	回车	VK_BACK_SPACE	退格
VK_SPACE	空格	VK_COMMA	逗号
VK_PAUSE	暂停		

【示例 6.29】处理键盘事件。

```
import java.awt.*;
import java.awt.event.*;
import javax.swing.*;
class MyKey extends JDialog implements KeyListener{
      Button button1,button2,button3;int x,y;
         MyKey(){
                 setBounds(400,400,200,200);
                 setLayout(null);
                 button1=new Button("keyPressed");
                 add("North",button1);
                 button2=new Button("keyReleased");
                 add("Center",button2);
                 button3=new Button("keyTyped");
                 add("South",button3);
                 button1.setBounds(20,20,80,20);
                 button1.addKeyListener(this);
                 button2.setBounds(10,130,80,20);
                 button2.addKeyListener(this);
                 button3.setBounds(100,130,80,20);
                 button3.addKeyListener(this);
```

```
            setVisible(true);
            }
    public void keyPressed(KeyEvent e){
          if(e.getKeyCode()==KeyEvent.VK_UP)    {y=y-2;button1.setLocation(x,y);}
      else if(e.getKeyCode()==KeyEvent.VK_DOWN) {y=y+2;button1.setLocation(x,y);}
      else if(e.getKeyCode()==KeyEvent.VK_LEFT) {x=x-2;button1.setLocation(x,y);}
      else if(e.getKeyCode()==KeyEvent.VK_RIGHT){x=x+2;button1.setLocation(x,y);}
    }
    public void keyReleased(KeyEvent e){
         char k=e.getKeyChar();
         button2.setLabel(String.valueOf(k)+e.getKeyCode());
    }
    public void keyTyped(KeyEvent e){
         char k=e.getKeyChar();
         button3.setLabel(String.valueOf(k)+e.getKeyCode());
    }
    public static void main(String args[]){
    new MyKey();
    }

}
```

3. 弹出式菜单

单击鼠标右键出现弹出式菜单是用户熟悉和常用的操作，这是通过处理鼠标事件实现的。弹出式菜单由 JpopupMenu 类负责创建，可以用下列构造方法创建弹出式菜单。

public JpopupMenu() ——构造无标题弹出式菜单。

public JpopupMenu(String label) ——构造由参数 label 指定标题的弹出式菜单。

弹出式菜单需要在某个组件的正前方弹出可见，通过调用

```
public void show(Component invoke,int x,int y)
```

方法设置弹出式菜单在组件 invoker 上的弹出的位置，位置坐标（x,y）按 invoker 的坐标系来确定。

【示例 6.30】在文本区上单击右键时，在鼠标位置处弹出菜单，用户选择相应的菜单项可以将文本区中选中的内容复制、剪切到系统的剪贴板中或将剪切板中的文本内容粘贴到文本区。

```
import javax.swing.*;
import java.awt.event.*;
import java.awt.*;
    class JPopupMenuWindow extends JFrame implements ActionListener{
        JPopupMenu menu;
        JMenuItem itemCopy,itemCut,itemPaste;
        JTextArea text;
        JPopupMenuWindow(){
          menu=new JPopupMenu();
          itemCopy=new JMenuItem("复制");
          itemCut=new JMenuItem("剪切");
          itemPaste=new JMenuItem("粘贴");
          menu.add(itemCopy);
          menu.add(itemCut);
          menu.add(itemPaste);
          text=new JTextArea();
          text.addMouseListener(new MouseAdapter(){
                                   public void mousePressed(MouseEvent e){
```

```
                        if(e.getModifiers()==InputEvent.BUTTON3_MASK)
                           menu.show(text,e.getX(),e.getY());
                        }
                    });
        add(new JScrollPane(text),BorderLayout.CENTER);
        itemCopy.addActionListener(this);
        itemCut.addActionListener(this);
        itemPaste.addActionListener(this);
        setBounds(120,100,220,220);
        setVisible(true);
        setDefaultCloseOperation(JFrame.DISPOSE_ON_CLOSE);
      }
      public void actionPerformed(ActionEvent e){
        if(e.getSource()==itemCopy)
           text.copy();
        else if(e.getSource()==itemCut)
           text.cut();
        else if(e.getSource()==itemPaste)
           text.paste();
      }
    public static void main(String args[]){
         new JPopupMenuWindow();
      }
}
```

4. 焦点事件

组件可以触发焦点事件。

组件可以使用

```
public void addFocusListener(FocusListener listener)
```

方法增加焦点事件监视器。当组件具有焦点监视器后，如果组件从无输入焦点变成有输入焦点或从有输入焦点变成无输入焦点都会触发 FocusEvent 事件。创建监视器的类必须实现 FocusListener 接口，该接口有以下两种方法。

- public void focusGained(FocusEvent e)
- public void focusLost(FocusEvent e)

当组件从无输入焦点变成有输入焦点触发 FocusEvent 事件时，监视器调用类实现的接口方法 focusGained (FocusEvent e); 当组件从有输入焦点变成无输入焦点触发 FocusEvent 事件时，监视器调用类实现的接口方法 focusLost(FocusEvent e)。

一个组件调用 public boolean requestFocusInWindow() 方法可以获得输入焦点。

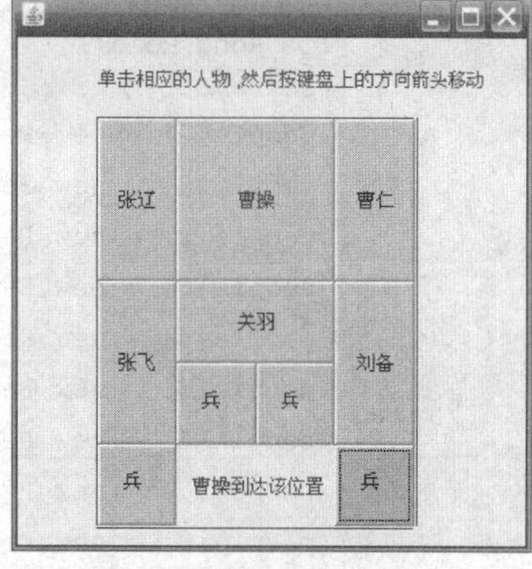

图 6.26

【示例 6.31】设计华容道游戏，如图 6.26 所示。

```
import java.awt.*;
import java.awt.event.*;
import java.awt.event.FocusListener;
import java.util.EventListener;
import java.awt.event.ActionListener;
import java.awt.event.KeyListener;
import javax.swing.*;
class People extends Button implements FocusListener{
```

```
        Rectangle rect = null;
        int leftX,leftY;   //按钮的左上角坐标
        int width,heigth;  //按钮的宽和高
        String name;
        int number;
        People(int number,String name,int leftX,int leftY,int width,int heigth,Hua_Rong_Road
road){
            super(name);
            this.name = name;
            this.number = number;
            this.leftX = leftX;
            this.leftY = leftY;
            this.width = width;
            this.heigth = heigth;
            rect = new Rectangle(leftX,leftY,width,heigth);
            setBackground(Color.orange);
            setBounds(leftX,leftY,width,heigth);
            road.add(this);
            addKeyListener(road);
            addFocusListener(this);

        }
        public void focusGained(FocusEvent e) {
                   setBackground(Color.CYAN);
        }

        public void focusLost(FocusEvent e) {
              setBackground(Color.orange);
        }
    }
    public class Hua_Rong_Road extends JPanel implements KeyListener {
           Rectangle left,right,above,below;
            People people[] = new People[10];
           Hua_Rong_Road() {
            setLayout(null);
            people[0] = new People(0,"张辽",50,50,50,100,this);
            people[1] = new People(1,"曹操",100,50,100,100,this);
            people[2] = new People(2,"曹仁",200,50,50,100,this);
            people[3] = new People(3,"张飞",50,150,50,100,this);
            people[4] = new People(4,"关羽",100,150,100,50,this);
            people[5] = new People(5,"刘备",200,150,50,100,this);
            people[6] = new People(6,"兵  ",100,200,50,50,this);
            people[7] = new People(7,"兵  ",150,200,50,50,this);
            people[8] = new People(8,"兵  ",50, 250,50,50,this);
            people[9] = new People(9,"兵  ",200,250,50,50,this);
            people[1].setForeground(Color.red);
             left = new Rectangle(49,49,1,251);
            right = new Rectangle(251,49,1,251);
            above = new Rectangle(49,49,200,1);
            below = new Rectangle(49,301,200,1);
            setVisible(true);
         }
         public void paint(Graphics g) {
```

```
        //画出华容道的边界
        g.setColor(Color.red);
        g.fillRect(49,49,1,251);  //left
        g.fillRect(251,49,1,251); //right
        g.fillRect(49,49,200,1);  //above
        g.fillRect(49,301,200,1); //below
        g.drawString("单击相应的人物 ,然后按键盘上的方向箭头移动",50,30);
        g.setColor(Color.red);
        g.drawString("曹操到达该位置",110,280);
    }
    public void keyTyped(KeyEvent e){}
    public void keyReleased(KeyEvent e) {}
    public void keyPressed(KeyEvent e) {
        People man = (People)e.getSource();
        man.rect.setLocation(man.getBounds().x,man.getBounds().y);
        if(e.getKeyCode() == KeyEvent.VK_DOWN){
            man.leftY = man.leftY + 50;
            man.setLocation(man.leftX,man.leftY);
            man.rect.setLocation(man.leftX,man.leftY);
            for(int i=0;i<10;i++){
                if(man.rect.intersects(people[i].rect) && man.number != i){
                    man.leftY = man.leftY -50;
                    man.setLocation(man.leftX,man.leftY);
                    man.rect.setLocation(man.leftX,man.leftY);
                }
            }
            if(man.rect.intersects(below)){
                man.leftY = man.leftY -50;
                man.setLocation(man.leftX,man.leftY);
                man.rect.setLocation(man.leftX,man.leftY);
            }
        }
        if(e.getKeyCode() == KeyEvent.VK_UP){
            man.leftY = man.leftY -50;
            man.setLocation(man.leftX,man.leftY);
            man.rect.setLocation(man.leftX,man.leftY);
            for(int i=0;i<10;i++){
                if(man.rect.intersects(people[i].rect) && man.number != i){
                    man.leftY = man.leftY + 50;
                    man.setLocation(man.leftX,man.leftY);
                    man.rect.setLocation(man.leftX,man.leftY);
                }
            }
            if(man.rect.intersects(above)){
                man.leftY = man.leftY + 50;
                man.setLocation(man.leftX,man.leftY);
                man.rect.setLocation(man.leftX,man.leftY);
            }
        }
        if(e.getKeyCode() == KeyEvent.VK_RIGHT){
            man.leftX = man.leftX +50;
            man.setLocation(man.leftX,man.leftY);
            man.rect.setLocation(man.leftX,man.leftY);
            for(int i=0;i<10;i++){
```

```
                if(man.rect.intersects(people[i].rect) && man.number != i){
                    man.leftX = man.leftX -50;
                    man.setLocation(man.leftX,man.leftY);
                    man.rect.setLocation(man.leftX,man.leftY);
                }
            }
            if(man.rect.intersects(right)){
                man.leftX = man.leftX -50;
                man.setLocation(man.leftX,man.leftY);
                man.rect.setLocation(man.leftX,man.leftY);
            }
        }
        if(e.getKeyCode() == KeyEvent.VK_LEFT){
            man.leftX = man.leftX -50;
            man.setLocation(man.leftX,man.leftY);
            man.rect.setLocation(man.leftX,man.leftY);
            for(int i=0;i<10;i++){
                if(man.rect.intersects(people[i].rect) && man.number != i){
                    man.leftX = man.leftX + 50;
                    man.setLocation(man.leftX,man.leftY);
                    man.rect.setLocation(man.leftX,man.leftY);
                }
            }

            if(man.rect.intersects(left)){
                man.leftX = man.leftX + 50;
                man.setLocation(man.leftX,man.leftY);
                man.rect.setLocation(man.leftX,man.leftY);
            }
        }
    }

    public static void main(String args[]){
        JFrame f=new JFrame();
        f.add("Center",new Hua_Rong_Road());
        f.setVisible(true);
        f.setBounds(5,5,400,400);
    }
}
```

5. WindowEvent 事件与 WindowListener 接口

JFrame 类是 Window 类的子类，Window 对象都能触发 WindowEvent 事件。当一个 JFrame 窗口被激活或撤销激活、打开、关闭、图标化或撤销图标化时，就引发了窗口事件，即 WindowEvent 创建一个窗口事件对象。窗口使用 addWindowlistener()方法获得监视器，创建监视器对象的类必须实现 WindowListener 接口，该借口中有如下 7 个方法：

- public void WindowActivated(WindowEvent e);当窗口从非激活状态到激活时，窗口的监视器调用该方法。
- public void WindowDeactivated(WindowEvente);当窗口从激活状态到非激活状态时，窗口的监视器调用该方法。
- public void WindowColsing(WindowEvente);当窗口正在被关闭时，窗口的监视器调用该方法。
- public void WindowClosed(WindowEvente);当窗口关闭时，窗口的监视器调用该方法。
- public void WindowIconified(WindowEvente);当窗口图标化时，窗口的监视器调用该方法。

- public void WindowDeiconified(WindowEvente);当窗口撤销图标化时，窗口的监视器调用该方法。
- public void WindowOpened(WindowEvente);当窗口打开时，窗口的监视器调用该方法。

WindowEvent 创建的事件对象调用 getWindow()方法可以获取发生窗口事件的窗口。

当单击窗口上的关闭图标时，监视器首先调用 WindowClosing()方法，然后执行窗口初始化时用 setDefaultCloseOperation(int n)方法设定关闭操作，最后执行 WindowClosed()方法。

如果在 WindowClosing()方法执行了

```
System.exit(0);
```

或者 setDefaultCloseOperation 设定的关闭操作是 EXITON_ON_CLOSE 或 DO_NOTHING_ON_CLOSE，那么监视器就没有机会再调用 WindowClosed()方法。

当单击窗口的图标化按钮时，监视器调用 WindowIconified()方法后，还将调用 windowDeactivated()方法。当撤销窗口图标时，监视器调用 windowDeactivated()方法后还会调用 windowActivated()方法。

接口中如果有多个方法会给使用者带来诸多不便，因为实现这个接口的类必须实现接口中的全部方法，否则这个类必须是一个抽象类。为了给编程人员提供方便，如果 Java 提供的接口中的方法多于一个，就提供一个相关的称为适配器的类，这个适配器是已经实现了相应接口的类。例如，Java 提供了 WindowListener 类接口，因此可以使用 WindowAdapte 的子类创建的对象作为监视器，在子类中重写所需要的接口方法即可。

【示例 6.32】使用 WindowAdapter 的匿名类（匿名类就是 WindowAdapter 的一个子类）作为窗口监视器。

```
import java.awt.*;
import java.awt.event.*;
import javax.swing.*;
public class Example10_20{
      public static void main(String args[]){
         MyWindow win=new MyWindow();
   }
}
class MyWindow extends JFrame{
   MyWindow(){
      addWindowListener(new WindowAdapter(){       //匿名类对象作为监视器
                              public void windowClosing(WindowEvent e){
                                 System.exit(0);
                              }
                        });
     setBounds(100,100,150,150);
     setVisible(true);
     setDefaultCloseOperation(JFrame.DO_NOTHING_ON_CLOSE);
   }
}
```

6.6　实例讲解与问题研讨

【实例 6.1】设计蜘蛛牌游戏。

```
import java.awt.*;
import java.awt.event.*;
```

```
import javax.swing.*;
import java.util.*;
public class Spider extends JDialog implements ActionListener{
   JButton START,EASY,NATURAL,HARD,DEAL;   //设置难度等级按钮
   private Container pane =this.getContentPane();
   private PKCard cards[] = new PKCard[104]; //生成纸牌数组
   private JLabel clickLabel = null;
   private int c = 0;
   private int n = 1;
   private int a = 0;
   private int finish = 0;
   Hashtable table = null;
   private JLabel groundLabel[] = null;
   public static void main(String[] args){
                new Spider();
   }
   public void actionPerformed(ActionEvent e){
         if(e.getSource()==START||e.getSource()==EASY){n=1;initCards(); newGame();}
         if(e.getSource()==NATURAL){n=2;initCards(); newGame();}
         if(e.getSource()==HARD){n=4;initCards(); newGame();}
         if(e.getSource()==DEAL&&c<60){deal();}
  }
   public Spider(){
       setTitle("蜘蛛牌");
       setSize(1050, 750);
       setResizable(false);
      pane = this.getContentPane();
       pane.setBackground(new Color(0, 114, 30));
      START=new JButton("开始");
      EASY=new JButton("EASY");
      NATURAL=new JButton("NATURAL");
      HARD=new JButton("HARD");
      DEAL=new JButton("发牌");
      DEAL.setBackground(Color.cyan);
      DEAL.setForeground(Color.red);
      JToolBar toolbar=new JToolBar();
      toolbar.add(START);
      toolbar.add(EASY);
      toolbar.add(NATURAL);
      toolbar.add(HARD);
      toolbar.add(DEAL);
      add(toolbar, BorderLayout.SOUTH);
      START.addActionListener(this);
      EASY.addActionListener(this);
      NATURAL.addActionListener(this);
      HARD.addActionListener(this);
      DEAL.addActionListener(this);
      initCards();
      randomCards();
      setCardsLocation();
      setGroundLabel();
      setVisible(true);
   }
    public void newGame(){//开始新游戏
```

```
        randomCards();
        setCardsLocation();
        setGroundLabelZOrder();
        deal();
    }
    public void initCards(){//纸牌初始化
        if (cards[0] != null){
            for (int i = 0; i < 104; i++){
            pane.remove(cards[i]);//如果纸牌已被赋值，就将其从面板中移去
            }
        }
        for (int i = 1; i <= 8; i++){ //为 card 赋值
            for (int j = 1; j <= 13; j++){
            cards[(i -1) * 13 + j -1] = new PKCard((i % n + 1) + "-" + j,this);
            }
        }
        randomCards();
    }
    public void randomCards(){//随机纸牌初始化
        PKCard temp = null;
        for (int i = 0; i < 52; i++){
            int a = (int) (Math.random() * 104);//随机生成牌号
            int b = (int) (Math.random() * 104);
            temp = cards[a];
            cards[a] = cards[b];
            cards[b] = temp;
        }
    }
    public void setGroundLabel(){//设置还原
        groundLabel = new JLabel[10];
        int x = 20;
        for (int i = 0; i < 10; i++){
            groundLabel[i] = new JLabel();
            groundLabel[i].setBounds(x, 25, 71, 96);
            x += 101;
            this.pane.add(groundLabel[i]);
        }
        setVisible(true);
        deal();
    }
    public void setCardsLocation(){//设置纸牌的位置
        table = new Hashtable();
        c = 0;finish = 0;n = 0;a = 0;
        int x = 883; int y = 580;
        for (int i = 0; i < 6; i++){//初始化待展开的纸牌
            for (int j = 0; j < 10; j++){
                int n = i * 10 + j;
                pane.add(cards[n]);
                cards[n].turnRear(); //将 card 转向背面
                cards[n].moveto(new Point(x, y)); //将 card 放在固定的位置上
                table.put(new Point(x, y), cards[n]); //将 card 的位置及相关信息存入
            }
            x += 10;
```

```
        }
        x = 20; y = 45;
        for (int i = 10; i > 5; i--){ //初始化表面显示的纸牌
            for (int j = 0; j < 10; j++){
                int n = i * 10 + j;
                if (n >= 104) continue;
                pane.add(cards[n]);
                cards[n].turnRear();
                cards[n].moveto(new Point(x, y));
                table.put(new Point(x, y), cards[n]);
                x += 101;
            }
            x = 20;
            y -= 5;
        }
    }
public void showEnableOperator(){//显示可移动的操作
        int x = 0;
        out: while (true){
            Point point = null;
            PKCard card = null;
            do{
                if (point != null){
                     n++;
                }
                point = this.getLastCardLocation(n);
                while (point == null){
                    point = this.getLastCardLocation(++n);
                    if (n == 10) n = 0;
                    x++;
                    if (x == 10) break out;
                }
                card = (PKCard) this.table.get(point);
            }
            while (!card.isCardCanMove());
            while (this.getPreviousCard(card) != null
                    && this.getPreviousCard(card).isCardCanMove()){
                card = this.getPreviousCard(card);
            }
            if (a == 10){
                 a = 0;
            }
            for (; a < 10; a++){
                if (a != n){
                    Point p = null;
                    PKCard c = null;
                    do{
                        if (p != null){
                              a++;
                        }
                         p = this.getLastCardLocation(a);
                         int z = 0;
                        while (p == null){
                            p = this.getLastCardLocation(++a);
                            if (a == 10) a = 0;
```

```
                    if (a == n) a++;
                    z++;
                    if (z == 10) break out;
                }
                c = (PKCard) this.table.get(p);
            }
            while (!c.isCardCanMove());
            if (c.getCardValue() == card.getCardValue() + 1){
                card.flashCard(card);
                try{
                    Thread.sleep(800);
                }
                catch (InterruptedException e){
                    e.printStackTrace();
                }
                c.flashCard(c);
                a++;
                if (a == 10){
                     n++;
                 }
                break out;
            }
        }
    }
    n++;
    if (n == 10){
        n = 0;
    }
    x++;
    if (x == 10){
        break out;
    }
  }
}
public void deal(){//发牌
    a = 0; n = 0;
    for (int i = 0; i < 10; i++){ //判断10列中是否有空列
        if (this.getLastCardLocation(i) == null){
            JOptionPane.showMessageDialog(this, "有空位不能发牌!");
            return;
        }
    }
    int x = 20;
    for (int i = 0; i < 10; i++){
        Point lastPoint = this.getLastCardLocation(i);

        if (c == 0){
            lastPoint.y += 5;//这张牌应背面向上
        }
        else{
            lastPoint.y += 20; //这张牌应正面向上
        }
        table.remove(cards[c + i].getLocation());
        cards[c + i].moveto(lastPoint);
        table.put(new Point(lastPoint), cards[c + i]);
```

```
            cards[c + i].turnFront();
            cards[c + i].setCanMove(true);
               pane.setComponentZOrder(cards[c + i],1);//将组件 card 移动到容器中指定的顺序索
引
               Point point = new Point(lastPoint);
            if (cards[c + i].getCardValue() == 1){
                int n = cards[c + i].whichColumnAvailable(point);
                point.y -= 240;
                PKCard card = (PKCard) this.table.get(point);
                if (card != null && card.isCardCanMove()){
                    this.haveFinish(n);
                }
            }
            x += 101;
        }
        c += 10;
    }
    public PKCard getPreviousCard(PKCard card){//获得 card 上面的那张牌
        Point point = new Point(card.getLocation());
        point.y -= 5;
        card = (PKCard) table.get(point);
        if (card != null){
            return card;
        }
        point.y -= 15;
        card = (PKCard) table.get(point);
        return card;
    }
    public PKCard getNextCard(PKCard card){//取得 card 下面的一张牌
        Point point = new Point(card.getLocation());
        point.y += 5;
        card = (PKCard) table.get(point);
        if (card != null)
            return card;
        point.y += 15;
        card = (PKCard) table.get(point);
        return card;
    }
    public Point getLastCardLocation(int column){//取得第 column 列最后一张牌的位置
        Point point = new Point(20 + column * 101, 25);
        PKCard card = (PKCard) this.table.get(point);
        if (card == null) return null;
        while (card != null){
            point = card.getLocation();
            card = this.getNextCard(card);
        }
        return point;
    }

    public Point getGroundLabelLocation(int column){
        return new Point(groundLabel[column].getLocation());
    }

    public void setGroundLabelZOrder(){//放置 groundLable 组件
        for (int i = 0; i < 10; i++){
```

```
            pane.setComponentZOrder(groundLabel[i], 105 + i);
        }
    }
    public void haveFinish(int column){//判断纸牌的摆放是否完成
        Point point = this.getLastCardLocation(column);
        PKCard card = (PKCard) this.table.get(point);
        do{
            this.table.remove(point);
            card.moveto(new Point(20 + finish * 10, 580));
            pane.setComponentZOrder(card, 1);  //将组件移动到容器中指定的顺序索引
            this.table.put(card.getLocation(), card); //将纸牌新的相关信息存入 Hashtable
            card.setCanMove(false);
            point = this.getLastCardLocation(column);
            if (point == null)
                card = null;
            else
                card = (PKCard) this.table.get(point);
        }
        while (card != null && card.isCardCanMove());
        finish++;
        if (finish == 4){ //如果 4 付牌全部组合成功，则显示成功的对话框
            JOptionPane.showMessageDialog(this, "恭喜，成功!");
        }
        if (card != null){
             card.turnFront();
             card.setCanMove(true);
        }
    }
}
```

上面的程序将组件 groundLable 中的牌移动到容器中指定的顺序索引，顺序确定了绘制组件的顺序；具有最高顺序的组件将第一个绘制，而具有最低顺序的组件将最后一个绘制。在组件重叠的地方，具有较低顺序的组件将覆盖具有较高顺序的组件。

下面是定义扑克牌 PKCard 类，每张牌是一个带图片的标签，每张牌的正面是不同的花色图片，每张牌的背面都是一样的蜘蛛图片，可以用鼠标拖动可以移动的牌。

```
import java.awt.*;
import java.awt.event.*;
import javax.swing.*;
public class PKCard extends JLabel implements MouseListener,MouseMotionListener{
   Point point = null;//纸牌的位置
   Point initPoint = null;
   int value = 0;
   int type = 0;
   String name = null;
   Container pane = null;
   Spider spider = null;
   boolean canMove = false;
   boolean isFront = false;
   PKCard previousCard = null;
   public void mouseClicked(MouseEvent e1){
    }
   public void flashCard(PKCard card){
        if(spider.getNextCard(card) != null){//不停地获得下一张牌，直到完成
```

```
            card.flashCard(spider.getNextCard(card));
        }
    }
    public void mousePressed(MouseEvent mp){//单击鼠标
        point = mp.getPoint();
        this.previousCard = spider.getPreviousCard(this);
    }
    public void mouseReleased(MouseEvent mr){//释放鼠标
        Point point = ((JLabel) mr.getSource()).getLocation();
        int n = this.whichColumnAvailable(point);
        if (n == -1 || n == this.whichColumnAvailable(this.initPoint)){     //判断可行列
            this.setNextCardLocation(null);
            spider.table.remove(this.getLocation());
            this.setLocation(this.initPoint);
            spider.table.put(this.initPoint, this);
            return;
        }
        point = spider.getLastCardLocation(n);
        boolean isEmpty = false;
        PKCard card = null;
        if (point == null){
            point = spider.getGroundLabelLocation(n);
            isEmpty = true;
        }
        else{
            card = (PKCard) spider.table.get(point);
        }

        if (isEmpty || (this.value + 1 == card.getCardValue())){
            point.y += 40;
            if (isEmpty) point.y -= 20;
            this.setNextCardLocation(point);
            spider.table.remove(this.getLocation());
            point.y -= 20;
            this.setLocation(point);
            spider.table.put(point, this);
            this.initPoint = point;
            if (this.previousCard != null){
                this.previousCard.turnFront();
                this.previousCard.setCanMove(true);
            }

            this.setCanMove(true);
        }
        else{
            this.setNextCardLocation(null);
            spider.table.remove(this.getLocation());
            this.setLocation(this.initPoint);
            spider.table.put(this.initPoint, this);
            return;
        }
        point = spider.getLastCardLocation(n);
        card = (PKCard) spider.table.get(point);
        if (card.getCardValue() == 1){
            point.y -= 240;
```

```
            card = (PKCard) spider.table.get(point);
            if (card != null && card.isCardCanMove()){
                spider.haveFinish(n);
            }
        }
    }
    public void setNextCardLocation(Point point){//放置纸牌
        PKCard card = spider.getNextCard(this);
        if (card != null){
            if (point == null){
                card.setNextCardLocation(null);
                spider.table.remove(card.getLocation());
                card.setLocation(card.initPoint);
                spider.table.put(card.initPoint, card);
            }
            else{
                point = new Point(point);
                point.y += 20;
                card.setNextCardLocation(point);
                point.y -= 20;
                spider.table.remove(card.getLocation());
                card.setLocation(point);
                spider.table.put(card.getLocation(), card);
                card.initPoint = card.getLocation();
            }
        }
    }
    public int whichColumnAvailable(Point point){//判断可用列
        int x = point.x;
        int y = point.y;
        int a = (x -20) / 101;
        int b = (x -20) % 101;
        if (a != 9){
            if (b > 30 && b <= 71){
                a = -1;
            }
            else if (b > 71){
                a++;
            }
        }
        else if (b > 71){
            a = -1;
        }
        if (a != -1){
            Point p = spider.getLastCardLocation(a);
            if (p == null) p = spider.getGroundLabelLocation(a);
            b = y -p.y;
            if (b <= -96 || b >= 96){
                a = -1;
            }
        }
        return a;
    }
  public void mouseEntered(MouseEvent e2){}
  public void mouseExited(MouseEvent e3){}
```

```
    public void mouseDragged(MouseEvent e4){//用鼠标拖动纸牌
        if (canMove){
            int x = 0;
            int y = 0;
            Point p = arg0.getPoint();
            x = p.x -point.x;
            y = p.y -point.y;
            this.moving(x, y);
        }
    }
    public void moving(int x, int y){//移动(x, y)个位置
        PKCard card = spider.getNextCard(this);
        Point p = this.getLocation();
        pane.setComponentZOrder(this, 1);//将组件移动到容器中指定的顺序索引
        spider.table.remove(p);     //在 Hashtable 中保存新的节点信息
        p.x += x;
        p.y += y;
        this.setLocation(p);
        spider.table.put(p, this);
        if (card != null) card.moving(x, y);
    }
    public void mouseMoved(MouseEvent e1){
    }
    public PKCard(String name, Spider spider){//PKCard 构造器
        super();
        type = new Integer(name.substring(0, 1)).intValue();
        value = new Integer(name.substring(2)).intValue();
        this.name = name;
        this.spider = spider;
        pane = this.spider.getContentPane();
        addMouseListener(this);
        addMouseMotionListener(this);
        setIcon(new ImageIcon("images/rear.gif"));
        setSize(70, 100);
        setVisible(true);
    }
    public void turnFront(){//令纸牌显示正面
        this.setIcon(new ImageIcon("images/" + name + ".gif"));
        this.isFront = true;
    }
    public void turnRear(){//令纸牌显示背面
        this.setIcon(new ImageIcon("images/rear.gif"));
        this.isFront = false;
        this.canMove = false;
    }
    public void moveto(Point point){//将纸牌移动到点 point
        this.setLocation(point);
        this.initPoint = point;
    }
    public void setCanMove(boolean can){//判断牌是否能移动
        this.canMove = can;
        PKCard card = spider.getPreviousCard(this);
        if (card != null && card.isCardFront()){
            if (!can){
```

```
                if (!card.isCardCanMove()){
                    return;
                }
                else{
                     card.setCanMove(can);
                }
            }
            else{
                if (this.value + 1 == card.getCardValue()
                        && this.type == card.getCardType()){
                     card.setCanMove(can);
                 }
                 else{
                      card.setCanMove(false);
                 }
            }
        }
    }
    public boolean isCardFront(){//判断 card 是否是正面
        return this.isFront;
    }
    public boolean isCardCanMove(){//返回是否能够移动
        return this.canMove;
    }
    public int getCardValue(){//获得 card 的内容值
        return value;
    }
    public int getCardType(){//获得 card 的类型
        return type;
    }
}
```

6.7　小结

GUI 可以实现用户与程序的交互，视窗和对话框是可以独立存在于屏幕上的可见容器。

组件是实现 GUI 的基础，组件的形状基本上都是矩形，可以用 setSize(int width ,int height); 设置矩形的宽度和高度。组件都具有背景色和前景色，可以用 setBackground(Color c); 和 void setBackground(Color c); 分别设置。组件具有系统默认的字体，可以用 setFont(Font f); 和 getFont(); 设置和获取组件的字体。组件具有可见性与激活性，可以用 void setVisible(boolean b); 和 setEnabled(boolean b); 设置可见性与激活性，除了视窗和普通对话框外，其他组件默认是可见的。Java 提供了各种组件，可以通过标签显示数据，通过文本行或文本区输入数据，通过按钮或菜单可以控制程序的执行流，按钮、菜单、文本行和文本区等组件必须依附于视窗才能存在。

布局是 GUI 所必须的，可以通过布局管理器对视窗中的组件进行合理的布局。

事件处理是实现用户与程序交互的主要方式，事件源类与为事件响应类可以彼此独立定义，事件源不知道事件响应者要做什么，事件响应者也不知道事件是如何发生的，为了双方能够相互协作，需要用一个事件处理接口和一个事件类。

还可以用鼠标和键盘操作实现用户与程序的特定交互。

习题 6

一、思考题

1. GUI 设计的主要目的是什么？
2. 视窗和对话框的用途是什么？
3. 标签和按钮的用途分别是什么？
4. 菜单条和菜单的用途分别是什么？
5. 文本行和文本区的用途分别是什么？
6. 为什么要布局？怎样进行布局？
7. 什么是事件处理？事件处理的用途是什么？
8. GUI 程序设计的基本模式是什么？
9. GUI 程序实现特定事件处理接口的意义是什么？

二、上机练习题

1. 编译并运行本章的示例 6.1～示例 6.32。
2. 编译并运行本章的实例 6.1。

第 7 章 Java 的数据库应用程序设计

积善成德，积德成道。

——老子

实际的应用系统都离不开数据库的支撑，如银行的储蓄系统、电信的话费系统、超市的购物系统等。操作数据库使用的语言称为 SQL，如何在 Java 程序设计中使用数据库和 SQL 语言是本章的主要内容。

7.1 数据库和 SQL 语句简介

数据库是在计算机中用来长期存储大量数据，并可以对数据进行添加、删除、修改和查询的专用软件系统。目前比较常用的数据库系统有 Oracle、SQL Server 和 MySQL 等，操作这些数据库的语言都是国际标准的 SQL（Structured Query Language）。数据库是由表和相关对象组构成的，表是由列组成的，列是由 SQL 的数据类型来定义的，列对应于 Java 中的基本变量，表对应于 Java 中只有变量的类。

1. 创建数据库的 CREATE DATABASE 语句

CREATE DATABASE 语句的基本语法如下：

```
CREATE  DATABASE 数据库名
```

【举例】在 SQL Server 查询分析器中，创建一个名为 University 的数据库，如图 7.1 所示。

图 7.1

2. 创建表的 CREATE TABLE 语句

CREATE TABLE 语句的基本语法如下：

```
CREATE TABLE 表名(
                    列名 1  数据类型[约束],
                    列名 2  数据类型[约束],
)
```

创建表必须定义表名、列名、列的类型和列的宽度，约束可以省略，primary key 表示主键列。

【举例】在数据库 University 中创建表 students，该表包含 sid、sname、sex、TEL 列，各列要求非空，sid 列为主键，sex 列 0 代表性别为女，1 代表性别为男，如图 7.2 所示。

图 7.2

3. 查询数据

SELECT 语句用来查询表中数据，SELECT 语句的语法比较复杂，其基本语法如下：

```
SELECT 列名 1 [,列名 2 ] FROM  表名[WHERE 条件]
```

根据 WHERE 句的条件表达式，从 FROM 子句指定的基本表格中找出满足条件的记录，再按 SELECT 子句中的目标列表达式选出记录中的属性，形成结果表。

【举例】查询 students 表中的全部记录，如图 7.3 所示，此时表中没有记录。

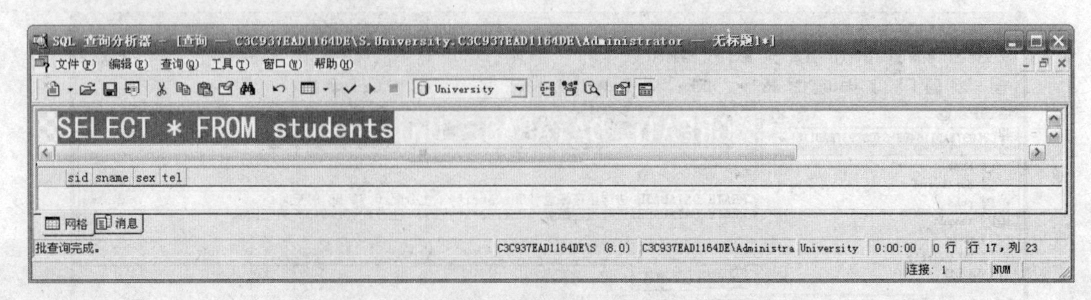

图 7.3

SELECT 语句的特点是不改变表中数据，有返回结果，在下面的【示例 7.4】中会看到各种返回结果。

4. 添加、删除、修改数据

在 SQL 语句中，INSERT 语句是用来向表中添加记录的，INSERT 语句的基本语法如下：

```
INSERT tableName(column1,column2,...) values (values1,values2,...)
```

【举例】在 students 表中插入记录，如图 7.4 所示。

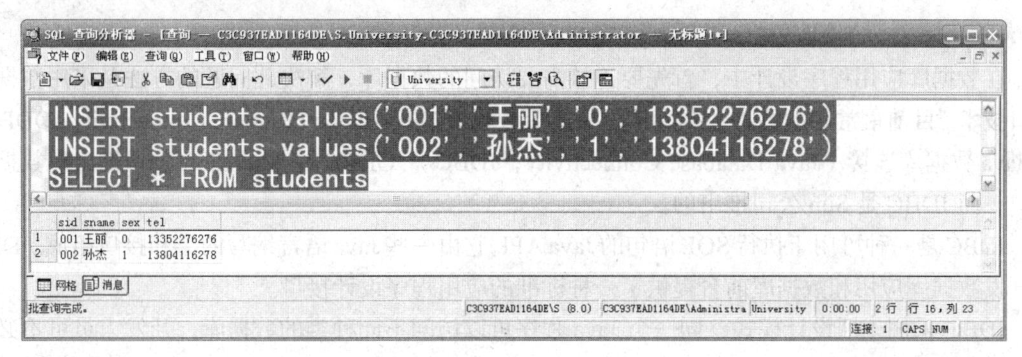

图 7.4

UPDATE 语句用来修改表中已经存在的一条或多条记录，可以使用 WHERE 语句来选择修改特定的记录。

UPDATE 语句的基本语法如下：

```
UPDATE tableName SET column1=values1,column2=values2,...[WHERE...];
```

【举例】修改 sid 为"001"的学生的电话号码，如图 7.5 所示。

图 7.5

DELETE 语句用来删除表中已经存在的一条或多条记录，可以使用 WHERE 语句来选择删除特定的记录。

DELETE 语句的基本语法如下：

```
DELETE FROM tableName [WHERE...]
```

【举例】从 students 表中删除 sid 为"002"的学生，如图 7.6 所示。

图 7.6

INSERT、UPDATA 和 DELETE 语句的共同特点是改变表中数据，没有返回结果。

7.2 JDBC 简介

在数据库应用程序设计中，首先要连接需要访问的数据库，解决此问题的方法是采用数据库接口技术。目前最常用的两种数据库接口是开放数据库连接（Open Database Connectivity，ODBC）和 Java 数据库连接（Java Database Connectivity，JDBC）。ODBC 是 Microsoft 公司推出的数据库接口，而 JDBC 是 Sun 公司推出的。

JDBC 是一种可用于执行 SQL 语句的 Java API。它由一些 Java 语言编写的类和接口组成。JDBC 为开发数据库应用和数据库前台提供了一种标准的应用程序设计接口。

JDBC 采用工厂设计模式，同一个 Java 程序可以访问不同种类的数据库，开发人员可不必写一个程序访问 Oracle，再写一个程序访问 SQL Server 或 MySQL。不但如此，使用 Java 编写的应用程序可以在任何支持 Java 的平台上运行，不必在不同的平台上编写不同的应用程序。JDBC 提供了 java.sql 和 javax.sql 两个包。

java.sql 这个包中的类和接口主要针对基本的数据库编程服务，如生成连接、执行语句以及准备语句和运行批处理查询等。同时也有一些高级的处理，如批处理更新、事务隔离和可滚动结果集等。

javax.sql 为对数据库的高级操作提供了接口和类，如为连接管理、分布式事务和旧有的连接提供了更好的抽象，引入了容器管理的连接池、分布式事务和行集处理等。

JDBC 主要实现以下 3 个功能。

1. 在 Java 程序中连接数据库

接口 java.sql.Connection 负责与特定的数据库进行连接，在连接上下文中执行 SQL 语句并返回结果。

DriverManager 负责创建 Connection 对象和管理一组 JDBC 驱动程序提供的服务，对于任何连接请求，DriverManager 会让每个驱动程序依次试着连接到指定的目标。默认情况下，Connection 对象处于自动提交模式下，这意味着它在执行每个语句后都会自动提交和更改。

加载 JDBC 的每个驱动程序时要向 java.sql.DriverManager 注册，用户可以通过调用以下方法加载和注册一个数据库驱动程序：

Class.forName("sun.jdbc.odbc.JdbcOdbcDriver"); 调用 forName("X") 将导致名为 X 的类被初始化。

用户可以通过调用以下方法，创建 Connection 对象连接一个数据库：

```
Connection con=DriverManager.getConnection("jdbc:odbc:dataSource");
```

其中：dataSource 是连接 University 数据库的 odbc 数据源，用 Widows 管理工具中 ODBC 程序，创建 dataSource 的方法如图 7.7 所示。

连接数据库的主要方法如下。

static Connection getConnection(String url);建立到给定数据库 URL 的连接。

static Connection getConnection(String url, Properties info);建立到给定数据库 URL 的连接。

static Connection getConnection(String url, String user, String password);建立到给定数据库 URL 的连接。

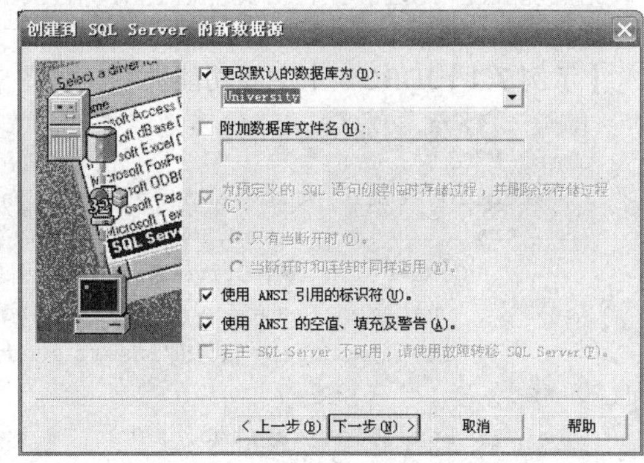

图 7.7

static void deregisterDriver(Driver driver);从 DriverManager 的列表中删除一个驱动程序。

2. 在 Java 程序中执行 SQL 语句

接口 Statement 用于执行静态 SQL 语句，用于执行 SQL 语句的主要方法如下。

ResultSet executeQuery(String sql); 字符串 sql 表示一个 SELECT 语句，返回一个 ResultSet 对象。

int executeUpdate(String sql); 字符串 sql 表示一个 INSERT、UPDATE 或 DELETE 语句，无返回值。

在创建了 Connection 对象 con 之后，可以用 con 创建一个 Statement 对象 stmt：

```
Statement stmt=con.createStatement();
```

用 stmt 来执行 SQL 语句：

```
stmt.executeUpdate("insert students values('003','刘强','1','13804116278')");
ResultSet rs=stmt.executeQuery("select * from students");
```

其中，rs 是 ResultSet 对象。

3. 在 Java 程序中处理数据库查询结果

ResultSet 对象是一个二维的表，类似于数据库中的表，通常执行查询数据库的语句时产生。

ResultSet 对象具有指向其当前数据行的指针，最初，指针被置于第一行之前。next()方法将指针移动到下一行,该方法在 ResultSet 对象中没有下一行时返回 false。

默认的 ResultSet 对象是不可更新的，仅有一个向前移动的指针。因此，它只能迭代一次，并且只能按从第一行到最后一行的顺序进行。

可以设置选项生成可滚动和可更新的 ResultSet 对象，例如：

```
ResultSet rs=stmt.executeQuery("select*fromstudents",ResultSet.TYPE_SCROLL_SENSITIVE,
ResultSet.CONCUR_UPDATABLE);
```

这时 rs 是可滚动和可更新的 ResultSet 对象。感兴趣的读者可参阅 ResultSet 字段以了解其他选项。

在默认情况下，同一时间每个 Statement 对象只能打开一个 ResultSet 对象。因此，如果读取一个 ResultSet 对象与另一个交叉，则这两个对象必须是由不同的 Statement 对象生成的。如果存在某个语句打开的当前 ResultSet 对象，则 Statement 接口中的所有执行方法都会隐式关闭它。

用 ResultSet 对象的 next()方法可以逐行访问结果集，用 ResultSet 对象的 getXXX()方法以逐列访问结果集，例如：

```
while(rs.next()){
```

```
    System.out.println(rs.getString(1)+rs.getString(2)+rs.getString(3));
    }
```

【示例 7.1】JDBC 3 个主要功能演示，如图 7.8 所示。

```
import java.sql.*;
class MySql{
    public static void main(String [] args){
     try{
        Connection con=DriverManager.getConnection("jdbc:odbc:dataSource");//连接数据库
         Statement stmt=con.createStatement();
         stmt.executeUpdate("insert students values('003','刘强','1','13804116278')");//
执行 SQL 语句
         ResultSet rs=stmt.executeQuery("select * from students");// 执行 SQL 语句
            while(rs.next()){//处理数据库查询结果
            System.out.println(rs.getString(1)+rs.getString(2)+rs.getString(3));
            }
        }catch(Exception e){e.printStackTrace();}
    }
}
```

图 7.8

4. PreparedStatement 接口

PreparedStatement 表示预编译的 SQL 语句的对象（派生自 Statement），SQL 语句被预编译并且存储在 PreparedStatement 对象中，然后可以使用此对象高效地多次执行该语句。必须指定与输入参数的已定义 SQL 类型兼容的类型。例如，如果 IN 参数具有 SQL 类型 INTEGER，那么应该使用 setInt 方法。如果需要任意转换参数类型，使用 setObject 方法时应该将目标 SQL 类型作为其参数的类型，下面的 con 表示 Connection 对象。

```
    PreparedStatement pstmt = con.prepareStatement("UPDATE students SET TEL =? WHERE SID
= ?");
    pstmt.setString(1, "13880411999");//第 1 个 ? 用 "13880411999" 取代
    pstmt.setString (2, "1"); //第 2 个 ? 用 "1" 取代
```

7.3 Java 数据库管理程序设计

【示例 7.2】数据库管理程序设计。

```
import java.sql.*;
public class DataBaseManager{
    Connection con;
    ResultSet rs;
    Statement stmt;
    public DataBaseManager(){
        try{
```

```
            Class.forName( "sun.jdbc.odbc.JdbcOdbcDriver" );
            }catch (ClassNotFoundException cn){cn.printStackTrace();}
        try{
          con=DriverManager.getConnection("jdbc:odbc:miniLibrary");
              stmt=con.createStatement();
          }catch(SQLException sqle){sqle.printStackTrace();}
    }
    public ResultSet getResult(String strSQL){
        try{
            rs=stmt.executeQuery(strSQL);
            return rs;
           }catch(SQLException sqle){
           sqle.printStackTrace();
            return null;
           }
    }
    public boolean updateSql(String strSQL){
        try{
            stmt.executeUpdate(strSQL);
              return true;
             }catch(SQLException sqle){
              return false;
             }
    }
    public void closeConnection(){
        try
        {
        con.close();
        }catch(SQLException sqle){sqle.printStackTrace();}
    }
}
```

7.4　数据库的数据输入和打印 GUI 程序设计

【示例 7.3】数据库数据输入和打印 GUI 程序设计。

```
import java.awt.*;
import javax.swing.*;
import java.awt.event.*;
import java.sql.*;
class SdudentsScore extends JFrame implements ActionListener{
      JPanel  north,south,center;
      JTextField  num,name,score;
      JButton b1,b2,b3,b4;
      JTextArea t;
      SdudentsScore(){
      setTitle("学生成绩统计");
      setBounds(200,200,300,160);
      north=new JPanel();
      south=new JPanel();
      center=new JPanel();
      north.setBackground(Color.pink);
      south.setBackground(Color.yellow);
```

```
        center.setBackground(Color.green);
        south.setLayout(new GridLayout(1,3));
        center.setLayout(new GridLayout(3,2));
        b1=new JButton("保存");
        b1.setBackground(Color.pink);
        b2=new JButton("取消");
        b2.setBackground(Color.green);
        b2.setForeground(Color.black);
        b3=new JButton("查看");
        b3.setBackground(Color.green);
        b3.setForeground(Color.darkGray);
        b4=new JButton("print");
        num=new JTextField(3);
        name=new JTextField(10);
        score=new JTextField(10);
        center.add(new JLabel("学号"));
        center.add(num);
        center.add(new JLabel("姓名"));
        center.add(name);
        center.add(new JLabel("成绩"));
        center.add(score);
        south.add(b1);
        south.add(b2);
        south.add(b3);
        south.add(b4);
        add("Center",center);
        add("South",south);
        b1.addActionListener(this);
        b2.addActionListener(this);
        b3.addActionListener(this);
        b4.addActionListener(this);
        t=new JTextArea();
        setVisible(true);
        PasswordDialong.createJDialog(this,"Password",true);
        }
       public void actionPerformed(ActionEvent e){
       String sid,sname,s;
        if(e.getSource()==b1){
                          sid=num.getText().trim();
                          sname=name.getText().trim();
                          s=score.getText().trim();
                          if(sid.equals("")||sname.equals("")||s.equals("")){
                          JOptionPane.showMessageDialog(null,"输入项不能空!");
                          }else{db(sid,sname,s);}
                          num.setText("");
                          name.setText("");
                          score.setText("");
                         }
        if(e.getSource()==b2){
                          num.setText("");
                          name.setText("");
                          score.setText("");
                         }
        if(e.getSource()==b3){
```

```
                    JDialog nf=new JDialog();
                    nf.setVisible(true);
                    nf.setBounds(200,200,600,100);
                    ResultSet rs=db();
                    nf.add(new JLabel("学号"));
                    nf.add(new JLabel("姓名"));
                    nf.add(new JLabel("成绩"));
                    try{
                         int rn=1;
                         while(rs.next()){
                         nf.add(new Label(rs.getString(1)));
                         nf.add(new Label(rs.getString(2)));
                         nf.add(new Label(rs.getString(3)));
                         rn++;
                         }
                         nf.setLayout(new GridLayout(rn,3));
                          nf.pack();
                          }catch(Exception sss){}
                    }
if(e.getSource()==b4){
                     ResultSet rs=db();
                     JPanel p=new JPanel();
                     int rn;
                     p.setLayout(new GridLayout(1,3));
                     p.add(new JLabel("学号"));
                     p.add(new JLabel("姓名"));
                     p.add(new JLabel("成绩"));
                     try{
                        rs.last();
                        rn=rs.getRow();rn++;
                        rs.beforeFirst();
                        String[] columnName = {"学号","姓名","成绩"};
Object[][] data =new Object[rn][3];
                        int r=0;float sum=0,total=0;
                        while(rs.next()){
                                  data[r][0]=rs.getString(1);
                                  data[r][1]=rs.getString(2);
                                  total=rs.getFloat(3);
                                  data[r][2]=total;
                                  sum=sum+total; r++;
                                  }
                          data[r][0]="total";
                          data[r][1]="";
                          data[r][2]=sum;
final JTable table = new JTable(data, columnName);
table.setPreferredScrollableViewportSize(new Dimension(500,70));
JScrollPane scrollPane = new JScrollPane(table);
                            JDialog nf=new JDialog();
                            nf.setVisible(true);
                            nf.setBounds(200,200,600,100);
                            nf.add(scrollPane);
                            nf.pack();
                            table.setEnabled(false);
                            table.setAutoCreateColumnsFromModel(true);
```

```
                                        table.print();
                                        }catch(Exception es){es.printStackTrace();}
            }
      }
      void db(String sid,String sname,String score){
      try{
        Connection cn=DriverManager.getConnection("jdbc:odbc:un");
        PreparedStatement st=cn.prepareStatement("insert student values(?,?,?)");
        st.setString(1,sid);
        st.setString(2,sname);
        st.setString(3,score);
        st.executeUpdate();
        }catch(Exception ee){ee.printStackTrace();}
      }
          ResultSet db(){
          ResultSet rs=null;
        try{
           Connection cn=DriverManager.getConnection("jdbc:odbc:un");
           PreparedStatement  st=cn.prepareStatement("select  *  from  student",ResultSet.
TYPE_SCROLL_SENSITIVE,ResultSet.CONCUR_UPDATABLE);
           rs=st.executeQuery();
           }catch(Exception ee){ee.printStackTrace();}
           return rs;
           }
           public static void main(String args[]){
           new SdudentsScore();
          }
     }
    class PasswordDialong{
            public static void createJDialog(Frame owner,String dialogName,boolean modal){
            final JButton b=new JButton("Confirm");
            final JDialog dialog= new JDialog(owner,dialogName,modal);
            int x=(int)owner.getLocationOnScreen().getX();
            int y=(int)owner.getLocationOnScreen().getY()-50;
           dialog.setBounds(x,y,300,60);
           final JPasswordField pw=new JPasswordField();
           dialog.setLayout(new GridLayout(1,3));
           dialog.add(new JLabel("Password:"));
           dialog.add(pw);
           dialog.add(b);
           dialog.setDefaultCloseOperation(JFrame.DO_NOTHING_ON_CLOSE);
           b.addActionListener(new ActionListener(){//处理按钮事件的内部类
                  public void actionPerformed(ActionEvent e){
               if(e.getSource()==b){
                    String ss=new String(pw.getPassword());
                  if(ss.trim().equals("123456")){dialog.dispose();}else{b.setText("Confirm
again");}
                    }
               }
               });
           dialog.setVisible(true);
           }
    }
```

7.5　实例讲解与问题研讨

【实例 7.1】一个简单的图书管理系统。

数据库设计说明如下。

```
CREATE DATABASE minilibrary
use minilibrary
CREATE TABLE UserTable(
UserIDint IDENTITY primary key,
UserName  varchar(20),
Passwd    varchar(20),
Status    varchar(20))
```

第一个系统管理员用户需要在数据库后台用 insert 语句输入。

```
go
CREATE TABLE BookTable(
BookID int IDENTITY  primary key,
BookName    varchar(20),
Author      varchar(20),
Press       varchar(20),
PressDate    datetime,
Price       decimal(5, 2),
Intro       varchar(50))
go
CREATE TABLE Lend_Return(
UserID int foreign key references UserTable(UserID),
BookID int foreign key references BookTable(BookID),
Librarian varchar(20),
Number int,
LendDate datetime default getdate,
ReturnDate datetime default getdate
 )
```

主要类的代码如下。

MainWindow 类：负责控制系统其他各功能模块。

```
import java.awt.*;
import java.awt.event.*;
import javax.swing.*;
public class MainWindow extends JFrame implements ActionListener{
    JPanel panel1;
    JMenuBar MenuB;
    JMenu SystemMenu,BookMGRMenu,LendBookMenu,ReturnBookMenu,InfoBrowseMenu,UserMGRMenu;
    JMenuItem UserLoginMenuItem,UserAddMenuItem,UserModifyMenuItem,UserDeleteMenuItem,
            ExitMenuItem,BookAddMenuItem,BookModifyMenuItem,BookDeleteMenuItem,
            LendBookMenuItem,LendInfoMenuItem,ReturnBookMenuItem,ReturnInfoMenuItem,
            BookListMenuItem,LendBookListMenuItem,UserListMenuItem;
    JLabel titleLabel,AuthorLabel,DateLabel;

    UserLogin UserLoginFrame;
```

```
    UserAdd UserAddFrame;
    UserModify UserModifyFrame;
    UserDelete UserDeleteFrame;
    BookAdd BookAddFrame;
    BookModify BookModifyFrame;
    BookDelete BookDeleteFrame;
    LendBook LendBookFrame;
    LendInfo LendInfoFrame;
    ReturnBook ReturnBookFrame;
    ReturnInfo ReturnInfoFrame;
    BookList BookListFrame;
    UserList UserListFrame;
    LendBookList LendBookListFrame;
    public MainWindow(){
        super("图书馆管理系统");
        //菜单条初始化
        MenuB=new JMenuBar();
        //系统管理
        SystemMenu=new JMenu("系统管理");
        UserLoginMenuItem=new JMenuItem("用户登录");
        SystemMenu.setFont(new Font("黑体",10,20));
        ExitMenuItem=new JMenuItem("退出");
        SystemMenu.add(UserLoginMenuItem);
        SystemMenu.add(ExitMenuItem);
        MenuB.add(SystemMenu);
        UserLoginMenuItem.addActionListener(this);
        ExitMenuItem.addActionListener(this);
        //用户管理
        UserMGRMenu=new JMenu("用户管理");
        UserMGRMenu.setFont(new Font("黑体",10,20));
        UserAddMenuItem=new JMenuItem("添加用户");
        UserModifyMenuItem=new JMenuItem("修改用户");
        UserDeleteMenuItem=new JMenuItem("删除用户");
        UserMGRMenu.add(UserAddMenuItem);
        UserMGRMenu.add(UserModifyMenuItem);
        UserMGRMenu.add(UserDeleteMenuItem);
        MenuB.add(UserMGRMenu);
        UserAddMenuItem.addActionListener(this);
        UserModifyMenuItem.addActionListener(this);
        UserDeleteMenuItem.addActionListener(this);
        //图书管理
        BookMGRMenu=new JMenu("图书管理");
        BookMGRMenu.setFont(new Font("黑体",10,20));
        BookAddMenuItem=new JMenuItem("添加图书");
        BookModifyMenuItem=new JMenuItem("修改图书");
        BookDeleteMenuItem=new JMenuItem("删除图书");
        BookMGRMenu.add(BookAddMenuItem);
        BookMGRMenu.add(BookModifyMenuItem);
        BookMGRMenu.add(BookDeleteMenuItem);
        MenuB.add(BookMGRMenu);
        BookAddMenuItem.addActionListener(this);
        BookModifyMenuItem.addActionListener(this);
```

```
      BookDeleteMenuItem.addActionListener(this);
      //借书管理
      LendBookMenu=new JMenu("借书管理");
      LendBookMenu.setFont(new Font("黑体",10,20));
      LendBookMenuItem=new JMenuItem("图书出借");
      LendInfoMenuItem=new JMenuItem("图书出借信息修改");
      LendBookMenu.add(LendBookMenuItem);
      LendBookMenu.add(LendInfoMenuItem);
      MenuB.add(LendBookMenu);
      LendBookMenuItem.addActionListener(this);
      LendInfoMenuItem.addActionListener(this);
      //还书管理
      ReturnBookMenu=new JMenu("还书管理");
      ReturnBookMenu.setFont(new Font("黑体",10,20));
      ReturnBookMenuItem=new JMenuItem("图书还入");
      ReturnInfoMenuItem=new JMenuItem("图书还入信息修改");
      ReturnBookMenu.add(ReturnBookMenuItem);
      ReturnBookMenu.add(ReturnInfoMenuItem);
      MenuB.add(ReturnBookMenu);
      ReturnBookMenuItem.addActionListener(this);
      ReturnInfoMenuItem.addActionListener(this);
      //信息一览
      InfoBrowseMenu=new JMenu("信息一览");
      InfoBrowseMenu.setFont(new Font("黑体",10,20));
      BookListMenuItem=new JMenuItem("图书列表");
      UserListMenuItem=new JMenuItem("用户列表");
      LendBookListMenuItem=new JMenuItem("图书借还情况表");
      InfoBrowseMenu.add(BookListMenuItem);
      InfoBrowseMenu.add(LendBookListMenuItem);
      InfoBrowseMenu.add(UserListMenuItem);
      MenuB.add(InfoBrowseMenu);
      BookListMenuItem.addActionListener(this);
      LendBookListMenuItem.addActionListener(this);
      UserListMenuItem.addActionListener(this);
      //布局
      titleLabel=new JLabel(new ImageIcon(".\\book.jpg"));
      panel1=new JPanel();
      panel1.setLayout(new BorderLayout());
      panel1.add(titleLabel,BorderLayout.CENTER);
      //--设置初始功能:--
      UserMGRMenu.setEnabled(false);
     BookMGRMenu.setEnabled(false);
      LendBookMenu.setEnabled(false);
      ReturnBookMenu.setEnabled(false);
      InfoBrowseMenu.setEnabled(false);
      setJMenuBar(MenuB);
    getContentPane().add(panel1);
    setBounds(100,50,600,400);
      //setSize(400,400);
    setVisible(true);
  }
//--设置每个菜单单击后出现的窗口和窗口显示的位置--
```

```
public void actionPerformed(ActionEvent e){
    //系统管理
    if(e.getActionCommand()=="用户登录"){
        UserLogin UserLoginFrame=new UserLogin(this);
        Dimension FrameSize=UserLoginFrame.getPreferredSize();
        Dimension MainFrameSize=getSize();
        Point loc=getLocation();
        UserLoginFrame.setLocation((MainFrameSize.width-FrameSize.width)/2+loc.x,
        (MainFrameSize.height-FrameSize.height)/2+loc.y);
        UserLoginFrame.pack();
    UserLoginFrame.setVisible(true);
    }else if(e.getActionCommand()=="退出"){
        this.dispose();
        System.exit(0);
    }else if(e.getActionCommand()=="添加用户"){
        UserAddFrame=new UserAdd();
        Dimension FrameSize=UserAddFrame.getPreferredSize();
        Dimension MainFrameSize=getSize();
        Point loc=getLocation();
        UserAddFrame.setLocation((MainFrameSize.width-FrameSize.width)/2+loc.x,
        (MainFrameSize.height-FrameSize.height)/2+loc.y);
        UserAddFrame.pack();
        UserAddFrame.setVisible(true);
    }else if(e.getActionCommand()=="修改用户"){
        UserModifyFrame=new UserModify();
        Dimension FrameSize=UserModifyFrame.getPreferredSize();
        Dimension MainFrameSize=getSize();
        Point loc=getLocation();
        UserModifyFrame.setLocation((MainFrameSize.width-FrameSize.width)/2+loc.x,
        (MainFrameSize.height-FrameSize.height)/2+loc.y);
        UserModifyFrame.pack();
        UserModifyFrame.setVisible(true);
    }else if(e.getActionCommand()=="删除用户"){
        UserDeleteFrame=new UserDelete();
        Dimension FrameSize=UserDeleteFrame.getPreferredSize();
        Dimension MainFrameSize=getSize();
        Point loc=getLocation();
        UserDeleteFrame.setLocation((MainFrameSize.width-FrameSize.width)/2+loc.x,
        (MainFrameSize.height-FrameSize.height)/2+loc.y);
        UserDeleteFrame.pack();
        UserDeleteFrame.setVisible(true);
    }else if(e.getActionCommand()=="添加图书"){
        BookAddFrame=new BookAdd();
        Dimension FrameSize=BookAddFrame.getPreferredSize();
        Dimension MainFrameSize=getSize();
        Point loc=getLocation();
        BookAddFrame.setLocation((MainFrameSize.width-FrameSize.width)/2+loc.x,
        (MainFrameSize.height-FrameSize.height)/2+loc.y);
        BookAddFrame.pack();
        BookAddFrame.setVisible(true);
    }else if(e.getActionCommand()=="修改图书"){
        BookModifyFrame=new BookModify();
        Dimension FrameSize=BookModifyFrame.getPreferredSize();
```

```
        Dimension MainFrameSize=getSize();
        Point loc=getLocation();
        BookModifyFrame.setLocation((MainFrameSize.width-FrameSize.width)/2+loc.x,
        (MainFrameSize.height-FrameSize.height)/2+loc.y);
        BookModifyFrame.pack();
        BookModifyFrame.setVisible(true);
    }else if(e.getActionCommand()=="删除图书"){
        BookDeleteFrame=new BookDelete();
        Dimension FrameSize=BookDeleteFrame.getPreferredSize();
        Dimension MainFrameSize=getSize();
        Point loc=getLocation();
        BookDeleteFrame.setLocation((MainFrameSize.width-FrameSize.width)/2+loc.x,
        (MainFrameSize.height-FrameSize.height)/2+loc.y);
        BookDeleteFrame.pack();
        BookDeleteFrame.setVisible(true);
    }
    //借书管理
    else if(e.getActionCommand()=="图书出借"){
        LendBookFrame=new LendBook();
        Dimension FrameSize=LendBookFrame.getPreferredSize();
        Dimension MainFrameSize=getSize();
        Point loc=getLocation();
        LendBookFrame.setLocation((MainFrameSize.width-FrameSize.width)/2+loc.x,
        (MainFrameSize.height-FrameSize.height)/2+loc.y);
        LendBookFrame.pack();
        LendBookFrame.setVisible(true);
    }
    else if(e.getActionCommand()=="图书出借信息修改"){
        LendInfoFrame=new LendInfo();
        Dimension FrameSize=LendInfoFrame.getPreferredSize();
        Dimension MainFrameSize=getSize();
        Point loc=getLocation();
        LendInfoFrame.setLocation((MainFrameSize.width-FrameSize.width)/2+loc.x,
        (MainFrameSize.height-FrameSize.height)/2+loc.y);
        LendInfoFrame.pack();
        LendInfoFrame.setVisible(true);
    }
    //还书管理
    else if(e.getActionCommand()=="图书还入"){
        ReturnBookFrame=new ReturnBook();
        Dimension FrameSize=ReturnBookFrame.getPreferredSize();
        Dimension MainFrameSize=getSize();
        Point loc=getLocation();
        ReturnBookFrame.setLocation((MainFrameSize.width-FrameSize.width)/2+loc.x,
        (MainFrameSize.height-FrameSize.height)/2+loc.y);
        ReturnBookFrame.pack();
        ReturnBookFrame.setVisible(true);
    }
    else if(e.getActionCommand()=="图书还入信息修改"){
        ReturnInfoFrame=new ReturnInfo();
        Dimension FrameSize=ReturnInfoFrame.getPreferredSize();
        Dimension MainFrameSize=getSize();
        Point loc=getLocation();
        ReturnInfoFrame.setLocation((MainFrameSize.width-FrameSize.width)/2+loc.x,
```

```
            (MainFrameSize.height-FrameSize.height)/2+loc.y);
            ReturnInfoFrame.pack();
            ReturnInfoFrame.setVisible(true);
        }
        //信息一览
        else if(e.getActionCommand()=="图书列表"){
            new BookList();
        }
        else if(e.getActionCommand()=="用户列表"){
            UserListFrame=new UserList();
            Dimension FrameSize=UserListFrame.getPreferredSize();
            Dimension MainFrameSize=getSize();
            Point loc=getLocation();
            UserListFrame.setLocation((MainFrameSize.width-FrameSize.width)/2+loc.x,
            (MainFrameSize.height-FrameSize.height)/2+loc.y);
            UserListFrame.pack();
            UserListFrame.setVisible(true);
        }
        else if(e.getActionCommand()=="图书借还情况表"){
            LendBookListFrame=new LendBookList();
            Dimension FrameSize=LendBookListFrame.getPreferredSize();
            Dimension MainFrameSize=getSize();
            Point loc=getLocation();
            LendBookListFrame.setLocation((MainFrameSize.width-FrameSize.width)/2+loc.x,
            (MainFrameSize.height-FrameSize.height)/2+loc.y);
            LendBookListFrame.pack();
            LendBookListFrame.setVisible(true);
        }
    }
    //--设置登录用户的权限--
    public  void setEnable(String Status){
        if(Status.trim().equals("1")){
            UserMGRMenu.setEnabled(true);
            BookMGRMenu.setEnabled(false);
            LendBookMenu.setEnabled(false);
            ReturnBookMenu.setEnabled(false);
            InfoBrowseMenu.setEnabled(true);
            UserListMenuItem.setEnabled(true);
        }else if(Status.trim().equals("2--图书管理员")){
            UserMGRMenu.setEnabled(false);
            BookMGRMenu.setEnabled(true);
            LendBookMenu.setEnabled(true);
            ReturnBookMenu.setEnabled(true);
            InfoBrowseMenu.setEnabled(true);
            UserListMenuItem.setEnabled(false);
        }else if(Status.trim().equals("3--读      者")){
            UserMGRMenu.setEnabled(false);
            BookMGRMenu.setEnabled(false);
            LendBookMenu.setEnabled(false);
            ReturnBookMenu.setEnabled(false);
            InfoBrowseMenu.setEnabled(true);
            UserListMenuItem.setEnabled(true);
        }
    }
```

```
    public static void main(String args[]){
        new MainWindow();
    }
}
```

DataBaseManager 类：负责数据库数据的更新和查询。

```
import java.sql.*;
public class DataBaseManager{
    Connection con;
    ResultSet rs;
    Statement stmt;
    public DataBaseManager(){
        try{

        Class.forName( "sun.jdbc.odbc.JdbcOdbcDriver" );
        con=DriverManager.getConnection("jdbc:odbc:miniLibrary");
        stmt=con.createStatement();
    }
     catch ( ClassNotFoundException cnfex ) {
       System.err.println("Failed to load JDBC/ODBC driver." );
       cnfex.printStackTrace();
       System.exit( 1 ); // terminate program
       }catch(SQLException sqle){
        System.out.println(sqle.toString());
       }
    }
    public ResultSet getResult(String strSQL){
        try{
        rs=stmt.executeQuery(strSQL);
        return rs;
    }
    catch(SQLException sqle){
        System.out.println(sqle.toString());
        return null;
    }
}
      public boolean updateSql(String strSQL){
       try{
       stmt.executeUpdate(strSQL);
       con.commit();
       return true;
      }catch(SQLException sqle){
       System.out.println(sqle.toString());
       return false;
       }
    }
    public void closeConnection(){
       try{
          con.close();
       }catch(SQLException sqle){
          System.out.println(sqle.toString());
       }
   }
}
```

DbCheck 类：负责检查输入数据。

```
import java.awt.*;
import java.awt.event.*;
```

```
import javax.swing.*;
import java.sql.*;
    class DbCheck{
   DataBaseManager db=new DataBaseManager();
    //isEmpty
    public boolean isEmpty(String s){

    if(s.trim().length()==0||s==null){
        return true;
        }
        return false;
    }
    //isInteger
    public boolean isInteger(JTextField s){
    int n;
    try{
        n=Integer.parseInt(s.getText());
        }
        catch(NumberFormatException e)
        {
        return false;
        }
        return true;
    }
    //isFloat
   public boolean isFloat(String s){
    float n;
    try{
        n=Float.parseFloat(s);
        }catch(NumberFormatException e){
        return false;
        }
        return true;
    }
   //ConfirmUserId
    public int confirmUserId(JTextField UserIdText,JPasswordField PasswordText ){
    int UserId;
    ResultSet rs;
           char[] password=PasswordText.getPassword();
             String passwordSTR=new String(password);
        try{
               String strSQL="select UserId from UserTable where UserId='"+
               UserIdText.getText().trim()+"' and Passwd='"+
               passwordSTR+"' ";
               //执行 SQL 语句
               rs=db.getResult(strSQL);
               rs.next();
               UserId=rs.getInt(1);
            }catch(Exception e){
            System.out.println(e.toString()+"UserId");
            JOptionPane.showMessageDialog(null,"读者帐号或密码不正确!");
               return -1;
            }
        return UserId;
    }
```

```
        //ConfirmBookId
        public int confirmBookId(JTextField BookIdText){
            int BookId;
            ResultSet rs;
            try{
                String strSQL="select BookId from BookTable where  BookId='"+
                BookIdText.getText().trim()+"' ";
                 //执行 SQL 语句
                 rs=db.getResult(strSQL);
                 rs.next();
                 BookId=rs.getInt(1);
               }
                catch(Exception e){
              System.out.println(e.toString()+"执行 SQL 语句");
              JOptionPane.showMessageDialog(null,"图书: "+BookIdText.getText().trim()+"不存
在! ");
                return -1;
               }
            return BookId;
        }
        //lend_returnBook
        /**CREATE TABLE Lend_Return(
          UserID int foreign key references UserTable(UserID),
          BookID int foreign key references BookTable(BookID),
          Librarian varchar(20),
          Number int,
          TransactDate datetime default getdate() ) **/
       public void lend_returnBook(int UId,int BId,int BNumber,String Librarian,JFrame w){
            String  UserId,BookId,BookNumber;
            UserId=String.valueOf(UId);
            BookId=String.valueOf(BId);
            BookNumber=String.valueOf(BNumber);
          try{
    String    strSQL="insert  Lend_Return(UserID,BookID,Librarian,Number,TransactDate)
values('"+
                               UserId+"','"+
                               BookId+"','"+
                             Librarian+"','"+
                             BookNumber+"','')";
                      if(db.updateSql(strSQL)){
                        JOptionPane.showMessageDialog(null,"完成! ");
                        db.closeConnection();
                      }else{
                        JOptionPane.showMessageDialog(null,"失败! ");
                        db.closeConnection();
                        w.dispose();
                      }
                 }
                 catch(Exception ex){
                  System.out.println(ex.toString());
                  }

        }
         public void LibrarianAddItem(JComboBox comboBox){
```

```
            ResultSet rs;
             try
              {
               String strSQL="select UserName,UserId from UserTable where Status='2--图书管理员'";
                    rs=db.getResult(strSQL);
                   while(rs.next()){
                       comboBox.addItem(rs.getString(1));
                     }
                }catch(SQLException sqle){
                    System.out.println(sqle.toString());
                    JOptionPane.showMessageDialog(null,"失败！");
                 }catch(Exception ex){
                   System.out.println(ex.toString());
                  }
             }
    }
```

UserLogin 类：负责用户登录管理。

```
import java.awt.*;
import java.awt.event.*;
import javax.swing.*;
import java.sql.*;
public class UserLogin extends JFrame implements ActionListener{
    DataBaseManager db=new DataBaseManager();
    MainWindow mainFrame;
    JPanel panel1,panel2;
    JLabel UserLabel,PasswordLabel;
    JTextField UserTextField;
    JPasswordField PasswordTextField;
    JButton YesBtn,CancelBtn;
    Container c;
    ResultSet rs;
    public UserLogin(MainWindow mainFrame){
        super("用户登录");
        this.mainFrame=mainFrame;
        UserLabel=new JLabel("用户名",JLabel.CENTER);
        PasswordLabel=new JLabel("密  码",JLabel.CENTER);
        UserLabel.setFont(new Font("黑体",10,20));
        PasswordLabel.setFont(new Font("黑体",10,20));
        UserTextField=new JTextField(10);
        PasswordTextField=new JPasswordField(10);
        YesBtn=new JButton("确定");
        CancelBtn=new JButton("取消");
        YesBtn.addActionListener(this);
        CancelBtn.addActionListener(this);
        panel1=new JPanel();
       panel1.setLayout(new GridLayout(2,2));
        panel2=new JPanel();
        c=getContentPane();
        c.setLayout(new BorderLayout());
            panel1.add(UserLabel);
            panel1.add(UserTextField);
            panel1.add(PasswordLabel);
```

```
            panel1.add(PasswordTextField);
        c.add(panel1,BorderLayout.CENTER);
        panel2.add(YesBtn);
        panel2.add(CancelBtn);
        c.add(panel2,BorderLayout.SOUTH);
        setSize(400,400);
    }
    public void actionPerformed(ActionEvent e){
        if(e.getSource()==CancelBtn){
            mainFrame.setEnable("else");
            this.dispose();
        }else{
            char[] password=PasswordTextField.getPassword();
            String passwordSTR=new String(password);
            if(UserTextField.getText().trim().equals("")){
                JOptionPane.showMessageDialog(null,"用户名不可为空!");
                return;
            }
            if(passwordSTR.equals("")){
                JOptionPane.showMessageDialog(null,"密码不可为空!");
                return;
            }
            String strSQL;
            strSQL="select * from UserTable where UserName='"+
                 UserTextField.getText().trim()+"'and Passwd='"+
                 passwordSTR+"' ";
            rs=db.getResult(strSQL);
            boolean isExist=false;
            try
            {
            isExist=rs.first();
            }
            catch(SQLException sqle){
            System.out.println(sqle.toString());
            }
            if(!isExist){
            JOptionPane.showMessageDialog(null,"用户名不存在或者密码不正确!");
            mainFrame.setEnable("else");
            }
            else{
                try{
                    rs.first();
                    mainFrame.setEnable(rs.getString("Status").trim());
                    db.closeConnection();
                    this.dispose();
                }
                catch(SQLException sqle2){
                System.out.println(sqle2.toString());
                }
            }
        }
    }
}
```

UserAdd 类：负责添加用户信息。

```
import java.awt.*;
import java.awt.event.*;
```

```
import javax.swing.*;
import java.sql.*;
public class UserAdd extends JFrame implements ActionListener{
    /**create table UserTable(
      UserID int identity  primary key ,
      UserName varchar(20),
      Passwd varchar(20),
      Status varchar(20))**/
    DataBaseManager db=new DataBaseManager();
    ResultSet rs;
    Container c;
    JPanel panel1,panel2;
    JLabel UserNameLabel,PasswordLabel,ConfirmLabel,UserStatusLabel;
    JTextField UserNameText;
    JPasswordField PasswordText,ConfirmText;
    JComboBox UserStatusComboBox;
    JButton AddBtn,CancelBtn;
    public UserAdd(){
        super("添加用户");
        c=getContentPane();
        c.setLayout(new BorderLayout());
        UserNameLabel=new JLabel("用户名",JLabel.CENTER);
        PasswordLabel=new JLabel("密  码",JLabel.CENTER);
        ConfirmLabel =new JLabel("确  认",JLabel.CENTER);
       UserStatusLabel=new JLabel("身  份",JLabel.CENTER);
        UserNameText=new JTextField(20);
        PasswordText=new JPasswordField(20);
        ConfirmText =new JPasswordField(20);
        UserStatusComboBox=new JComboBox();
        UserStatusComboBox.addItem("1--系统管理员");
        UserStatusComboBox.addItem("2--图书管理员");
        UserStatusComboBox.addItem("3--读      者");
        AddBtn=new JButton("添  加");
        CancelBtn=new JButton("取  消");
        AddBtn.addActionListener(this);
        CancelBtn.addActionListener(this);
        panel1=new JPanel();
        panel1.setLayout(new GridLayout(4,2));
        panel1.add(UserNameLabel);
        panel1.add(UserNameText);
        panel1.add(PasswordLabel);
        panel1.add(PasswordText);
        panel1.add(ConfirmLabel);
        panel1.add(ConfirmText);
        panel1.add(UserStatusLabel);
        panel1.add(UserStatusComboBox);
        c.add(panel1,BorderLayout.CENTER);
        panel2=new JPanel();
        panel2.add(AddBtn);
        panel2.add(CancelBtn);
        c.add(panel2,BorderLayout.SOUTH);
        setSize(300,300);
    }
```

```
        public void actionPerformed(ActionEvent e){
            if(e.getSource()==CancelBtn){
                db.closeConnection();
                this.dispose();
            }
            else if(e.getSource()==AddBtn){
                char[] password=PasswordText.getPassword();
                String passwordSTR=new String(password);
                char[] confirm=ConfirmText.getPassword();
                String confirmSTR=new String(confirm);
                try{
                    String strSQL="select * from userTable where userName='"+
                    UserNameText.getText().trim()+"'";
                    if(UserNameText.getText().trim().equals("")){
                        JOptionPane.showMessageDialog(null,"用户名不能为空！");
                    }
                    else if(passwordSTR.equals("")){
                        JOptionPane.showMessageDialog(null,"密码不能为空！");
                    }
                    else if(!passwordSTR.equals(confirmSTR)){
                        JOptionPane.showMessageDialog(null,"两次输入的密码不一致！");
                    }else{
                         if(db.getResult(strSQL).first()) {
                 JOptionPane.showMessageDialog(null,"此用户已经存在，请重新输入用户名！");
                }else{
        strSQL="insert  UserTable(UserName,Passwd,Status)  values('"+UserNameText.getText().
trim()+"','"+
                                  passwordSTR+"','"+UserStatusComboBox.getSelectedItem()+"')";
                                  if(db.updateSql(strSQL)){
                                      this.dispose();
                                      JOptionPane.showMessageDialog(null,"添加用户成功!");
                                  }
                                  else {
                                      JOptionPane.showMessageDialog(null,"添加用户失败!");
                                  }
                            }
                    }
                }
                catch(SQLException sqle){
                    System.out.println(sqle.toString());
                }catch(Exception ex){
                    System.out.println(ex.toString());
                }
            }
        }
    }
```

BookAdd 类：负责添加图书信息。

```
    import java.awt.*;
    import java.awt.event.*;
    import javax.swing.*;
    import java.sql.*;
    public class BookAdd extends JFrame implements ActionListener{
        /**create table BookTable
           BookID int identity primary key,
```

```
    BookName varchar(20),
    Author varchar(20),
    Press varchar(20),
    PressDate Datetime,
    Price decimal(5,2),
    Intro varchar(50))
    **/
  DataBaseManager db=new DataBaseManager();
  ResultSet rs;
  JPanel panel1,panel2;
  JLabel  BookNameLabel,PressLabel, AuthorLabel,PressDateLabel,PriceLabel,IntroLabel;
  JTextField BookNameText,PressText, AuthorText, PressDateText, PriceText, IntroText;
  Container c;
  JButton ClearBtn,AddBtn,ExitBtn;
  public BookAdd(){
      super("添加图书信息");
      c=getContentPane();
      c.setLayout(new BorderLayout());
      BookNameLabel =new JLabel("名    称",JLabel.CENTER);
      PressLabel    =new JLabel("出 版 社",JLabel.CENTER);
      AuthorLabel   =new JLabel("作    者",JLabel.CENTER);
      PressDateLabel=new JLabel("出版日期",JLabel.CENTER);
      PriceLabel    =new JLabel("价    格",JLabel.CENTER);
      IntroLabel    =new JLabel("简    介",JLabel.CENTER);
      BookNameText =new JTextField(15);
      PressText    =new JTextField(15);
      AuthorText   =new JTextField(15);
      PressDateText=new JTextField(15);
      PriceText    =new JTextField(15);
      IntroText    =new JTextField(15);
      panel1=new JPanel();
      panel1.setLayout(new GridLayout(6,2));
      panel1.add(BookNameLabel);
      panel1.add(BookNameText);
      panel1.add(PressLabel);
      panel1.add(PressText);
      panel1.add(AuthorLabel);
      panel1.add(AuthorText);
      panel1.add(PressDateLabel);
      panel1.add(PressDateText);
      panel1.add(PriceLabel);
      panel1.add(PriceText);
      panel1.add(IntroLabel);
      panel1.add(IntroText);
      panel2=new JPanel();
      panel2.setLayout(new GridLayout(1,3));
      ClearBtn=new JButton("清  空");
      ClearBtn.addActionListener(this);
      AddBtn=new JButton("添  加");
      AddBtn.addActionListener(this);
      ExitBtn=new JButton("退  出");
      ExitBtn.addActionListener(this);
      panel2.add(ClearBtn);
      panel2.add(AddBtn);
```

```
        panel2.add(ExitBtn);
        c.add(panel1,BorderLayout.CENTER);
        c.add(panel2,BorderLayout.SOUTH);
    }
    public void actionPerformed(ActionEvent e){
        if(e.getSource()==ExitBtn){
            db.closeConnection();
            this.dispose();
        }
        else if(e.getSource()==ClearBtn){
        BookNameText.setText("");
        PressText.setText("");
        AuthorText.setText("");
        PressDateText.setText("");
        PriceText.setText("");
        IntroText.setText("");
        }
        else if(e.getSource()==AddBtn){
            if(BookNameText.getText().trim().equals("")){
                JOptionPane.showMessageDialog(null,"书名不能为空！");
            }
            else if(PressText.getText().trim().equals("")){
                JOptionPane.showMessageDialog(null,"出版社不能为空！");}
            else if(AuthorText.getText().trim().equals("")){
                JOptionPane.showMessageDialog(null,"作者不能为空！");
            }else{
            try{
            String strSQL="insert BookTable(BookName,Press,Author,PressDate,Price,
Intro)values('"+
                    BookNameText.getText().trim()+"','"+
                    PressText.getText().trim()+"','"+
                    AuthorText.getText().trim()+"','"+
                    PressDateText.getText().trim()+"','"+
                    PriceText.getText().trim()+"','"+
                    IntroText.getText().trim()+"')";
                    if(db.updateSql(strSQL)){
                        JOptionPane.showMessageDialog(null,"添加图书成功！");
                        this.dispose();
                    }
                    else{
                        JOptionPane.showMessageDialog(null,"添加图书失败！");
                        this.dispose();
                    }
                    db.closeConnection();
                }
                catch(Exception ex){
                  System.out.println(ex.toString());
                }
            }
        }
    }
}
```

LendBook 类：负责添加借书信息。

```
import java.awt.*;
import java.awt.event.*;
```

```
import javax.swing.*;
import java.sql.*;
public class LendBook extends JFrame implements ActionListener{
    /** CREATE TABLE Lend_Return(
UserID int foreign key references UserTable(UserID),
BookID int foreign key references BookTable(BookID),
Librarian varchar(20),
Number int,
LendDate datetime default getdate,
ReturnDate datetime default getdate )
     **/
    DbCheck dc=new DbCheck();
    ResultSet rs;
    JPanel panel1,panel2;
    Container c;
    JLabel UserIdLabel,PasswordLabel,BookIdLabel,NumberLabel,LibrarianLabel;
    JTextField UserIdText,BookIdText,NumberText;
    JPasswordField PasswordText;
    JButton ClearBtn,YesBtn,CancelBtn;
    JComboBox BookNameComboBox  =new JComboBox();
    JComboBox LibrarianComboBox =new JComboBox();
    public LendBook(){
        super("图书借出");
        c=getContentPane();
        c.setLayout(new BorderLayout());
        UserIdLabel=new JLabel("读者帐号: ",JLabel.CENTER);
        PasswordLabel=new JLabel("读者密码: ",JLabel.CENTER);
        BookIdLabel  =new JLabel("图书编号",JLabel.CENTER);
        NumberLabel  =new JLabel("借书数量",JLabel.CENTER);
        LibrarianLabel =new JLabel("管 理 员",JLabel.CENTER);
        UserIdText=new JTextField(20);
        PasswordText=new JPasswordField(20);
        BookIdText  =new JTextField(20);
        NumberText  =new JTextField(20);
       dc.LibrarianAddItem(LibrarianComboBox);
        panel1=new JPanel();
        panel1.setLayout(new GridLayout(5,2));
        panel1.add(UserIdLabel);
        panel1.add(UserIdText);
        panel1.add(PasswordLabel);
        panel1.add(PasswordText);
        panel1.add(BookIdLabel);
        panel1.add(BookIdText);
        panel1.add(NumberLabel);
        panel1.add(NumberText);
        panel1.add(LibrarianLabel);
        panel1.add(LibrarianComboBox);
        c.add(panel1,BorderLayout.CENTER);
        panel2=new JPanel();
        panel2.setLayout(new GridLayout(1,3));
        ClearBtn=new JButton("清空");
        YesBtn=new JButton("确定");
        CancelBtn=new JButton("取消");
        ClearBtn.addActionListener(this);
```

```
        YesBtn.addActionListener(this);
        CancelBtn.addActionListener(this);
        panel2.add(ClearBtn);
        panel2.add(YesBtn);
        panel2.add(CancelBtn);
        c.add(panel2,BorderLayout.SOUTH);
    }
    public void actionPerformed(ActionEvent e){
        if(e.getSource()==CancelBtn){
            this.dispose();
        }
        else if(e.getSource()==ClearBtn){
        NumberText.setText("");
        }
        else if(e.getSource()==YesBtn){
       int UserId,BookId,BookNumber;
       String Librarian;
       UserId=dc.confirmUserId(UserIdText,PasswordText);
       BookId=dc.confirmBookId(BookIdText);
       if(UserId==-1||BookId==-1){JOptionPane.showMessageDialog(null,"UserId||BookId输入不正确!");}
        if(!dc.isInteger(NumberText)){JOptionPane.showMessageDialog(null,"Number输入不正确!");}
            BookNumber=Integer.parseInt(NumberText.getText());
            Librarian=(String)LibrarianComboBox.getSelectedItem();
           dc.lend_returnBook(UserId,BookId,BookNumber,Librarian,this);
        }
     }
}
```

ReturnBook 类：负责添加还书信息。

```
import java.awt.*;
import java.awt.event.*;
import javax.swing.*;
import java.sql.*;
public class ReturnBook extends JFrame implements ActionListener{
/** create table Lend_Return(
UserID int foreign key references UserTable(UserID),
BookID int foreign key references BookTable(BookID),
Librarian varchar(20),
Number int,
LendDate Datetime DEFAULT GETDATE(),
ReturnDate Datetime DEFAULT GETDATE())
     **/
    DbCheck dc=new DbCheck();
    DataBaseManager db=new DataBaseManager();
    ResultSet rs;
    JPanel panel1,panel2;
    Container c;
    JLabel UserIdLabel,PasswordLabel,BookIdLabel,NumberLabel,LibrarianLabel;
    JTextField UserIdText,BookIdText,NumberText;
    JPasswordField PasswordText;
    JButton ClearBtn,YesBtn,CancelBtn;
    JComboBox BookNameComboBox  =new JComboBox();
    JComboBox LibrarianComboBox =new JComboBox();
```

```
    public ReturnBook(){
        super("图书还回");
        c=getContentPane();
        c=getContentPane();
        c.setLayout(new BorderLayout());
        UserIdLabel=new JLabel("读者帐号：",JLabel.CENTER);
        PasswordLabel=new JLabel("读者密码：",JLabel.CENTER);
        BookIdLabel  =new JLabel("图书编号",JLabel.CENTER);
        NumberLabel  =new JLabel("借书数量",JLabel.CENTER);
        LibrarianLabel =new JLabel("管 理 员",JLabel.CENTER);
        UserIdText=new JTextField(20);
        PasswordText=new JPasswordField(20);
        BookIdText  =new JTextField(20);
        NumberText  =new JTextField(20);
       dc.LibrarianAddItem(LibrarianComboBox);
        panel1=new JPanel();
        panel1.setLayout(new GridLayout(5,2));
        panel1.add(UserIdLabel);
        panel1.add(UserIdText);
        panel1.add(PasswordLabel);
        panel1.add(PasswordText);
        panel1.add(BookIdLabel);
        panel1.add(BookIdText);
        panel1.add(NumberLabel);
        panel1.add(NumberText);
        panel1.add(LibrarianLabel);
        panel1.add(LibrarianComboBox);
        c.add(panel1,BorderLayout.CENTER);
        panel2=new JPanel();
        panel2.setLayout(new GridLayout(1,3));
        ClearBtn=new JButton("清空");
        YesBtn=new JButton("确定");
        CancelBtn=new JButton("取消");
        ClearBtn.addActionListener(this);
        YesBtn.addActionListener(this);
        CancelBtn.addActionListener(this);
        panel2.add(ClearBtn);
        panel2.add(YesBtn);
        panel2.add(CancelBtn);
        c.add(panel2,BorderLayout.SOUTH);
    }
    public void actionPerformed(ActionEvent e){
        if(e.getSource()==CancelBtn){
            this.dispose();
        }
        else if(e.getSource()==ClearBtn){
        NumberText.setText("");
        }else if(e.getSource()==YesBtn){
        int UserId,BookId,BookNumber;
        String Librarian;
        UserId=dc.confirmUserId(UserIdText,PasswordText);
        BookId=dc.confirmBookId(BookIdText);
       if(UserId==-1||BookId==-1){JOptionPane.showMessageDialog(null,"UserId||BookId 输入不
正确!");}
```

```
            if(!dc.isInteger(NumberText)){JOptionPane.showMessageDialog(null,"Number 输入不正确!");}
                BookNumber=-Integer.parseInt(NumberText.getText());
                Librarian=(String)LibrarianComboBox.getSelectedItem();
            dc.lend_returnBook(UserId,BookId,BookNumber,Librarian,this);
            }
        }
    }
```

7.6　小结

不管是打电话还是用信用卡取钱，实际上都是在与数据库打交道，数据编库程是很普遍的，也是很重要的。Java.sql 包提供了支撑数据库编程的一些接口和类。

DriverManager 类负责管理 JDBC 驱动程序，在使用 JDBC 驱动程序之前，必须先将驱动程序加载并向 DriverManager 注册后才可使用，在程序中可以通过调用 Class.forName()方法来完成。

Connection 接口用来连接数据库，Connection 对象是通过 DriverManager.getConnection()方法获得的，代表与数据库的连接，也就是在已经加载的驱动程序和数据库之间建立连接，用 Connection 对象的方法可以创建 Statement 对象，用 Statement 对象可以执行 sql 语句。

执行 select 语句可以调用 Statement 对象的 executeQuery(String sql)方法，这个方法返回一个 ResultSet 对象，用 ResultSet 对象的方法可以处理 select 的查询结果。

以下是连接数据库的步骤：

1. 加载、注册驱动程序

```
Class.forName( "sun.jdbc.odbc.JdbcOdbcDriver" );
```

2. 连接数据源

```
Connection con=DriverManager.getConnection("jdbc:odbc:miniLibrary");
```

3. 创建语句对象

```
Statement stmt=con.createStatement();
```

4. 执行 SQL 语句

```
ResultSet rst=stmt.executeQuery("select * from student");
              stmt.executeUpdate(strSQL);
```

5. 处理结果集 ResultSet 对象 rst

```
While(rst.next()){ rst.getString(1); rst.getString(2);…}
```

6. 关闭连接、释放资源

```
stmt.close();
con.close();
```

习题 7

一、思考题

1. 什么是数据库？
2. 如何在 Java 程序中连接数据库？

3. 如何在 Java 程序中更新和查询数据库表中的数据?
4. 如何在 Java 程序中处理结果集 ResultSet 对象?
5. 为什么连接数据库要使用接口而不是类?

二、上机练习题

1. 安装 SQLServer 或 MySQL 数据库系统。
2. 创建一个名为 University 的数据库。
3. 按照 7.1 节中的举例建表，并添加数据和查询。
4. 编译并运行示例 7.1～示例 7.3。
5. 编译并运行实例 7.1 中的 DataBaseManager。

第 8 章 Java 的网络程序设计基础

不出户，知天下；不窥牖，见天道。

——老子

计算机网络是把分散的具有独立功能的计算机，用通信线路和通信设备连接起来，以实现资源共享的系统。计算机网络由硬件系统、协议和软件组成。协议是通信双方必须共同遵守的约定和规则。

Java 语言是作为一种网络程序设计语言出现的，具有强大的网络程序设计功能，Java 编写的网络程序，能够使用网络上的各种资源和数据，能够与服务器建立各种形式的连接和传输通道，能够让计算机间进行通信和传输数据，本章主要介绍 Java 网络类和接口的功能，讨论 Java 的网络程序设计基础。

8.1 Java 网络类和接口

Java 网络类和接口都包含在 java.net 程序包中，所提供的网络功能可以分为以下 3 大类。

1. 统一资源定位符（Uniform Resource Locators，URL），通常称为网址，能够准确找到网络上的数据，用来读取数据。

2. Socket 套接字，利用网络协议（TCP/IP），通过网络建立两个不同进程之间的数据通道，用来读取和发送数据。

3. Datagram 数据报，只从一方按照指定的地址发送数据，而不能保证被另一方准确收到，用来发送数据。

主要网络接口和网络类如表 8-1、表 8-2 所示。

表 8-1 网络接口

SocketImplFactory	此接口定义用于套接字实现的工厂
SocketOptions	获取/设置套接字选项的方法的接口
URLStreamHandlerFactory	该接口为 URL 流协议处理程序定义一个工厂
ContentHandlerFactory	此接口定义内容处理程序的工厂
DatagramSocketImplFactory	此接口定义用于数据报套接字实现的工厂

表 8-2 网络类

Inet4Address	此类表示 Internet Protocol version 4 (IPv4) 地址
Inet6Address	此类表示互联网协议第 6 版 (IPv6) 地址
InetAddress	此类表示互联网协议 (IP) 地址
InetSocketAddress	此类实现 IP 套接字地址（IP 地址 + 端口号）
Proxy	此类表示代理设置，通常为类型（http、socks）和套接字地址
ProxySelector	连接到 URL 引用的网络资源时选择要使用的代理服务器（如果有）
ServerSocket	此类实现服务器套接字
Socket	此类实现客户端套接字
SocketAddress	此类表示不带任何协议附件的 Socket Address
SocketImpl	抽象类 SocketImpl 是实际实现套接字的所有类的通用超类
SocketPermission	此类表示通过套接字对网络的访问
DatagramPacket	此类表示数据报包
DatagramSocket	此类表示用来发送和接收数据报包的套接字
DatagramSocketImpl	数据报和多播套接字实现的抽象基类
URI	表示一个统一资源标识符引用
URL	类 URL 代表一个统一资源定位符，它是指向互联网"资源"的指针
URLClassLoader	该类加载器用于在指向 JAR 文件和目录的 URL 的搜索路径中加载类和资源
URLConnection	抽象类 URLConnection 是所有类的超类，它代表应用程序和 URL 之间的通信连接
URLDecoder	HTML 格式解码的实用工具类
URLEncoder	HTML 格式编码的实用工具类
URLStreamHandler	抽象类 URLStreamHandler 是所有流协议处理程序的通用超类

8.2 InetAddress 类

所有连入 Internet 的设备（包括计算机、PDA、打印机以及其他的电子设备）都有一个唯一的索引编号，这个索引编号被称为 IP 地址。

目前的 IP 地址大多数是由 4 个字节组成，这种 IP 地址叫做 IPv4，IPv4 地址的一般表现形式为：

```
X.X.X.X
```

其中 X 为 0～255 的十进制整数。这 4 个整数用“.”隔开。从理论上说，IPv4 地址的数量是 2^{32}，也就是可以有 4 294 967 296 个 IP 地址，但由于要排除一些具有特殊意义的 IP（如 0.0.0.0、127.0.0.1、224.0.0.1、255.255.255.255 等），因此，IPv4 地址可自由分配的 IP 数量要小于它所能表示的 IP 地址数量。

为了便于管理，人为地将 IPv4 划分为 A 类、B 类和 C 类 IP 地址。

A 类 IP 地址范围：0.0.0.0—127.255.255.255，标准的子网掩码是 255.0.0.0.

B 类 IP 地址范围：128.0.0.0—191.255.255.255，标准的子网掩码是 255.255.0.0.

C 类 IP 地址范围：192.0.0.0—223.255.255.255，标准的子网掩码是 255.255.255.0.

从上面的描述可看出，第一个字节在 0 和 127 之间的是 A 类 IP 地址，在 128 和 191 之间的是 B 类 IP 地址，而在 192 和 223 之间的是 C 类 IP 地址。如果两个 IP 地址分别和它们的子网掩码进行按位与后得到的值是一样的，就说明这两个 IP 在同一个网段。下面是两个 C 类 IP 地址 IP1、IP2 和它们的子网掩码。

IP1：192.168.18.10　　子网掩码：255.255.255.0

IP2：192.168.18.20　　子网掩码：255.255.255.0

这两个 IP 和它们的子网掩码按位与后，得到的值都是 192.168.18.0。因此，IP1 和 IP2 在同一个网段。当用户使用 Modem 或 ADSL Modem 上网后，临时分配给本机的 IP 一般都是 C 类地址，也就是说，第一个字节都会在 192 和 223 之间。上面给出的 IP 地址和子网掩码只是标准形式。用户也可以根据自己的需要使用其他的 IP 和子网掩码，如 IP 地址设为 10.0.0.1，子网掩码设为 255.255.255.128，但为了便于分类和管理，在局域网中设置 IP 地址时，建议按着标准的分类来设置。

除了这种由 4 个字节组成的 IP，在 Internet 上还存在另一种 IP。这种 IP 由 16 个字节组成，叫做 IPv6，IPv6 地址由 16 个字节组成，共分为 8 段，IPv6 地址的一般表现形式为：

```
x:x:x:x:x:x:x:x
```

其中“x”是 4 位十六进制数，段与段之间用“:”隔开，例如：

```
A123:B456:C789:DEF0:1234:5678:F117:ABCD
```

是一个标准的 IPv6 地址。

无论是 IPv4 地址，还是 IPv6 地址，都是很难记忆的，为了使这些地址便于记忆，Internet 上设计了一个域名系统 DNS（Domain Name System），DNS 将一个 IP 地址与一个域名（一个容易记忆的字符串，如 microsoft）建立了对应关系，当计算机通过域名访问 Internet 资源时，系统首先通过 DNS 得到域名对应的 IP 地址，再通过 IP 地址访问 Internet 资源。在这个过程中，IP 地址对用户是完全透明的，如果一个域名对应了多个 IP 地址，DNS 从这些 IP 地址中随机选取一个返回。

域名可以分为不同的层次，常见的有顶层域名、顶级域名、二级域名和三级域名。

顶层域名可分为类型顶层域名和地域顶层域名。如 www.microsoft.com、www.w3c.org 中的 com 和 org 就是类型顶层域名，它们分别代表商业（com）和非盈利组织（org）。而 www.dearbook.com.cn 中的 cn 就是地域顶层域名，它表示中国（cn）。主要的类型顶层域名有 com（商业）、edu（教育）、gov（政府）、int（国际组织）、mil（美国军方）、net（网络部门）、org（非盈利组织）。大多数国家都有自己的地域顶层域名，如中国（cn）、美国（us）、英国（uk）等。

顶级域名，如 www.microsoft.com 中的 microsoft.com 就是一个顶级域名。在 E-mail 地址的“@”后面跟的都是顶级域名，如 abc@126.com、mymail@sina.com 等。

二级域名，如 blog.csdn.net 就是顶级域名 csdn.net 的二级域名。有很多人认为 www.csdn.net 是顶级域名，其实这是一种误解。实际上 www.csdn.net 是顶级域名 csdn.net 的二级域名。www.csdn.net 和 blog.csdn.net 在本质上是一样的，只是我们已经习惯了使用 www 表示一个使用 HTTP 或 HTTPS 协议的网址，因此，给人的误解就是 www.csdn.net 是一个顶级域名。

三级域名，如 abc.photo.163.com 就是二级域名 photo.163.com 的三级域名。有很多 blog 或电子相册之类的网站都为每个用户分配一个三级域名。

InetAddress 类是 Java 中用于描述 IP 地址的类，在 Java 中分别用 Inet4Address 和 Inet6Address 类来描述 IPv4 和 IPv6 的地址。这两个类都是 InetAddress 的子类。

InetAddress 类里有 hostName(String)和 address(int) 两个字段，即主机名和 IP 地址。这两个字

段不是公共的，可以通过 InetAddress 类的 4 个静态方法 getLocalHost()、getByName()、getAllByName()和 getByAddress()得到本机或远程主机的 InetAddress 对象，调用这些方法的程序中必须捕捉或抛出 UnknownHostException 异常。

1. getLocalHost()方法

使用 getLocalHost 方法可以得到本机的 IP 和计算机名，例如：

```
InetAddress ip1 = InetAddress.getLocalHost();
```

2. getByName()方法

这个方法是 InetAddress 类最常用的方法，可以通过指定的域名从 DNS 中得到相应的 IP 地址，如果指定的域名对应多个 IP 地址，getByName()返回第一个 IP，当指定域名是 localhost 时，则返回的 IP 是 127.0.0.1，如果指定的域名是不存在的域名，getByName 将抛出 UnknownHostException 异常，例如：

```
InetAddress ip2 = InetAddress.getByName("www.csdn.net");
```

3. getAllByName()方法

使用 getAllByName 方法可以从 DNS 上得到指定的域名对应的所有的 IP 地址，这个方法返回一个 InetAddress 类型的数组。与 getByName 方法一样，当指定的域名不存在时，getAllByName 也会抛出 UnknowHostException 异常，getAllByName 也不会验证 IP 地址是否存在。下面的代码演示了 getAllByName 的用法：

```
InetAddress ip3[] = InetAddress.getAllByName("city.dlut.edu.cn");
```

4. getByAddress 方法

这个方法必须通过 IP 地址来创建 InetAddress 对象，而且 IP 地址必须是 byte 数组形式，例如：

```
        byte address[] = ip2.getAddress();
InetAddress ip4 = InetAddress.getByAddress(address);
```

【示例 8.1】InetAddress 演示程序。

```
import java.net.*;
class MyInetAddress{
    public static void main (String[] args) throws UnknownHostException{
    InetAddress ip1 = InetAddress.getLocalHost();
    InetAddress ip2 = InetAddress.getByName("www.csdn.net");
    InetAddress ip3[] = InetAddress.getAllByName("city.dlut.edu.cn");
    byte address[] = ip2.getAddress();
    InetAddress ip4 = InetAddress.getByAddress(address);
    System.out.println ("ip1="+ip1+" HostName="+ip1.getCanonicalHostName());
    System.out.println ("ip2="+ip2+" HostName="+ip2.getCanonicalHostName());
    for(inti=0;i<ip3.length;i++){System.out.println ("ip3[]="+ip3[i]+" HostName="
                                    +ip3[i].getCanonicalHostName());}
    System.out.println ("ip4="+ip4+" HostName="+ip4.getCanonicalHostName());
    }
}
```

8.3 URL 和 URLConnection 类

IP 地址对应的是网络中的一台计算机，URL 对应的是网络中一台计算机上诸多资源中的一项资源。资源可以是简单的文件或目录，也可以是更为复杂的对象的引用，如对数据库或搜索引擎的查询等。以 URL 表示 Internet 上各种数据资源的位置，已经成为一种标准的方式。

Java 中使用 URL 类和 URLConnetion 类来封装 URL 有关数据，使用 URL 类和 URLConnetion 类，都能够实现对一个服务器的访问，获取服务器上的资源，可以用一个 URL 对象记录下完整的 URL 信息。

1. URL 类

（1）URL 类的主要构造器

URL(String spec); 根据 spec 表示的资源创建 URL 对象。

URL(String protocol, String host, int port, String file);根据指定协议 protocol、主机 host、端口 port 和文件 file 创建 URL 对象，例如：

```
URL url1=new URL("http://mail.163.com/exitmail.htm");
URL url2=new URL("http://www.baidu.com/index.php");
URL url3=new URL("http","localhost",8080,"/form.html");
```

（2）URL 类中的主要方法

public final Object getContent();用于获取当前 URL 对象的传输协议。

public String getFile();用于获取当前 URL 对象资源的文件名。

public String getHost();用于获取当前 URL 对象所连接机器的名字。

public int getPort();用于获取端口号。

public int getDefaultPort();用于获取默认的端口号。

public String getProtocol();用于获取当前所使用的传输协议的名称。

例如：

System.out.println(url1.getPort()+url1.getHost()+url1.getProtocol());

System.out.println(url2.getPort()+url2.getHost()+url2.getAuthority());

System.out.println(url3.getPort()+url3.getHost()+url3.getPath());

使用 URLConnection 类可以与指定的 URL 建立动态连接，同时也可以向服务器发送请求，将数据送回服务器。创建 URLConnection 类的对象，一般都会使用 URL 对象的 openConnection() 方法来返回，例如：

```
URLConnection urlcon1=url1.openConnection();
URLConnection urlcon2=url2.openConnection();
URLConnection urlcon3=url3.openConnection();
```

2. URLConnetion 类

URLConnetion 类中的主要方法如下。

public int getContentLength();用于获取指定 URL 服务器上资源文件的长度。

public String getContentType();用于获取指定 URL 服务器上资源文件的类型。

pblic long getLastModify();用于获取指定 URL 服务器上资源文件最后一次修改的时间。

public long getDate();用于获取指定 URL 服务器上资源文件创建的时间。

public InputStream getInputStream();用于获取输入流，以便读取指定 URL 服务器上资源文件的内容。

【示例 8.2】URL 和 URLConnection 演示程序。

```
import java.io.*;
import java.net.*;
import java.util.Date;
class URL_URLConnection{
    public static void main(String args[]) throws Exception{
    int c;
```

```
        URL url1=new URL("http://mail.163.com/exitmail.htm");
        URL url2=new URL("http://www.baidu.com/index.php");
        URL url3=new URL("http","localhost",8080,"/form.html");
        System.out.println("url1is :"+url1.getPort()+url1.getHost()+url1.getProtocol());
        System.out.println("url2is :"+url2.getPort()+url2.getHost()+url2.getAuthority());
        System.out.println("url3is :"+url3.getPort()+url3.getHost()+url3.getPath());
        URLConnection urlcon1=url1.openConnection();
        URLConnection urlcon2=url2.openConnection();
        URLConnection urlcon3=url3.openConnection();
        System.out.println(urlcon1.getURL()+new Date(urlcon1.getDate())+urlcon1.getContentType());
        InputStream in=urlcon3.getInputStream();
        while (((c=in.read())!=-1)){System.out.print((char)c);}
        in.close();
    }
}
```

8.4 Socket 类与 ServerSocket 类

Socket 套接字是基于 TCP/IP 协议下的网络连接，可以把这种网络连接看成是一个字节流，连接的各方都可以通过这个流来读/写字节，实现 C/S 架构。对应于 C/S 架构，Java 套接字分为两种，一种是客户端套接字 Socket，一种是服务器套接字 ServerSocket。网络程序设计，需要一个客户端程序和一个服务器程序。客户端程序是呼叫方，因而需要知道服务器程序的地址和端口号，地址表示网络上的一台计算机，端口号表示这台计算机上正在运行的一个服务器程序。服务器程序是被叫方，需要响应客户端程序发出的请求。

客户端程序需要创建 Socket 对象，并要指定所访问的服务器地址和端口号，用 Socket 对象得到一个输入流 InputStream 和一个输出流 OutputStream，由此创建一个 DataInputStream 对象和一个 DataOutputStream 对象。用 DataInputStream 对象的 readUTF()方法，从 Socket 对象的输入流 InputStream 读出数据，用 DataOutputStream 对象的 writeUTF()方法，向 Socket 对象的输出流 OutputStream 写入数据。当客户端程序运行时，就会向正在运行的服务器程序发出请求，等待服务器程序的响应，如示例 8.3 所示。

【示例 8.3】一个简单的客户端程序。

```
import java.io.*;
import java.net.*;
public class Client{
      public static void main(String[] args) throws Exception{
        Socket client = new Socket("localhost",5678);//建立客户端 Socket 对象，发出请求
                DataInputStream  in=new DataInputStream(client.getInputStream());
                DataOutputStream out=new DataOutputStream(client.getOutputStream());
                out.writeUTF("hello Server");
                String readServer;
                while(true){//读取服务器数据，需要延时等待
                readServer=in.readUTF();
                System.out.println(readServer);
                out.writeUTF("Thanks Server");
                if(readServer.equals("Thanks Client"))break;
                }
}
```

服务器程序需要创建 ServerSocket 对象，要规定一个端口号，等待客户端访问。用 SeverSocker 对象的 accept()方法来响应客户端请求。当收到客户端的请求时，accept()方法获取一个由客户端创建的 Socker 对象，放在服务器程序中，用客户端的 Socker 对象在服务器上建立的数据流与客户端数据流是一致的，用数据流实现服务器程序与客户端之间的数据交换，如示例 8.4 所示。

【示例 8.4】一个简单的服务器程序。

```
import java.net.*;
import java.io.*;
public class Server{
      public static void main(String  args[]) throws Exception{
          ServerSocket server=new ServerSocket(5678);//创建 ServerSocket 对象，等待客户端访问
          Socket user=server.accept();//响应客户端的请求，获取的客户端创建的 Socker 对象
          DataOutputStream out=new DataOutputStream(user.getOutputStream());
          DataInputStream  in=new DataInputStream(user.getInputStream());
          out.writeUTF("hello Client");
          String readClient;
          while(true){ //读取客户端数据，需要延时等待
          readClient=in.readUTF();
          System.out.println(readClient);
          out.writeUTF("Thanks Client");
          if(readClient.equals("Thanks Server"))break;
          }
      }
}
```

示例 8.3 中的 Socket client = new Socket("localhost",5678);是呼叫服务器 server=new ServerSocket(5678)。

示例 8.4 中的 server.accept()是服务器接收客户端的呼叫，它获取的返回值是从示例 8.3 中得到的 client，user=server.accept()即 user=client，于是，示例 8.4 中的 user.getOutputStream()等于示例 8.3 中 client.getInputStream()，从而在服务器上建立的数据流与客户端数据流是一致的。

1. Socket 类的主要构造器

Socket(String host,int port);用于建立一个主机域名为 host，端口号为 port 的套接字对象。

Socket(InetAddress host,int port);用于建立一个 InetAddress 对象指定的主机，端口号为 port 的套接字对象。

2. Socket 类的主要方法

public InetAddress getInetAddress();用于返回连接到服务器地址的 InetAddress 对象。

public InetAddress getLocalAddress();用于返回当前套接字所绑定的网络接口。

public int getPort();用于返回套接字 Socket 对象所连接服务器的端口号。

public Inputstream getInputStream();用于返回一个输入流，利用该输入流可以实现从套接字读取数据信息。

public OutputStream getOuputStream();用于返回一个输出流，利用该输出流可以实现通过套接字写数据信息。

public synchronized void close();　用于断开使用套接字 Socket 类建立的连接。

3. SeverSocket 类的主要构造器

ServerSocket（int port）;用于建立服务器端 SeverSocket 对象，参数 port 指定所要监听的端口号。

ServerSocket(int port,int queuelength);用于建立服务器端 SeverSocket 对象，参数 port 指定所要监听的端口号，参数 queuelength 用来指定请求队列的长度。

SeverSocket(int port queuelength,inetAddress address);用于建立服务器端 ServerSock 对象，参数 port 指定所要监听的端口号，参数 queuelength 用来指定请求队列的长度，参数 address 用来指定所绑定的本地网络地址。

4. SeverSocket 类的主要方法

public Socket accpt();用于保存当前客户端请求的连接，并返回一个 Socket 对象保存该连接。

public InetAddress getInetAddress();用于返回连接到的客户端地址 InetAddress 的对象。

public int getLocalPort();用于返回本地服务器与客户端建立连接的端口号。

public void close();用于关闭服务器端 SeverSocket 对象。

SeverSocket 类的使用步骤如下。

（1）用 ServerSocket()方法在指定端口创建一个新的 ServerSocket 对象。

（2）ServerSocket 对象调用 accept()方法在指定的端口监听到来的连接。accept()一直处于阻塞状态，直到有客户端试图建立连接。这时 accept()方法返回连接客户端与服务器的 Socket 对象。

（3）调用 getInputStream()方法或者 getOutputStream()方法或者两者全调用建立与客户端交互的输入流和输出流。具体情况要视服务器的类型而定。

（4）服务器与客户端根据一定的协议交互，直到关闭连接。

（5）服务器、客户机或者两者都关闭连接。

（6）服务器回到第（2）步，继续监听下一次的连接。

【示例 8.5】视窗模式的服务器。

```
import java.net.*;
import java.io.*;
import javax.swing.*;
import java.awt.*;
import java.awt.event.*;
public class FrameServer extends JFrame implements ActionListener{
     ServerSocket server;
     Socket user;
     DataOutputStream out;
     DataInputStream  in;
    JTextField  send,receive;
    JButton b1;
    FrameServer(){
    setTitle("FrameServer");
    setBounds(100,100,600,100);
    setLayout(new GridLayout(3,2));
    b1=new JButton("OK");
    send=new JTextField(10);
    receive=new JTextField(10);
    receive.setEditable(false);
    add(new JLabel("接收"));add(receive);
    add(new JLabel("发送"));add(send);
    add(new JLabel("确认"));add(b1);
    b1.addActionListener(this);
```

```
        setVisible(true);
        try{
                            server=new ServerSocket(5678);
                            user=server.accept();
                            out=new DataOutputStream(user.getOutputStream());
                             in=new DataInputStream(user.getInputStream());
                             String readClient;
                              while(true){
                              readClient=in.readUTF();
                              receive.setText(readClient);
                              }
                            }catch(Exception eee){eee.printStackTrace();}
              pack();
        }
         public void actionPerformed(ActionEvent e){
         if(e.getSource()==b1){
                       try{
                            out.writeUTF(send.getText().trim());
                          }catch(Exception eee){eee.printStackTrace();}
                       }
        }
       public static void main(String args[]){
       new FrameServer();
        }
}
```

【示例 8.6】视窗模式的客户端。

```
import java.net.*;
import java.io.*;
import javax.swing.*;
import java.awt.*;
import java.awt.event.*;
public class FrameClient extends JFrame implements ActionListener{
         Socket client;
         DataOutputStream out;
         DataInputStream  in;
         JTextField  send,receive;
        JButton b1;
        FrameClient(){
        setTitle("FrameClient");
        setBounds(100,100,600,100);
        setLayout(new GridLayout(3,2));
        b1=new JButton("OK");
        send=new JTextField(10);
        receive=new JTextField(10);
        receive.setEditable(false);
        add(new JLabel("接收"));add(receive);
        add(new JLabel("发送"));add(send);
        add(new JLabel("确认"));add(b1);
        b1.addActionListener(this);
        setVisible(true);
        try{
                            client = new Socket("192.168.4.88",5678);
                              out=new DataOutputStream(client.getOutputStream());
                              in=new DataInputStream(client.getInputStream());
                              String readClient;
```

```
                        while(true){
                        readClient=in.readUTF();
                        receive.setText(readClient);
                        }
                        }catch(Exception eee){eee.printStackTrace();}
        pack();
        }
        public void actionPerformed(ActionEvent e){
        if(e.getSource()==b1){
                        try{
                            out.writeUTF(send.getText().trim());
                          }catch(Exception eee){eee.printStackTrace();}
                        }
        }
       public static void main(String args[]){
       new FrameClient();
       }
}
```

下面是一个最简单的 Web 服务器的示例，在 IE 浏览器的地址中写入 http://localhost:1234/hello.html 回车后会访问到 Web 服务器目录下的 root\hello.html 文件。

【示例 8.7】一个最简单的 Web 服务器。

```
     import java.net.*;
     import java.io.*;
     import java.util.*;
     public class SimpleWebServer{
          public static void main(String args[]) throws Exception{
                 ServerSocket server= new ServerSocket(1234);
                 System.out.println("SimpleWebServer running on port"+server.getLocalPort());
                 while(true){//等待客户端连接
                    Socket socket = server.accept();
                    httpSocket(socket);
                 }
          }
          public static void httpSocket(Socket socket)throws Exception{
          BufferedReader   br   =   new   BufferedReader(new   InputStreamReader(socket.
getInputStream()));
          OutputStream output=socket.getOutputStream();

          String file;
          String headerLine;
          while(true){//读取浏览器提交的请求信息
                 if(br.ready()){
                   headerLine = br.readLine();
                   System.out.println("The client request is "+headerLine);
                   StringTokenizer s = new StringTokenizer(headerLine);
                   String temp = s.nextToken();
                   System.out.println("The temp is "+temp);
                   if(temp.equals("GET")){
                   file= s.nextToken();
                   System.out.println("The fileName is "+file);
                   }else{ file="index.html";}

                      FileInputStream fis = new FileInputStream("root\\"+file);
                      byte[] data = new byte[1024];
```

```
                    int i = fis.read(data);

                    output.write(data);
                    fis.close();
                    br.close();
                    socket.close();
                    System.out.println("ok");
                    break;
                }
            }
        }
    }
```

下面是一个最简单的 Web 浏览器的示例，在浏览器的地址中写入 http://localhost:1234/hello.html 回车后会访问到 Web 服务器目录下的 root\hello.html 文件，与用 IE 浏览器看到的结果完全一样。

【示例 8.8】一个最简单的 Web 浏览器。

```
import java.io.*;
import java.net.*;
import javax.swing.*;
import java.awt.*;
import java.awt.event.*;
import java.util.*;
class SimpleWebBrowser extends JFrame implements ActionListener{
    JToolBar toolbar;
    JButton addrButton;
    JTextField addrField;
    JTextArea textArea;
   SimpleWebBrowser(){
   addrButton=new JButton("地址");
    addrField=new JTextField(100) ;
    textArea=new JTextArea(50,100);
    textArea.setEditable(false);
   toolbar=new JToolBar();
   toolbar.add(addrButton);
   toolbar.add(addrField);
   add("North",toolbar);
   add("Center",textArea);
   addrField.addActionListener(this);
   setTitle("一个简单的 Web 浏览器");
   setBounds(100,100,500,400);
   setVisible(true);
   }
public void actionPerformed(ActionEvent e){
        System.out.println("ok");
        String addr=addrField.getText();
       try{
          StringTokenizer s = new StringTokenizer(addr,":/");
          String protocol= s.nextToken();
          String host= s.nextToken();
          String port= s.nextToken();
          String file= s.nextToken();
          System.out.println(addr);
          System.out.println(protocol+"-"+host+"-"+port+"-"+file);
          Socket socket = new Socket(host,Integer.parseInt(port));
          OutputStream os = socket.getOutputStream();
```

```
                PrintWriter out = new PrintWriter( socket.getOutputStream(),true);
                BufferedReader in = new BufferedReader(new InputStreamReader(socket.
getInputStream()));
                // send an HTTP request to the web server
                 out.println("GET /"+file+" HTTP/1.1");
                 // read the response
                char[] data = new char[1024] ;
                while (true){
                            if(in.ready()){
                        int i =in.read(data);
                        break;
                        }
                }
                 //display the response to the out console
                textArea.setText(new String(data));
                socket.close();
                }catch(Exception ee){ee.printStackTrace();}
    }
    public static void main(String args[]){
    new SimpleWebBrowser();
    }
}
```

8.5 DatagramPacker 类和 DatagramSocket 类

Java 语言中除了使用 Socket 套接字实现网络连接以外，还提供了 Datagram 套接字类来实现网络间数据的传输。与 Socket 套接字不同，使用 Datagram（数据报）套接字实现的数据传输是基于 UDP 协议的，将数据的目的地址保存在数据报中，发送到网络上传输，不能保证被对方准确地收到，但其传输的效率却高于使用 Socket 套接字的传输。

数据报（Datagram）是网络层数据单元在介质上传输信息的一种逻辑分组格式，它是一种在网络中传播的、独立的、自身包含地址信息的消息，它能否到达目的地、到达的时间、到达时内容是否会变化不能准确地知道。它的通信双方是不需要建立连接的，对于一些不需要很高质量的应用程序来说，数据报通信是一个非常好的选择。还有就是对实时性要求很高的情况，比如在实时音频和视频应用中，数据包的丢失和位置错乱是静态的，是可以被人们所忍受的，但是如果在数据包位置错乱或丢失时要求数据包重传，就是用户所不能忍受的，这时就可以利用 UDP 传输数据包。在 Java 的 java.net 包中有两个类 DatagramSocket 和 DatagramPacket，可在应用程序中采用数据报通信方式进行网络通信。

1. DatagramPacker 类

DatagramPacker 类用来将要在网上传输的数据打包。数据报通信要将数据打包后才能进行发送和接收，DatagramPacket 类创建的数据包分为以下两种。

（1）发送数据包

创建并使用发送数据程序，该数据包中包含所有传送的数据信息以及要传递到的目的地址。创建发送数据包的构造器如下。

DatagramPacker(byte[],int length,InetAddress address,int port);用于创建发送数据包，参数 buf 字符数组为要发送数据的存储区，参数 length 指定数据长度，参数 address 指定传送到的目的地址，参数 port 指定接收数据包的端口号。

DatagramPacket(byte[],int offset,int length,InetAddress address,int port) 用于创建发送数据包，参数 buf 字符数组为要发送数据的存储区，参数 offset 指定 buf 字符数组中的开始位置，参数 length 指定数据长度，参数 address 指定传送到的目的地址，参数 port 指定接收数据包的端口号。

（2）接收数据包

创建并使用接收数据程序，该数据包中包只含所有传送的数据信息，不需要传递到的目的地址。创建接收数据包的构造器如下。

DatagramPacket(byte buf[],int lenth);用于创建接收数据包，参数 buf 字符数组用来存储接收到的数据，参数 length 指定数据长度。

DatagramPack(byte buf[],int offset,int length);用于创建接收数据包，参数 buf 字符数组用来存储接收到的数据，参数 offset 指定 buf 字符数组中的开始位置，参数 length 指定数据长度。

DatagramPacker 类的主要方法如下。

public InetAddress getAddress();如果当前对象是发送数据包，则返回发送数据的目的地址，如果当前对象是接收数据包，则返回发送该数据包的机器的地址。

public byte[] getData();用于获取数据包中的内容，返回一个字节数组。

public int getLength();用于获取数据包中数据的字节数。

public int getPort();用于获取数据包中目的地址主机接收数据的端口号。

2. DatagramSocket 类

DatagramSocket 类用于发送和接收数据报包的套接字，用来将已打包的数据在网上进行发送和接收。数据报套接字是包投递服务的发送或接收点。每个在数据报套接字上发送或接收的包都是单独编址和路由的。从一台机器发送到另一台机器的多个包可能选择不同的路由，也可能按不同的顺序到达。

在 DatagramSocket 上总是启用 UDP 广播发送。将 DatagramSocket 绑定到一个更加具体的地址时广播包也可以被接收。

例如，DatagramSocket s = new DatagramSocket(null); s.bind(new InetSocketAddress(8888)); 等价于：DatagramSocket s = new DatagramSocket(8888); 两个例子都能创建在 8888 端口上接收广播包。

（1）DatagramSocket 类的主要造器

DatagramSocket();构造数据报套接字并将其绑定到本地主机上任何可用的端口。

DatagramSocket(int port);创建数据报套接字并将其绑定到本地主机上的指定端口。

DatagramSocket(int port, InetAddress laddr);创建数据报套接字，将其绑定到指定的本地主机地址。

DatagramSocket(SocketAddress bindaddr);创建数据报套接字，将其绑定到指定的本地套接字地址。

（2）DatagramSocket 类的主要方法

public void receive(DatagramPacket data);用于从网络中接收数据包，存储于 DatagramPacket 对象的 data 中。

public void send(Datagram Packetdata);用于发送数据包。

public int getLocalPort();用于获取本地数据报套接字正在监听的端口号。

public void close()　;用于关闭数据报套接字。

【示例 8.9】发送数据包。

```
import java.net.*;
import java.io.*;
```

```
public class UDPClient{
        public static void main(String  args[]) throws Exception{
            DatagramSocket sendSocket=new DatagramSocket(1234);
            byte[] data=new byte[100];
            data="hello DatagramSocket".getBytes();
            System.out.println("to send a packet");
            DatagramPacket sendPacket=new DatagramPacket(data,"hello DatagramSocket".
length(),
                                    InetAddress.getByName("localhost"),5000);
            sendSocket.send(sendPacket);
        }
}
```

【示例 8.10】接收数据包。

```
import java.net.*;
import java.io.*;
public class UDPServer{
        public static void main(String args[]) throws Exception{
            DatagramSocket receiveSocket = new DatagramSocket(5678);
            byte buf[]=new byte[1000];
             DatagramPacket receivePacket=new DatagramPacket(buf,buf.length);
            System.out.println("to receive a packet");
            while (true){
               receiveSocket.receive(receivePacket);
               String host=receivePacket.getAddress().toString();
               System.out.println("来自:"+host+"\n 端口:"+receivePacket.getPort());
               String s=new String(receivePacket.getData(),0,receivePacket.getLength());
               System.out.println("收到的数据包:"+s);
            }
        }
}
```

8.6 MulticastSocket 类

MulticastSocket 类是一种 (UDP) DatagramSocket，它具有加入 Internet 上其他多播主机的“组”的附加功能。多播组通过 D 类 IP 地址和标准 UDP 端口号指定。D 类 IP 地址在 224.0.0.0 和 239.255.255.255 的范围内（包括两者）。地址 224.0.0.0 被保留，不应使用。可以通过首先使用所需端口创建 MulticastSocket，然后调用 joinGroup(InetAddress groupAddr) 方法来加入多播组。

```
// join a Multicast group and send the group salutations
...
String msg = "Hello";
InetAddress group = InetAddress.getByName("228.5.6.7");
MulticastSocket s = new MulticastSocket(6789);
s.joinGroup(group);
DatagramPacket hi = new DatagramPacket(msg.getBytes(), msg.length(),
                        group, 6789);
s.send(hi);
// get their responses!
byte[] buf = new byte[1000];
DatagramPacket recv = new DatagramPacket(buf, buf.length);
s.receive(recv);
...
```

```
// OK, I'm done talking -leave the group...
s.leaveGroup(group);
```

将消息发送到多播组时，该主机和端口的所有预定接收者都将接收到消息。套接字不必成为多播组的成员即可向其发送消息。当套接字预定多播组/端口时，它将像该组和端口的所有其他成员一样接收由该组/端口的其他主机发送的数据报。套接字通过 leaveGroup(InetAddress addr) 方法放弃组中的成员资格。多个 MulticastSocket 可以同时预定多播组和端口，并且都会接收到组数据报。

8.7　实例讲解与问题研讨

【实例 8.1】一个多用户服务器。

```
import java.net.*;
import java.io.*;
import javax.swing.*;
import java.awt.*;
import java.awt.event.*;
import java.util.*;
public class ThreadServer extends JFrame implements ActionListener{
      LinkedList<Socket> sList=new LinkedList<Socket>();
      ServerSocket server;
      Socket user;
      DataOutputStream out;
      DataInputStream  in;
     JTextField  send,receive;
     JButton b1;
     ThreadServer(){
     setTitle("FrameServer");
     setBounds(100,100,600,100);
     setLayout(new GridLayout(3,2));
     b1=new JButton("OK");
     send=new JTextField(10);
     receive=new JTextField(10);
     receive.setEditable(false);
     add(new JLabel("接收"));add(receive);
     add(new JLabel("发送"));add(send);
     add(new JLabel("确认"));add(b1);
     b1.addActionListener(this);
     setVisible(true);
     try{
          server=new ServerSocket(5678);
          while(true){//等待客户端访问
          user=server.accept();
          sList.add(user);//把客户端 Socket 对象存储到链表 sList 中
          (new ServerThread(user,receive)).start();//为每个客户端建立一个线程，并启动执行
run()方法
              }
         }catch(Exception eee){eee.printStackTrace();}
     pack();
     }
```

```
    public void actionPerformed(ActionEvent e){
    if(e.getSource()==b1){//当单击按钮 b1 时，遍历链表，向每个客户端发送数据
                    try{
                        for(int i=0;i<sList.size();i++){
                            out=new DataOutputStream(sList.get(i).getOutputStream());
                            out.writeUTF(send.getText().trim());
                        }
                    }catch(Exception eee){eee.printStackTrace();}
                }
    }
    public static void main(String args[]){
    new ThreadServer();
    }
}
class ServerThread extends Thread{
    public ServerThread(Socket u,JTextField r){
        user=u;
        receive=r;
    }
    Socket user;
    JTextField receive;
    public void run(){
        try{
        DataOutputStream out;
        DataInputStream  in;
        out=new DataOutputStream(user.getOutputStream());
        in=new DataInputStream(user.getInputStream());
                    String readClient;
                    while(true){
                    readClient=in.readUTF();
                    receive.setText(readClient);
                    }
                }catch(Exception eee){eee.printStackTrace();}
    }
}
```

当用户访问多用户服务器时，把客户端 Socket 对象存储到链表 sList 中，服务器为每个客户端建立一个线程，并启动这个线程，在线程的 run()方法中读取每个客户端发送的数据，显示在服务器的文本行中。当单击按钮 b1 时，遍历链表，向每个客户端发送数据。关于线程将在第 9 章详细讨论。

8.8 小结

Java 一开始就是一种网络编程语言，到后来才应用到各个方面，所以在 Java 中进行网络编程远比在 C/C++中方便。

本章主要介绍了在网络编程中常用的类，如 InetAddress、URL、URLConnection、Socket、ServerSocket、DatagramSocket、DatagramPacket、MulticastSocket 等。这些类包含了进行基本网络编程的所有内容。要熟练地应用这些类，关键还是要多多练习。

基于套接字的编程基本上是客户端/服务器模式，我们具体介绍了编写这种模式的步骤。在示

例中，我们给出了一个基于 TCP 的套接字客户端/服务器程序，与此相对应，还给出了基于 UDP 的客户端/服务器程序。两者的模式是很相似的，其实这也就是编写客户端/服务器程序的一般模式。

习题 8

一、思考题

1. 什么是 IP 地址？什么是域名？
2. 什么是 TCP 的套接字服务器？什么是 TCP 的套接字客户端？
3. 什么是 UDP 客户端？什么是 UDP 服务器程序？
4. UDP 发送和接收数据与 TCP 发送和接收数据有什么不同？
5. 如何创编写客户端/服务器程序？

二、上机练习题

1. 编译并运行示例 8.1～示例 8.10。
2. 编译并运行实例 8.1。

第 9 章 Java 的多线程

大直若屈，大巧若拙，大辩若讷。

——老子

本章主要介绍 Java 语言中的进程、线程、多线程和定时器等概念及其程序设计的方法。要求读者掌握两种建立线程的方式以及线程、多线程和定时器的程序设计方法。

9.1 进程与线程

进程和线程是现代操作系统中的两个基本概念，进程是在计算机上的一次执行，程序只有执行才能完成一定的任务，而执行程序需要占用一定的内存空间和一定的 CPU 时间。进程既是执行任务的单位，又是系统资源的分配单位，也就是进程要独占系统资源。在操作系统中可以有多个进程，这些进程包括系统进程和用户进程。一个进程中可以有一个或多个线程，线程也是执行任务的单位，但不是系统资源的分配单位，也就是多个线程可以共享系统资源。进程与进程之间不共享内存，也就是说系统中的进程是在各自独立的内存空间中运行的。而一个进程中的线程可以共享系统分派给这个进程的内存空间。线程不仅可以共享进程的内存，而且还拥有一个属于自己的内存空间，这段内存空间也叫做线程栈，是在建立线程时由系统分配的，主要用来保存线程内部所使用的数据，如线程执行函数中所定义的变量等。

在分配系统资源时，操作系统是以进程为单位进行分配的，而在任务调度时，操作系统是以线程为单位进行调度的。操作系统为每一个线程安排一定的 CPU 时间片，线程被限制在一定的时间片内运行，时间片很短，给用户的感觉，就好像多个线程是同时在运行一样。操作系统在执行一个程序时，会在系统中建立一个进程，在这个进程中至少要建立一个线程来作为这个程序运行的入口点，这个线程被称为主线程。任何一个线程在建立时都会调用一个方法，这个方法叫做线程执行方法。可以将这个方法看做线程的入口点，如程序中的 main 方法。

在操作系统将进程分成多个线程后，这些线程可以在操作系统的管理下并发执行，从而大大提高了程序的运行效率，虽然线程的执行从宏观上看是多个线程同时执行，但由于一块 CPU 同时只能执行一条指令，因此在拥有一块 CPU 的计算机上不可能同时执行两个任务。操作系统为了提高程序的运行效率，在一个线程空闲时会撤下这个线程，并且会让其他的线程来执行，这种方式叫做线程调度。之所以从表面上看是多个线程同时执行，是因为不同线程之间切换的时间非常短，而且在一般情况下切换非常频繁。假设有线程 A 和 B 在同时运行，可能是 A 执行了

1ms 后，切换到 B 后，B 又执行了 1ms，然后又切换到了 A，A 又执行 1ms。由于 1ms 的时间对于普通人来说是很难感知的，因此，从表面看上去就像 A 和 B 同时执行一样，但实际上 A 和 B 是交替执行的。

如果能合理地使用线程，将会减少开发和维护成本，甚至可以改善复杂应用程序的性能。例如，在 GUI 应用程序中，还以通过线程的异步特性来更好地处理事件，在网络程序中可以通过建立多个线程来处理客户端的请求。线程甚至还可以简化虚拟机的实现，如 Java 虚拟机（JVM）的垃圾回收器（garbage collector）通常运行在一个或多个线程中。因此，使用线程至少会从以下几个方面来改善应用程序。

1. 充分利用 CPU 资源

大多数计算机只有一块 CPU，充分利用 CPU 资源显得尤为重要。当执行单线程程序时，由于在程序发生阻塞时 CPU 可能会处于空闲状态，造成 CPU 时间浪费。而在程序中使用多线程可以在某一个线程处于休眠或阻塞，而 CPU 又恰好处于空闲状态时来运行其他线程，这样 CPU 就很难有空闲的时候，CPU 资源就得到了充分的利用。

2. 简化编程模型

如果程序只完成一项任务，那只要写一个单线程的程序，并且按着执行这个任务的步骤编写代码即可。但要完成多项任务，如果还使用单线程的话，那就得在程序中判断每项任务是否应该执行以及什么时候执行。例如，显示一个时钟的时、分、秒三个指针，使用单线程就得在循环中逐一判断这三个指针的转动时间和角度，如果使用三个线程分别来处理这三个指针的显示，那么对于每个线程来说就是指行一个单独的任务，这样有助于开发人员对程序的理解和维护。

3. 简化异步事件的处理

当一个服务器应用程序在接收不同的客户端连接时最简单的处理方法就是为每一个客户端连接建立一个线程。然后监听线程仍然负责监听来自客户端的请求。如果这种应用程序采用单线程来处理，当监听线程接收到一个客户端请求后，开始读取客户端发来的数据，在读完数据后，read 方法处于阻塞状态，也就是说，这个线程将无法再监听客户端请求了。而要想在单线程中处理多个客户端请求，就必须使用非阻塞的 Socket 连接和异步 I/O。但使用异步 I/O 方式比使用同步 I/O 更难以控制，也更容易出错。因此，使用多线程和同步 I/O 可以更容易地处理类似于多请求的异步事件。

4. 使 GUI 更有效率

使用单线程来处理 GUI 事件时，必须使用循环来对随时可能发生的 GUI 事件进行扫描，在循环内部除了扫描 GUI 事件外，还得来执行其他的程序代码。如果这些代码太长，那么 GUI 事件就会被“冻结”，直到这些代码被执行完为止。

在现代的 GUI 框架中都使用了一个单独的事件分派线程来对 GUI 事件进行扫描。当按下一个按钮时，按钮的单击事件函数会在这个事件分派线程中被调用，这种方式对事件的响应是非常快的。

9.2 Java 的进程模型

每个 Java 应用程序都有一个 Runtime 类实例，使应用程序能够与其运行的环境相连接。可以通过 getRuntime 方法获取当前运行时的对象，以保持应用程序与其运行环境的联系。应用程序无法直接创建自己的 Runtime 类的实例，而必须通过 Runtime 类的 getRuntime 方法获取当前运行时的状态，exec 方法执行外部进程。

1. Runtime 类的主要方法

static Runtime getRuntime();返回与当前 Java 应用程序相关的运行时对象。

void exit(int status);终止当前正在进行的 JVM。

void halt(int status);强行终止目前正在进行的 JVM。

Process 是一个抽象类，提供了执行从进程输入、执行输出到进程、等待进程完成、检查进程的退出状态以及销毁进程的方法。用 Runtime.exec() 方法创建一个进程，并返回 Process 子类的一个实例，该实例可用来控制进程并获得子进程的输入流和输出流。因为有些本机平台仅针对标准输入和输出流提供有限的缓冲区大小，如果读写子进程的输出流或输入流迅速出现失败，则可能导致子进程阻塞，甚至产生死锁。ProcessBuilder.start() 和 Runtime.exec 方法创建一个本机进程，并返回 Process 子类的一个实例，该实例可用来控制进程并获取相关信息。Process 类提供了执行从进程输入、执行输出到进程、等待进程完成、检查进程的退出状态以及销毁（杀掉）进程的方法。

2. Process 类的主要方法

Process exec(String command);在单独的进程中执行指定的字符串命令，如 dir、notepad 和 write 等。

Process exec(String[] cmdarray);在单独的进程中执行指定命令和变量。

abstract InputStream getInputStream();获得子进程的输入流，用来读取命令的运行结果，与外部通信。

abstract OutputStream getOutputStream();获得子进程的输出流。

【示例 9.1】通过 Process 类的 exec()方法执行操作系统的外部命令。

```
import java.io.*;
class MyProcess{
      public static void main(String[] args)throws Exception{
      Process process;
      //process = Runtime.getRuntime().exec("javac MyRun.java");
      //process = Runtime.getRuntime().exec("java MyRun");
      //process  = Runtime.getRuntime().exec("write");
      //process  = Runtime.getRuntime().exec("notepad");
      process = Runtime.getRuntime().exec("cmd /c dir"); //执行 Windows 命令或可执行文件
      process.waitFor();
                int k=process.exitValue();
                if(k==0){
                System.out.println ("成功! ");
                }else{
                System.out.println ("失败! ");
                }
      BufferedReader bufferedReader =new BufferedReader(new InputStreamReader(process.
getInputStream()));
      String ls;
      while ((ls=bufferedReader.readLine())!= null)  //还可以读取 Windows 命令的运行结果
      System.out.println(ls);
     }
}
```

9.3　线程 Thread 类

Java 线程是 java.lang.Thread 类的对象，线程对象有一个 run()方法，run()方法负责实现线程的功能，是线程的主体，线程的运行就是执行 run()方法。Thread 类中还有一个 start()方法，这个方法负责启动线程对象并通过虚拟机调用 run()方法，start()方法只能被调用一次，例如：

```
Thread thread=new Thread("thread");
thread.start();
```

当调用线程的 start()方法时，线程的 run()方法被虚拟机执行，当 run()方法被执行完后，线程的运行随之结束，Thread 类中的 run()方法什么也不做。

要实现线程所需要的功能，可以继承 Thread 类，重写 run()方法，例如：

```
class MyThread extends Thread{
    public void run(){
    //重写 run()方法，实现线程所需要的功能
    }
}
```

然后通过下面的条语句创建线程对象和启动线程：

```
MyThread myThread=new MyThread();
myThread.start();
```

线程的 run()方法是一个无参方法，可以利用成员变量和提供带参量的线程构造器，使不同线程对象的 run()方法具有不同的行为。下面的示例以不同的速度打印两个线程的名字"thread1" 和 "thread2"，代码如下。

【示例 9.2】继承 Thread 类，重写 run()方法。

```
public class MyThread extends Thread{
    private String name;
    private int delayTime;
    MyThread(String name,int delayTime){
    super(name);
    this.name=name;
    this.delayTime=delayTime;
    }
    public void run(){
        while(true){System.out.println("线程:"+name);
            try{
                Thread.sleep(delayTime);//等待一定时间，让另一个线程运行
                }catch(Exception ex){ex.printStackTrace();}
        }
    }
   public static void main(String[] args){
   MyThread thread1 = new MyThread("thread1",100);
   MyThread thread2 = new MyThread("thread2",200);
   thread1.start();
   thread2.start();
   }
}
```

1. Thread 类的主要构造器

Thread();构造线程对象，使用默认的线程名字。

Thread(String name);构造线程对象，指定线程的名字。

Thread(Runnable target);由 Runnable 对象构造线程对象, Runnable 是线程接口。

Thread(Runnable target,String name); 由 Runnable 对象构造线程对象，指定线程的名字。

构造器的参数说明如下。

- Runnable target

实现了 Runnable 接口的类的实例。Thread 类也是实现了 Runnable 接口的类，因此，从 Thread 类继承的类的实例也可以作为 target 传入这个构造方法。

- String name

线程的名字。这个名字可以在建立 Thread 实例后通过 Thread 类的 setName 方法设置。如果不设置线程的名字，线程就使用默认的线程名：Thread-N，N 是线程建立的顺序，是一个不重复的正整数。

- long stackSize

线程栈的大小，这个值是 CPU 页面的整数倍。如 x86 的页面大小是 4KB，在 x86 平台下，默认的线程栈大小是 12KB。

2. Thread 类的主要方法

void run(); 线程主体方法。

void start();使该线程开始执行；Java 虚拟机调用该线程的 run 方法。

static Thread currenThread();返回对当前正在执行的线程对象的引用。

static void sleep(long millis);在指定的毫秒数内让当前正在执行的线程休眠。

static void yield();暂停当前正在执行的线程对象，并执行其他线程。

void wait();导致当前的线程等待。

void notify();唤醒在此对象监视器上等待的单个线程。

void setName(String name);改变线程的名称，使之与参数 name 相同。

void setPriority(int newPriority);更改线程的优先级。

void setDaemon(boolean on); 将该线程标记为守护线程或用户线程。

9.4 线程接口 Runnable

java.lang.Runnable 接口中只声明了一个 run()方法。要实现线程所需要的功能，也可以实现 Runnable 接口，通过实现 run()方法，来实现线程所需要的功能，在多数情况下实现 Runnable 接口更容易一些。用实现 Runnable 接口的类创建的对象还不是线程，需要把 Runnable 对象传递给 Thread 类的构造器，这样用 Thread 类创建线程对象中的 run()方法就是 Runnable 对象的 run()方法。用 start()方法启动线程时，执行 Runnable 对象的 run()方法。例如：

```
class MyRunnable implements Runnable(
        public void run(){
        //实现线程所需要的功能
        }
}
```

然后通过以下两条语句之一创建 MyRunnable 类的对象：

MyRunnable myRunnable= new MyRunnable(); 或 Runnable myRunnable=new MyRunnable();

myRunnable 对象还不是线程，需要把 Runnable 对象传递给 Thread 类的构造器，再用 Thread 类创建线程对象，通过下面的条语句创建线程对象和启动线程：

```
Thread myThread =new Thread(myRunnable);
myThread.start();
```

用继承 Thread 类和实现 Runnable 接口的类来建立线程，形式上看起来不同，其实本质上是一样的，无论是通过 Thread 类还是 Runnable 接口建立线程，都必须建立 Thread 类或它的子类的实例，实质上都是通过 Thread 类来建立线程，并运行 run()方法，Thread 类本身也是实现了 Runnable 接口的类。通过继承 Thread 类来建立线程，这个类继承了 Thread 类，就不能再继承其他类了，如果需要继承其他类，必须通过实现 Runnable 接口的方法来建立线程，这样线程类可以在必要的时候继承与业务有关的类，而不是 Thread 类。Runnable 接口应该由那些继承了其他的类而又需要建立线程的类来实现，这些类必须定义一个 run()方法。

【示例 9.3】实现 Runnable 接口，重写 run()方法。

```
public class MyRunnable implements  Runnable{
          private String name;
          private int delayTime;
          MyRunnable(String name,int delayTime){
          this.name=name;
          this.delayTime=delayTime;
          }
           public void run(){
              while(true){System.out.println("线程:"+name);
                try{Thread.sleep(delayTime);}catch(Exception ex){ex.printStackTrace();}
             }
      }
      public static void main(String[] args){
      MyRunnable myRunnable1 = new MyRunnable("thread1",100);
        Runnable myRunnable2 = new MyRunnable("thread2",200);
      Thread thread1=new Thread(myRunnable1);
      Thread thread2=new Thread(myRunnable2);
      thread1.start();
      thread2.start();
      }
}
```

9.5　线程的生命周期

一个线程通常还可以处于 5 种状态，即由 new 运算符建立线程，由 start 方法使线程处于就绪状态和 run()运行状态，由 sleep 方法使线程处于阻塞状态，由 run 方法结束时使线程处于退出状态，构成线程的生命周期。

线程在建立后并不马上执行 run()方法，而是处于等待状态，线程处于等待状态时，可以通过 Thread 类的方法来设置线程不各种属性，如线程的优先级（setPriority）、线程名（setName）和线程的类型（setDaemon）等。当调用 start 方法后，线程开始执行 run()方法，线程进入运行状态。可以通过 Thread 类的 isAlive 方法来判断线程是否处于运行状态。当线程处于运行状态时，isAlive 返回 true，当 isAlive 返回 false 时，线程可能处于等待状态，也可能处于停止状态。下面的代码演示了线程的创建、运行和停止三个状态之间的切换，并输出了相应的 isAlive 返回值。

【示例 9.4】线程的创建、运行和停止三个状态之间的切换。

```
public class LifeCycle extends Thread{
        public void run(){
            int n = 0;
            while ((++n) < 1000);
        }
        public static void main(String[] args) throws Exception {
            LifeCycle thread1 = new LifeCycle();
            System.out.println("isAlive: " + thread1.isAlive());
            thread1.start();
            System.out.println("isAlive: " + thread1.isAlive());
            thread1.join();  // 等线程 thread1 结束后再继续执行
        }
}
```

任何一个 Java 程序都必须有一个主线程，一般这个主线程的名子为 main，只有在程序中建立另外的线程，才能算是真正的多线程程序。也就是说，多线程程序必须拥有两个以上的线程。

在以上示例程序中都用到使线程休眠的 sleep()方法，系统会根据线程的休眠时间来分配 CPU 给线程的时间片，使这多个线程交替运行，这个方法抛出一个 InterruptedException 异常，例如：

```
try{
t1.sleep(100); //线程 t1 休眠 100 毫秒
t2.sleep(500); //线程 t2 休眠 500 毫秒
}catch(Exception e){
System.out.println(name + "线程中断异常");
}
```

线程开始执行 run()方法，到这个 run()方法执行完线程就结束。但在线程执行的过程中，可以通过两个方法使线程暂时停止执行。这两个方法是 suspend 和 sleep。在使用 suspend 挂起线程后，可以通过 resume 方法唤醒线程。而使用 sleep 使线程休眠后，只能在设定的时间后使线程处于就绪状态（在线程休眠结束后，线程不一定会马上执行，只是进入了就绪状态，等待着系统进行调度）。

【示例 9.5】使线程休眠。

```
class SleepThread extends Thread{
    public void run(){
        while (true){
        System.out.println(new java.util.Date().getTime());
        try{
         sleep(2000);// 使 SleepThread 的线程延迟 2 秒
            } catch (Exception e){}
        }
    }
    public static void main(String[] args) throws Exception{
        SleepThread sleepThread =new SleepThread();
        sleepThread.start(); // 开始运行线程 sleepThread
        boolean flag = false;
        while (true)
        {
            sleep(5000);  //使主线程延迟 5 秒

        }
    }
}
```

当 run()方法执行完后，线程就会退出，但有时 run 方法是永远不会结束的。例如，在服务器端程序中使用线程监听客户端请求，或是完成其他需要循环处理的任务。在这些情况下，一般是将这些任务放在一个循环中，如 while 循环。如果想使 while 循环在某一特定条件下退出，最直接的方法就是设一个 boolean 类型的标志，并通过设置这个标志为 true 或 false 来控制 while 循环是否退出。有以下 3 种方法可以终止线程。

（1）使用退出标志，使线程正常退出，也就是当 run 方法完成后线程终止。

```
public class ThreadFlag extends Thread{
    public volatile boolean exit = false;
    public void run(){
        while (!exit);
    }
    public static void main(String[] args) throws Exception{
        ThreadFlag thread = new ThreadFlag();
        thread.start();
        sleep(5000); // 主线程延迟 5 秒
        thread.exit = true;  // 终止线程 thread
        thread.join();
        System.out.println("线程退出!");
    }
}
```

（2）使用 stop 方法强行终止线程（这个方法不推荐使用，可能发生不可预料的结果）。

```
        thread.stop();
```

（3）使用 interrupt 方法中断线程。

```
public class ThreadInterrupt extends Thread{
    public void run(){
        try{
            sleep(50000);  // 延迟 50 秒
        }catch (InterruptedException e){}
    }
    public static void main(String[] args) throws Exception{
        Thread thread = new ThreadInterrupt();
        thread.start();
        System.out.println("在 50 秒之内按任意键中断线程!");
        System.in.read();
        thread.interrupt();
        thread.join();
        System.out.println("线程已经退出!");
    }
}
```

9.6　线程同步

使用线程的目的是并发执行任务，有时并发执行的任务中存在着不能并发调用的方法或语句块，如并发调用一个写文件的方法，会使写文件的结果不确定。

当多个线程并发地操作同一项数据时，会使每个线程的操作结果存在不确定性，导致数据混乱。为了避免数据混乱，在一个线程进行操作时，其他线程必须等到它结束后才能进行操作，能满足这种要求的操作称为同步(synchronized)操作，或称为互斥操作。Java 语言用 synchronized 修饰符表示同步方法或语句块。

同步方法或语句块也称为带锁的方法或代码块，当一个线程调用带锁的方法或语句块时，方法或语句块就会被锁上，其他线程将不能调用被锁上的方法或语句块，当调用结束时，带锁的方法或代码就会被解锁，其他线程才能接着调用。同步方法或语句块一次只能被一个线程调用，同步方法的定义格式如下：

```
synchronized 返回类型  方法名（[参数列表]{ … }
```

【示例 9.6】同步方法演示。

```
public class SynchronizedRunnable implements  Runnable{
    private float balance=0;
    synchronized void setBalance(float amount){
    balance +=amount;
    }
    synchronized float getBalance(){
    return balance ;
    }
    public void run(){
      try{
       setBalance(100);
       System.out.println(Thread.currentThread().getName()+"号线程:"+getBalance());
       Thread.sleep(100);
       }catch(Exception ex){ex.printStackTrace();}
    }
   public static void main(String[] args){
   SynchronizedRunnable myRunnable = new SynchronizedRunnable();
           new Thread(myRunnable,"1").start();
           new Thread(myRunnable,"2").start();
           new Thread(myRunnable,"3").start();
           new Thread(myRunnable,"4").start();
           new Thread(myRunnable,"5").start();
    }
}
```

同步语句块在非同步方法中使用，可以缩小同步范围，扩大并发范围，同步语句块的定义格式如下：

```
Synchronized(obj){ 一些语句 }
```

括号内的 obj 是要锁定的对象，当锁定的对象执行{ 一些语句 }时，{ 一些语句 }被锁上，当{ 一些语句 }执行结束后解锁。

示例 9.7 的两个线程并发执行 method1，后一个线程要等抢先的线程执行完同步语句块，后一个线程比抢先的线程多用的时间大约等于执行完同步语句块所需要的时间。如果将 synchronized 移到 void method1 前面再重新编译运行一次，则两个线程用时基本一样，原因是两个线程互斥执行 method1，两个线程是分别计时的。

【示例 9.7】同步语句块演示。

```
import java.io.*;
public class MySynchronized extends Thread{
    public  void method1(){
    long start=System.currentTimeMillis();
       synchronized(this){//writeOperation()被加锁
          writeOperation();
```

```
        }
        calculateOperation();//calculateOperation()没被加锁
        long result=System.currentTimeMillis()-start;
        System.out.println(Thread.currentThread().getName()+"线程:"+"用时"+result);
    }
    private void writeOperation(){//将数据写入文件，纯消耗时间用的
            FileWriter write;
            try{
                write = new FileWriter("c:\\test.txt");
                for(int i=0;i<10000;i++)
                for(int j=0;j<100;j++)
                write.write("hello");
               write.close();
                }
                catch(Exception ex)
                {
                    System.out.println(ex.getMessage());
                }
    }
    private void calculateOperation(){//这是纯消耗时间用的
        final int N=500000;
            Integer al[]=new Integer[N];
            for(int i=0;i<N;i++)
            for(int j=0;j<100;j++)
            { al[i]=new Integer(i);}
    }
    public void run(){
        method1();
    }
    public static void main(String[] args){
    long m=System.currentTimeMillis();

         MySynchronized myThread1 = new MySynchronized();
         MySynchronized myThread2 = new MySynchronized();
         myThread1.start();
         myThread2.start();
    long total=System.currentTimeMillis()-m;
    System.out.println+" total用时"+total);
    }
}
```

同步Synchronized也可以用于静态方法，以保护线程共享的静态数据。

9.7 定时器的管理

定时器是计算机中很重要的一个概念，计算机的CPU通过一个时钟引脚直接连接到计算机的时钟芯片，目的是定时协调计算机各种部件的工作，CPU速度也使用时钟周期来衡量。定时器可以采用硬件方式实现，也可以采用软件方式实现，定时器主要用于函数发生器、日历时钟、DRAM的定时刷新、实时采样和控制等。使用定时器的优点是，程序的运行步调和走向易于控制，还可以及时去执行定时任务。

java.util 包中专门提供了定时器类（Timer）和定时器任务类（TimerTask），将它们结合使用能够管理定时器与定时任务，用于安排以后在后台线程中执行的任务。可安排任务执行一次，或者定期重复执行。与每个 Timer 对象相对应的是单个后台线程，用于顺序地执行所有计时器任务。Timer 类是用来执行任务的类，它接收一个 TimerTask 做参数。

Timer 类最常见的应用模式是 schedule，可以在某个时间(Data)或在某个固定的时间之后(int delay)执行指定的任务。

【示例 9.8】以固定的延迟，每间隔 2s,显示一个^_^。

```
import java.io.IOException;
import java.util.Timer;
public class TimerTest{
    public static void main(String[] args){
        Timer timer = new Timer();
        timer.schedule(new MyTask(),1000, 2000); //在 1s 后，每间隔 2s,执行一次这个任务
        while(true){
            try {
                int ch = System.in.read();
                if(ch=='c'){//键入 c 并回车退出
                    timer.cancel();
                    break;
                }
            } catch (IOException e){
                e.printStackTrace();
            }
        }
    }
    static class MyTask extends java.util.TimerTask{
        //@Override
        public void run(){
            System.out.println("^_^");
        }
    }
}
```

Timer 类还有一个 scheduleAtFixedRate 应用模式，Timer 会尽量让任务在一个固定的频率下运行，在示例 9.8 中，让 MyTask 在 1 秒后，每 2 秒执行一次，但实际上 Java 实时性很差，程序中表达的原义并不能够严格执行。如果调用的是 scheduleAtFixedRate，那么 Timer 会尽量让 Task 执行的频率保持在 2s 一次，运行上面的程序；假设使用的是 scheduleAtFixedRate，那么在 1 秒后，每 2 秒执行一次，因为系统繁忙，可能是在 2.5s 后 MyTask 才得以执行第 2 次，那么 Timer 会记下这个延迟，并尝试在下一个任务的时候弥补这个延迟，在 1.5s 后，MyTask 将执行第 3 次，是以固定的频率而不是固定的延迟时间去执行一个任务。

【示例 9.9】以固定的频率，每间隔 2s，显示一个^_^。

```
import java.io.IOException;
import java.util.Timer;
public class TimerTest{
            public static void main(String[] args){
            Timer timer = new Timer();
            MyTask myTask1 = new MyTask();
            MyTask myTask2 = new MyTask();
            myTask2.setInfo("myTask-2");
            timer.schedule(myTask1, 1000, 2000);
```

```
            timer.scheduleAtFixedRate(myTask2, 2000, 3000);
            while (true){
        try{
            byte[] info = new byte[1024];
            int len = System.in.read(info);
            String strInfo = new String(info, 0, len, "GBK");//从控制台读出信息
            if (strInfo.charAt(strInfo.length() -1) == ' '){
                strInfo = strInfo.substring(0, strInfo.length() -2);
            }
            if (strInfo.startsWith("Cancel-1")){
                myTask1.cancel();//退出单个任务
            } else if (strInfo.startsWith("Cancel-2")){
                myTask2.cancel();
            } else if (strInfo.startsWith("Cancel-All")){
                timer.cancel();//退出 Timer
                break;
            } else{
                myTask1.setInfo(strInfo); // 只对 myTask1 做出判断,偷个懒^_^
                }
        } catch (IOException e){
            e.printStackTrace();
        }
    }
}
static class MyTask extends java.util.TimerTask{
    String info = "^_^";
    @Override
    public void run(){
    System.out.println(info);
    }
    public String getInfo(){
        return info;
    }
    public void setInfo(String info){
        this.info = info;
    }
  }
}
```

javax.swing.Timer 设置一个计时器包括创建一个 Timer 对象，在其上注册一个或多个操作侦听器，以及使用 start 方法启动该计时器。例如，以下代码创建并启动一个每秒激发一次操作事件的计时器（正如该 Timer 构造方法的第一个参数指定的那样）。该 Timer 构造方法的第二个参数指定一个接收该计时器操作事件的侦听器，例如：

```
int delay = 1000; //milliseconds
 ActionListener taskPerformer = new ActionListener() {
    public void actionPerformed(ActionEvent evt) {
       //...Perform a task...
    }
 };
```

new Timer(delay, taskPerformer).start();每个 Timer 有一个或多个操作侦听器和一个 delay(操作事件之间的时间)。经过 delay 毫秒后，该 Timer 将激发一个其侦听器的操作事件。默认情况下，调用 stop 方法之前此循环将重复进行。如果希望计时器只激发一次，则调用该计时器上的

setRepeats(false)。要使第一个操作事件之前的延迟不同于事件之间的延迟，请使用 setInitialDelay 方法。

尽管所有 Timer 都使用一个共享线程（由第一个执行操作的 Timer 对象创建）执行等待，但是 Timer 的操作事件处理程序还会在其他线程——事件指派线程上执行。这意味着 Timer 的操作处理程序可以安全地在 Swing 组件上执行操作。但是，它还意味着该处理程序必须快速执行以使 GUI 做出响应。

java.util.Timer 和 javax.swing.Timer 两者都提供相同的基本功能，但是 java.util.Timer 更常用，功能更多。javax.swing.Timer 有两个特征，可让使用 GUI 更方便。第一，其事件处理程序为 GUI 程序员所熟悉并且可以更容易处理的事件指派线程。第二，其自动线程共享意味着不必采取特殊步骤来避免生成过多线程。

9.8 实例见解与问题研讨

【实例 9.1】一个多线程的 Web 服务器。

```
import java.net.*;
import java.io.*;
import java.util.*;
public class ThreadWebServer{
      ThreadWebServer(){
      try{
          ServerSocket server= new ServerSocket(1234);
          System.out.println("SimpleWebServer running on port"+server.getLocalPort());
          while(true){//等待客户端连接
                Socket socket = server.accept();
                new ServerThread(socket).start();//为每个客户启动一个线程
                }
          }catch(Exception e){e.printStackTrace();}
      }
      public static void main(String args[]) throws Exception{
          new ThreadWebServer();
      }
      class ServerThread extends Thread{//内部类线程
         Socket user;
         ServerThread(Socket u){
          user=u;
         }
         public void run(){
          try{
            httpSocket(user);
            }catch(Exception eee){eee.printStackTrace();}
         }
      }
      public void httpSocket(Socket socket)throws Exception{
      BufferedReader   br   =   new   BufferedReader(new   InputStreamReader(socket.
getInputStream()));
      OutputStream output=socket.getOutputStream();
      String file;
      String headerLine;
```

```
        while(true){//读取浏览器提交的请求信息
                if(br.ready()){
                  headerLine = br.readLine();
                  System.out.println("The client request is "+headerLine);
                  StringTokenizer s = new StringTokenizer(headerLine);
                  String temp = s.nextToken();
                  System.out.println("The temp is "+temp);
                  if(temp.equals("GET")){
                  file= s.nextToken();
                  System.out.println("The fileName is "+file);
                  }else{ file="index.html";}
                      FileInputStream fis = new FileInputStream("root\\"+file);
                      byte[] data = new byte[1024];
                      int i = fis.read(data);
                      output.write(data);
                      fis.close();
                      br.close();
                      socket.close();
                      System.out.println("ok");
                      break;
                  }
            }
        }
    }
```

【实例 9.2】在 Frame 上画 10 个球，用线程控制每个球的移动。

```
    import java.awt.*;
    import java.awt.event.*;
    import java.util.*;
    class MyBall extends Frame{
       int width=800;int height=800;
       Point p[]=new Point[10];
       Color c[]={Color.red,Color.blue,Color.yellow,Color.yellow,Color.green,
       Color.green,Color.orange,Color.orange,Color.pink,Color.pink,Color.red,Color.
yellow,Color.blue};
        Ball myBall[]=new Ball[10];
        BallThread myThread[]=new BallThread[10] ;
        MyBall(){
        super("Ball World");
        setSize(width,height);
       setVisible(true);
       addMouseListener(new myMouse());
       for(int i=0;i<p.length;i++){if(i==1||i==3||i==5||i==7||i==9){p[i]=new Point(50,20+i*50);
       }else{p[i]=new Point(200+i*50,50);}}
       for(int i=0;i<myBall.length;i++){myBall[i]=new Ball(p[i],50,c[i],String.valueOf(i));}
       for(int i=0;i<myBall.length;i++){myThread[i]=new BallThread();}
       for(int i=0;i<myBall.length;i++){myThread[i].start();}
       }
       public void paint(Graphics g){
          for(int i=0;i<myBall.length;i++){myBall[i].paint(g);}
        }
       public static void main(String args[]){
           new MyBall();
       }
        class BallThread extends Thread{
             public void run(){
```

```
            while(true){
                for(int i=0;i<p.length;i++)
                {
                if(Thread.currentThread()==myThread[i])
                        {
    if(i==1||i==3||i==5||i==7||i==9){myBall[i].move();myBall[i].setColor(Color.red);re
paint();}else{myBall[i].move(3);}
                      if(p[i].x>width){p[i].x=100;p[i].y=20+i*50;}
                                   else if(p[i].y>height){p[i].x=100+i*50;p[i].y=20;}
      try  {if(i==1||i==3||i==5||i==7||i==9){myThread[i].sleep(70);}else{myThread[i].sleep
(80);}}catch(InterruptedException e){}
                            }
                      }
                 }
            }
        }
        class myMouse extends MouseAdapter{
             public void mousePressed(MouseEvent e){
                 for(int i=0;i<myBall.length;i++){
    if(i==1||i==3||i==5||i==7||i==9){p[i].x=e.getX()+i*30;p[i].y=e.getY();}else{p[i].y
=e.getY()+i*30;p[i].x=e.getX();}
                 }
             }
        }
    }
    class Ball{
         Point p;int r;
         Color c;
         String s;
         Ball(Point p,int r,Color c,String s){this.p=p;this.r=r;this.c=c;this.s=s;}
        public void paint(Graphics g){
        g.setColor(c);
         g.fillOval(p.x,p.y,r,r);
         g.setColor(Color.black);
         g.drawString(s,p.x+20,p.y+30);
         }
        public void move(){
         p.x=p.x+10;
         }
         public void move(int m){
         p.y=p.y+10;
         }
        public void move(int m,int k){
         p.x=p.x+10;
         p.y=p.y+10;
         }
        public void setColor(Color c){this.c=c;}
        public void setRadius (int r){this.r=r;}
    }
    class Point{
         int x,y;
         Point(int x,int y){this.x=x;this.y=y;}
    }
```

本实例中用到了 java.awt.Graphics 类。Graphics 类是所有图形上下文的抽象基类，可以在视窗和 Applet 上进行绘制。Graphics 对象封装了 Java 支持的基本呈现操作所需的状态信息。

绘制图形轮廓的操作是通过使用像素大小的画笔遍历像素间无限细分路径的操作，画笔从路径上的锚点向下和向右绘制。填充图形的操作是填充图形内部区域无限细分路径的操作。呈现水平文本的操作是呈现字符字形完全位于基线坐标之上的上升部分。图形画笔从要遍历的路径向下和向右绘制。

如果绘制一个覆盖给定矩形的图形，那么该图形与被相同矩形所限定的填充图形相比，在右侧和底边多占用一行像素。如果沿着与一行文本基线相同的 y 坐标绘制一条水平线，那么除了文字的所有下降部分外，该线完全画在文本的下面。

主要的绘制方法如下。

绘制指定图像中当前可用的图像：

```
drawImage(Image img, int x, int y, Color bgcolor, ImageObserver observer)
```

绘制指定矩形的边框：

```
drawRect(int x, int y, int width, int height)
```

使用此图形当前字体和颜色绘制由 String 给定的文本：

```
drawString(String str, int x, int y)
```

9.9　小结

Java 线程是一个对象，是被系统独立调度的基本单位，线程只拥有一点在运行中必不可少的资源，但它可与同属一个进程的其他线程共享进程所拥有的全部资源。同一进程中的多个线程之间可以并发执行。由于线程之间的相互制约，致使线程在运行中呈现间断性。线程也有就绪、阻塞和运行三种基本状态。

可以用 Thread()或 Thread(String name)构造线程对象，线程对象操作自己的实例变量和方法。

可以用 Thread(Runnable target)或 Thread(Runnable target,String name)构造线程对象，可以用一个 Runnable 对象构造多个线程对象，每个线程对象操作的是同一个 Runnable 对象的实例变量和方法，此时多个线程对象操作相同的资源，需要考虑同步问题，同步方法或语句块一次只能被一个线程调用。

在实例 9.2 中，10 个球看起来是同时移动，是 10 个线程并发运行的结果。当许多对象需要同时做一件事情的时候就需要用到线程，把众多对象需要同时做的事情写在 run()方法中。

习题 9

一、思考题

1. 什么是线程？建立线程的用途是什么？
2. 线程的 run()方法与其他方法的重要区别是什么？
3. 建立线程的模式有哪几种？它们的区别是什么？
4. 在什么情况下需要建立线程？
5. 在什么情况下需要考虑线程的同步问题？

6. 定时器的用途是什么？
7. 如何设计一个定时器？

二、上机练习题

1. 编译并运行示例 9.1～示例 9.9。
2. 编译并运行实例 9.1 和实例 9.2。

第 10 章 Java 在 Web 上的应用

上善若水。水善利万物而不争，处众人之所恶，故几于道。

——老子

20 世纪 50 年代，苏联人成功地发射了人造卫星，美国军方因此成立了一个叫作 ARPA（美国国防部高级研究计划署）的机构。这个机构后来成为 Internet 的摇篮，Internet 孕育出各种互联网应用，这期间，每一次技术突破都激发出新的技术，如网络协议（TCP/IP）、超文本协议（HTTP）、World Wide Web 及其浏览器等。

1989 年，个人计算机对很多人来说还很新鲜，除了科学界，也并没有多少人听说过 Internet 这个词。那一年 3 月，欧洲原子核研究委员会（CERN）的研究员 Tim Berners-Lee 开发了一个协议，用来解决复杂进化系统中的信息丢失问题，并提出一个基于分布式超文本系统的解决方法。在此基础上，开发了第一个真正意义上的 Web Server——httpd 和第一个客户端浏览器——World Wide Web。之后又在 1991 年建立并开通第一个 WWW 网站（http://info.cern.ch）。到 1993 年，制定了 URI、HTTP、HTML 等规范，World Wide Web 因此诞生，把只有精英们掌握的通信系统变成了大众媒体，并最终带来了 Google、YouTube、Amazon、Facebook 和博客等诸多新的 Web 应用。为了让 World Wide Web 不被少数人所控制，Tim 组织成立了万维网联盟（World Wide Web Consortium，W3C）。

第一个被广泛使用的 Web 开发技术 ASP 在 1993 年诞生，宣布了 Web 时代的正式开始。

在 1998 年，Sun 公司发布了 JSP 和 Servlet 规范。从此将 Java 带入了 Web 时代，现在使用 Java 的程序员大多数也是 Web 程序员。在 JSP 和 Sevlet 诞生后不久，Sun 又相继推出了 EJB 等其他 J2EE 标准。与此同时，很多基于 Java 的应用服务器也不断大量涌现，其中有开源免费的，如 Tomcat，也有商业的，如 WebLogic、WebSphere 等。这些应用服务器的出现，也大大加速了 JSP 的发展。由于 JSP 技术是基于 Java 的，因此，JSP 也像 Java 一样，可以跨平台运行。这种特性也使刚诞生的 JSP 大大优于其他的 Web 技术。

10.1 Applet 简介

Java Applet 是用 Java 语言编写的一些小应用程序，这些程序直接嵌入页面中，由支持 Java 的网页浏览器下载运行。Applet 可以从页面中获得参数，与页面进行交互；也可以通过 JDK 中的 appletviewer 工具来运行。

Applet 程序开发过程如下。

1. 编写 Applet 的 java 源文件

java.applet.Applet 类是编写任何 Applet 程序的基础，下面是一个最简单的 Applet 程序。

【示例 10.1】显示文字。

```
import java.awt.*;
import java.applet.Applet;
public class HelloWorld extends Applet{//继承 Appelet 类，这是一切 Appelet 程序的特点
    public void paint(Graphics g ){
    g.drawString("Hello World!",10,20);
    }
}
```

用记事本编写这个程序，保存程序文件为 d:\applets\ HelloWorld.java。

2. 编译 Applet 的 java 源文件

在 DOS 命令窗口中，用 javac 编译 HelloWorld.java 文件：

```
d:\applets\>javac HelloWorld.java<Enter>
```

成功地编译 HelloWorld.java 文件之后，会生成字节码文件 HelloWorld.class。

3. 编写 HTML 文件

用记事本编写下面的 HTML 文件：

```
<HTML>
<TITLE>HelloWorld! Applet</TITLE>
<APPLET CODE=JavaWorld  WIDTH=200  HEIGHT=100>
</APPLET>
</HTML>
```

保存程序文件为 d:\applets\ HelloWorld.html。

本例中，<APPLET>是 HTML 的一个标记，用来嵌入 Applet 字节码类文到页面中，CODE 是<APPLET>标记的一个属性用来指明该 Applet 的 class 类文件名，WIDTH 和 HEIGHT 也是<APPLET>标记的属性，分别用来以像素为单位规定 Applet 面板在页面中的宽度和高度。

4. 用支持 Java 的网页浏览器或 appletviewer 工具运行 Applet 程序

在浏览器的地址栏中输入 HTML 文件的 URL 地址，或者直接用浏览器打开 HelloWorld.html。也可以用 appletviewer 运行 HelloWorld.html,需输入如下的命令行：

```
d:\applets\>appletviewer HelloWorld.html<ENTER>
```

java.applet.Applet 类提供了 Applet 及其运行环境之间的标准接口，Applet 是一种不适合单独运行但可嵌入 HTML 中的小程序，是一种页面中的面板，可以布局各种组件后放到页面中。

Applet 类的构造器只有一个 public Applet()。

Applet 类的主要方法如下。

public boolean isActive();判断一个 Applet 是否处于活动状态。

public URL getDocumentBase();检索表示该 Applet 运行的文件目录的对象。

public URL getCodeBase();获取该 Applet 代码的 URL 地址。

public String getParameter(String name); 获取该 Applet 的由 name 指定参数的值。

public AppletContext getAppletContext(); 返回浏览器或小应用程序观察器。

public void resize(int width,int height); 调整 Applet 运行的窗口尺寸。

public void showStatus(String msg);在浏览器的状态条中显示指定的信息。

public Image getImage(URL url); 按 URL 指定的地址装入图像。

public Image getImage(URL url,String name);按 URL 指定的地址和文件名加载图像。

public AudioClip getAudioClip(URL url);按 URL 指定的地址获取声音文件。

public AudioClip getAudioClip(URL url, String name);按 URL 指定的地址和文件名获取声音。

public void play(URL url);加载并播放一个 URL 指定的音频剪辑。

Applet 类中的 4 个重要常用方法如下。

- init()方法

这个方法主要是为 Applet 的正常运行做一些初始化工作。当一个 Applet 被系统调用时，系统首先调用的就是该方法。通常可以在该方法中完成从网页向 Applet 传递参数，添加用户界面的基本组件等操作。

- start()方法

系统在调用完 init()方法之后，将自动调用 start()方法。而且，每当用户离开包含该 Applet 的主页后又再返回时，系统又会再执行一遍 start()方法。这就意味着 start()方法可以被多次执行，而不像 init()方法。因此，可把只希望执行一遍的代码放在 init()方法中。可以在 start()方法中开始一个线程，如继续一个动画、声音等。

- stop()方法

这个方法在用户离开 Applet 所在页面时执行，因此，它也是可以被多次执行的。它可以在用户并不注意 Applet 的时候，停止一些耗用系统资源的工作以免影响系统的运行速度，且并不需要人为地去调用该方法，如果 Applet 中不包含动画、声音等程序，通常也不必实现该方法。

- destroy()方法

在浏览器关闭的时候调用该方法，Applet 是嵌在 HTML 文件中的，所以 destroty()方法不关心何时 Applet 被关闭，它在浏览器关闭的时候自动执行。在 destroy()方法中一般可以要求收回占用的非内存独立资源。

Applet 常用来显示存储在 GIF 文件中的图像。Java Applet 装载 GIF 图像非常简单，在 Applet 内使用图像文件时需定义 Image 对象。多数 Java Applet 使用的是 GIF 或 JPEG 格式的图像文件。Applet 使用 getImage 方法把图像文件和 Image 对象联系起来。

Graphics 类的 drawImage 方法用来显示 Image 对象。为了提高图像的显示效果，许多 Applet 都采用双缓冲技术：首先把图像装入内存，然后再显示在屏幕上。Applet 可通过 imageUpdate 方法测定一幅图像已经装了多少在内存中。装载一幅图像的步骤如下。

- Java 把图像也当做 Image 对象处理，所以装载图像时需首先定义 Image 对象，格式如下：

```
Image picture;
```

- 然后用 getImage 方法把 Image 对象和图像文件联系起来：

```
picture=getImage(getCodeBase(),"ImageFileName.GIF");
```

getImage 方法有两个参数。第一个参数是对 getCodeBase 方法的调用，该方法返回 Applet 的 URL 地址，第二个参数指定从 URL 装入的图像文件名。如果图文件位于 Applet 之下的某个子目录，文件名中则应包括相应的目录路径。用 getImage 方法把图像装入后，Applet 便可用 Graphics 类的 drawImage 方法显示图像，形式如示例 10.2 所示。

【示例 10.2】显示图像。

```
import java.awt.*;
import java.applet.*;
public class ShowImage extends Applet
```

```
    Image picure; //定义类型为 Image 的成员变量
    public void init(){
    picture=getImage(getCodeBase(),"Image.gif");//装载图像
    }
    public void paint(Graphics g){
    g.drawImage(picture,0,0,this); //显示图像
    }
}
```

HTML 文件如下。

```
<HTML>
  <TITLE> Show Image Applet </TITLE>
  <APPLET CODE= ShowImage  WIDTH=600  HEIGHT=400> </APPLET>
</HTML>
```

使用 Applet 播放声音时需首先定义 AudioClip 对象，GetAudioClip 方法能把声音赋予 AudioClip 对象，如果仅想把声音播放一遍，应调用 AudioClip 类的 play 方法，如果想循环,应选用 AudioClip 类的 loop 方法。

AudioClip 类用来在 Java Applet 内播放声音，该类在 java.Applet 包中有定义。

【示例 10.3】播放声音。

```
import java.awt.*;
import java.applet.*
public class SoundDemo extends Applet{
      public void paint(Graphics g){
     AudioClip audioClip=getAudioClip(getCodeBase(),"Sample.AU");
      g.drawString("Sound Demo! ",10,20);
      audioClip.loop();//使用 AudioClip 类的 loop 方法循环播放
   }
}
```

HTML 文件如下。

```
<HTML>
  <TITLE> SoundDemo Applet </TITLE>
  <APPLET CODE=SoundDemo  WIDTH=600  HEIGHT=400> </APPLET>
</HTML>
```

Java 可以实现连续的图像播放，即动画技术。首先用 Java.awt 包中的 Graphics 类的 drawImage() 方法在屏幕上画出图像，然后通过定义一个线程，让该线程睡眠一段时间再切换成另外一幅图像；如此循环，在屏幕上画出一系列的帧来造成运动的感觉，从而达到显示动画的目的。为了每秒钟多次更新屏幕，必须创建一个线程来实现动画的循环，这个循环要跟踪当前帧并响应周期性的屏幕更新要求；实现线程的方法有两种，可以创建一个类 Thread 的派生类，也可以附和在一个 Runnable 的界面上。

【示例 10.4】时钟动画。

```
import java.util.*;
import java.awt.*;
import java.applet.*;
import java.text.*;
public class AnimatorDemo extends Applet implements Runnable {
   Thread timer; // 用于显示时钟的线程
   int lastxs, lastys, lastxm,
   lastym, lastxh, lastyh;
   SimpleDateFormat formatter; //格式化时间显示
```

```
    String lastdate; // 保存当前时间的字符串
    Font clockFaceFont; //设置显示时钟里面的数字的字体
    Date currentDate; // 显示当前时间
    Color handColor; // 用于显示时针、分针和表盘的颜色
    Color numberColor; // 用于显示秒针和数字的颜色
    public void init(){
        int x,y;
        lastxs = lastys = lastxm = lastym = lastxh = lastyh = 0;
        formatter = new SimpleDateFormat ("yyyy EEE MMM dd hh:mm:ss ");
        currentDate = new Date();
        lastdate = formatter.format(currentDate);
        clockFaceFont = new Font("Serif", Font.PLAIN, 14);
        handColor = Color.blue;
        numberColor = Color.darkGray;
        try {
            setBackground(new Color(Integer.parseInt(getParameter("bgcolor"),16)));
              }catch (Exception e) { }
        try {
            handColor = new Color(Integer.parseInt(getParameter("fgcolor1"),16));
              }catch (Exception e){ }
        try {
            numberColor = new Color(Integer.parseInt(getParameter("fgcolor2"),16));
            }catch (Exception e) { }
             resize(300,300); // 设置时钟窗口大小
     }
        public void plotpoints(int x0, int y0, int x, int y, Graphics g){ // 计算四分之一的圆弧
        g.drawLine(x0+x,y0+y,x0+x,y0+y);
        g.drawLine(x0+y,y0+x,x0+y,y0+x);
        g.drawLine(x0+y,y0-x,x0+y,y0-x);
        g.drawLine(x0+x,y0-y,x0+x,y0-y);
        g.drawLine(x0-x,y0-y,x0-x,y0-y);
        g.drawLine(x0-y,y0-x,x0-y,y0-x);
        g.drawLine(x0-y,y0+x,x0-y,y0+x);
        g.drawLine(x0-x,y0+y,x0-x,y0+y);
     }
    public void circle(int x0, int y0, int r, Graphics g){//画圆方法，其中(x0,y0)是圆的
中心，r 为圆半径
        int x,y;
        float d;
        x=0;
        y=r;
        d=5/4-r;
        plotpoints(x0,y0,x,y,g);
        while (y>x) {
            if(d<0) {
                d=d+2*x+3;
                x++;
             }
            else {
                d=d+2*(x-y)+5;
                x++;
                y--;
             }
            plotpoints(x0,y0,x,y,g);
```

```
        }
    }
    public void paint(Graphics g){
        int xh, yh, xm, ym, xs, ys, s = 0, m = 10, h = 10, xcenter, ycenter;
        String today;
        currentDate = new Date();
        SimpleDateFormat formatter = new SimpleDateFormat("s",Locale.getDefault());
        try {
            s = Integer.parseInt(formatter.format(currentDate));
        } catch (NumberFormatException n) {
            s = 0;
        }
        formatter.applyPattern("m");
        try {
            m = Integer.parseInt(formatter.format(currentDate));
        } catch (NumberFormatException n) {
            m = 10;
        }
        formatter.applyPattern("h");
        try {
            h = Integer.parseInt(formatter.format(currentDate));
        } catch (NumberFormatException n) {
            h = 10;
        }
        formatter.applyPattern("EEE MMM dd HH:mm:ss yyyy");
        today = formatter.format(currentDate);
        //设置时钟的表盘的中心点为(80,55)
        xcenter=80;
        ycenter=55;
        // a= s* pi/2 -pi/2 (to switch 0,0 from 3:00 to 12:00)
        // x = r(cos a) + xcenter, y = r(sin a) + ycenter
        xs = (int)(Math.cos(s * 3.14f/30 -3.14f/2) * 45 + xcenter);
        ys = (int)(Math.sin(s * 3.14f/30 -3.14f/2) * 45 + ycenter);
        xm = (int)(Math.cos(m * 3.14f/30 -3.14f/2) * 40 + xcenter);
        ym = (int)(Math.sin(m * 3.14f/30 -3.14f/2) * 40 + ycenter);
        xh = (int)(Math.cos((h*30 + m/2) * 3.14f/180 -3.14f/2) * 30 + xcenter);
        yh = (int)(Math.sin((h*30 + m/2) * 3.14f/180 -3.14f/2) * 30 + ycenter);
        //画时钟最外面的圆盘，其中心在(xcenter,ycenter)，半径为 50
        g.setFont(clockFaceFont);
        g.setColor(handColor);
        circle(xcenter,ycenter,50,g);
        //画时钟表盘里的数字
        g.setColor(numberColor);
        g.drawString("9",xcenter-45,ycenter+3);
        g.drawString("3",xcenter+40,ycenter+3);
        g.drawString("12",xcenter-5,ycenter-37);
        g.drawString("6",xcenter-3,ycenter+45);
        // 如果必要的话抹去然后重画
        g.setColor(getBackground());
        if (xs != lastxs || ys != lastys) {
            g.drawLine(xcenter, ycenter, lastxs, lastys);
            g.drawString(lastdate, 5, 125);
        }
        if (xm != lastxm || ym != lastym) {
```

```
            g.drawLine(xcenter, ycenter-1, lastxm, lastym);
            g.drawLine(xcenter-1, ycenter, lastxm, lastym); }
            if (xh != lastxh || yh != lastyh) {
            g.drawLine(xcenter, ycenter-1, lastxh, lastyh);
            g.drawLine(xcenter-1, ycenter, lastxh, lastyh); }
            g.setColor(numberColor);
            g.drawString("", 5, 125);
            g.drawString(today, 5, 125);
            g.drawLine(xcenter, ycenter, xs, ys);
            g.setColor(handColor);
            g.drawLine(xcenter, ycenter-1, xm, ym);
            g.drawLine(xcenter-1, ycenter, xm, ym);
            g.drawLine(xcenter, ycenter-1, xh, yh);
            g.drawLine(xcenter-1, ycenter, xh, yh);
            lastxs=xs; lastys=ys;
            lastxm=xm; lastym=ym;
            lastxh=xh; lastyh=yh;
            lastdate = today;
            currentDate=null;
        }
        public void start() {
            timer = new Thread(this);
            timer.start();
        }
        public void stop(){
            timer = null;
        }
        public void run() {//线程的 run 方法
            Thread me = Thread.currentThread();
            while (timer == me) {
                try {
                    Thread.currentThread().sleep(1000);
                }
                catch (InterruptedException e) {
                }
                repaint();
            }
        }
        //注意：这里重写了 update()方法，只是调用了 paint()方法来消除闪烁现象
        public void update(Graphics g){
            paint(g);
        }
}
```

HTML 文件如下。

```
<HTML>
<TITLE> SoundDemo Applet </TITLE>
<APPLET CODE= AnimatorDemo WIDTH=600  HEIGHT=400> </APPLET>
</HTML>
```

10.2　Servlet 简介

Servlet 是用 Java 语言编写的在 Web 服务器上运行的程序，浏览器发送请求至 Web 服务器上的 Servlet，Web 服务器启动并运行 Servlet，根据客户端的请求生成相应的 Web 页面返回到浏览

器，用来交互式地查询和修改数据。

要编译和运行 Servlet，必须安装 Web 服务器，如安装 Tomcat，安装目录是 D:\Tomcat。

1. Servlet 程序开发过程

（1）创建程序目录，在 D:\Tomcat\webapps 下面创建一个目录，如 servlet，在 servlet 下面创建一个目录 WEB-INF，在 WEB-INF 下创建 classes，并编写一个 web.xml 文件（可以把 D:\Tomcat\conf 下的 web.xml 进行修改）：

```
<?xml version="1.0" encoding="ISO-8859-1"?>
<!DOCTYPE web-app PUBLIC "-//Sun Microsystems, Inc.//DTD Web Application 2.3//EN"
                                          "http://java.sun.com/dtd/web-app_2_3.dtd">
<web-app>
<servlet>
<servlet-name>hello</servlet-name>
<servlet-class>HelloWorld</servlet-class>
</servlet>
<servlet-mapping>
<servlet-name>hello</servlet-name>
<url-pattern>/HelloWorld</url-pattern>
</servlet-mapping>
</web-app>
```

（2）编写 Servlet 程序。可以用记事本编写下面的 Servlet 程序。

【示例 10.5】HelloWorld 程序。

```
    import java.io.*;
    import javax.servlet.*;
    import javax.servlet.http.*;
    public class HelloWorld extends HttpServlet{
            public void doGet(HttpServletRequest request, HttpServletResponse response)
throws IOException, ServletException{
            response.setContentType("text/html");
            PrintWriter out = response.getWriter();
            out.println("<html>");
            out.println("<head>");
            out.println("<title>Hello World!</title>");
            out.println("</head>");
            out.println("<body>");
            out.println("<h1>Hello World!</h1>");
            out.println("</body>");
            out.println("</html>");
            }
    }
```

保存该程序文件为：D:\Tomcat\webapps\servlet\WEB-INF\classes\HelloWorld.java。

（3）编译 Servlet 程序。在 DOS 命令窗口中设置系统变量 classpath 和编译 elloWorld.java，如下所示。

```
    D:\Tomcat\webapps\servlet\WEB-INF\classes  >set  classpath=D:\Tomcat\common\lib\
servlet-api.jar
    D:\Tomcat\webapps\servlet\WEB-INF\classes >javac elloWorld.java
```

（4）在浏览器地址中写入 http://localhost:8080/servlet/HelloWorld 访问 Servlet 程序，再返回到浏览器的页面中可以看到 Hello World!。

HelloWorld 继承了 HttpServlet 类，HttpServlet 是 GenericServlet 的一个派生类，通过

GenericServlet 实现了 Servlet 界面。HttpServlet 为基于 HTTP 协议的 Servlet 提供了基本的支持。

servlet-api.jar 中包含 javax.servlet 包和 javax.servlet.http 包，是 Servlet 的全部内容。

javax.servlet 包中定义了所有的 Servlet 类都必须实现或扩展的通用接口，在 javax.servlet.http 包中定义了采用 HTTP 通信协议的 HttpServlet 类。

Servlet 框架的核心是 javax.servlet.Servlet 接口，所有的 Servlet 都必须实现这一接口，在 Servlet 接口中定义了 5 个方法,其中有 3 个方法代表了 Servlet 的生命周期，它们是：

- init 方法,负责初始化 Servlet 对象。
- service 方法,负责相应客户的请求。
- destory 方法,当 Servlet 对象退出声明周期时，负责释放占有的资源。

HTTP 的请求方法包括 GET、POST、PUT、OPTIONS、DELETE 和 TRACE。在 HttpServlet 类中分别提供了相应的服务方法，它们是 doGet()、doPost()、doPut()、doOptions()、doDelete()和 doTrace()，比较常用的是 doGet()和 doPost()。

Web 客户向 Servlet 发出 Http 请求时，Servlet 解析 Web 客户的 Http 请求，Servlet 把请求封装成一个 HttpServletRequest 对象，然后把对象传给 Servlet 相应的方法。Servlet 还创建了一个 HttpResponse 对象，调用 HttpServlet 的 service 方法创建 HttpServlet 对象，并把 HttpRequest 和 HttpResponse 对象作为 service 方法的参数传给 HttpServlet 对象。HttpServlet 调用 HttpRequest 的有关方法，获取 HTTP 请求信息，HttpServlet 调用 HttpResponse 的有关方法，生成响应数据，把响应结果传给 Web 客户。

2. 编写 Servlet 程序步骤

（1）扩展 HttpServlet 抽象类。

（2）覆盖 HttpServlet 的部分方法，如覆盖 doGet()或 doPost()方法。

（3）获取 HTTP 请求信息。通过 HttpServletRequest 对象来检索 HTML 表单所提交的数据或 URL 上的查询字符串。

（4）生成 HTTP 响应结果。通过 HttpServletResponse 对象生成响应结果，它有一个 getWriter()方法，该方法返回一个 PrintWriter 对象。

下面是实现一个响应简单登录页面的例子，ResponseHtml 负责响应 HTML。

【示例 10.6】响应简单登录页面的 servlet。

```
import java.io.*;
import javax.servlet.*;
import javax.servlet.http.*;
public class ResponseHtml extends HttpServlet{//第 1 步：扩展 HttpServlet 抽象类
      public void doGet(HttpServletRequest req, HttpServletResponse res)throws
                          ServletException,IOException{//第 2 步：覆盖 doGet()方法
      //第 3 步：获取 HTTP 请求中的参数信息
      String Name=req.getParameter("NAME");
      String Passwd=req.getParameter("PASSWD");
      //第 4 步：返回响应 HTTP 的结果
      PrintWriter out = res.getWriter();
      out.println(Name);
      out.println(Passwd);
      out.close();
     }
}
```

简单的登录页面。

```
<HTML>
<HEAD>
    <TITLE>登录页面</TITLE>
</HEAD>
<BODY>
    <CENTER><H1>登录页面</H1></CENTER>
    <HR>
    <FORM ACTION="servlet/ResponseHtml" >
        <p>姓名: <INPUT  NAME=NAME >
        <p>密码: <INPUT  NAME=PASSWD TYPE=PASSWORD>
        <HR>
        提交: <INPUT TYPE=Submit  VALUE="提交">
    </FORM>
</BODY>
</HTML>
```

在 web.xml 中添加：

```
<servlet>
            <servlet-name>Html</servlet-name>
            <servlet-class>ResponseHtml</servlet-class>
</servlet>
<servlet-mapping>
                 <servlet-name>Html</servlet-name>
                 <url-pattern>/ResponseHtml</url-pattern>
</servlet-mapping>
```

如果一个 Servlet 实现了 doPost 或 doGet 方法，那么这个 Servlet 只能对 POST 或 GET 做出响应。如果开发人员想处理所有类型的请求，只要简单地实现 service 方法即可，如果选择实现 service 方法，除非在 service 方法的开始调用 super.service()，否则不能实现 doPost 或 doGet 方法。

每当一个客户请求一个 HttpServlet 对象，该对象的 service() 方法就要被调用，而且传递给这个方法一个 ServletReques 对象和一个 ServletResponse 对象作为参数。在 HttpServlet 中已存在 service() 方法。缺省的服务功能是调用与 HTTP 请求的方法相对应的 do 功能。例如，如果 HTTP 请求方法为 GET，则缺省情况下就调用 doGet()方法。Servlet 应该为 Servlet 支持的 HTTP 方法覆盖 do 功能。因为 HttpServlet.service() 方法会检查请求方法是否调用了适当的处理方法，不必要覆盖 service() 方法，只需覆盖相应的 do 方法就可以了。当一个客户通过 HTML 表单发出一个 HTTP POST 请求时，doPost()方法被调用。与 POST 请求相关的参数作为一个单独的 HTTP 请求从浏览器发送到服务器。当需要修改服务器端的数据时，应该使用 doPost()方法。当一个客户通过 HTML 表单发出一个 HTTP GET 请求或直接请求一个 URL 时，doGet()方法被调用。与 GET 请求相关的参数添加到 URL 的后面，并与这个请求一起发送。当不会修改服务器端的数据时，应该使用 doGet()方法。

javax.servlet 软件包中的相关类为 ServletResponse 和 ServletRequest，而 javax.servlet.http 软件包中的相关类为 HttpServletRequest 和 HttpServletResponse。

10.3　JSP 简介

JSP（Java Server Page）是 Sun 公司在 1995 年推出 Java 之后，于 1998 年推出的 Web 开发语

言，JSP 的本质是 Servlet，形式上是脚本语言，因而 JSP 要比 Servlet 简单，JSP 是 Java 与 HTML 结合的 Web 服务器端的脚本语言，即在 JSP 中可以使用 Java 代码和 HTML 标记。

【示例 10.7】响应简单登录页面的 JSP。

```
<HTML><!—这是 HTML 内容 -->
<HEAD>
    <TITLE>响应简单登录页面的 JSP</TITLE>
</HEAD>
<BODY>
HELLO JSP!<br>
</BODY>
</HTML>
<%//这是 JSP 内容
   String Name=request.getParameter("NAME");
   String Passwd=request.getParameter("PASSWD");
   out.println(Name);
   out.println(Passwd);
%>
```

在 Web 服务器的发布目录下保存这个 JSP 文件为 D:\Tomcat\webapps\ROOT\Hello.jsp，名字可以任意，但扩展名必须为 .jsp。JSP 页面除了比普通 HTML 页面多一些 Java 代码外，两者具有基本相似的结构，Java 代码是通过 <% 和 %> 加入到 JSP 页面中的。

在简单登录页面中，改写的内容是 ACTION=Hello.jsp，如下所示：

```
<HTML>
<HEAD>
    <TITLE>登录页面</TITLE>
</HEAD>
<BODY>
    <CENTER><H1>登录页面</H1></CENTER>
    <HR>
    <FORM ACTION=Hello.jsp >
        <p>姓名：<INPUT  NAME=NAME >
        <p>密码：<INPUT  NAME=PASSWD TYPE=PASSWORD>
        <HR>
        提交：<INPUT TYPE=Submit  VALUE="提交">
    </FORM>
</BODY>
</HTML>
```

JSP 的运行原理如下。

（1）用户通过客户端浏览器向服务器发送请求，包括请求的文件、用户输入的内容、附加信息。

（2）JSP 文件被 JSP 引擎编译成 Java 的 class 文件，就是 Servlet。

（3）将产生的 Servlet 加载到内存执行。

（4）Servlet 的运行结果以 HTML(或 XML)形式通过 Web 服务器返回给客户端的浏览器，如图 10.1 所示。

JSP 的执行性能和 Servlet 执行性能差别很小。因为 JSP 在执行第一次后，会被编译成 Servlet 的类文件，当再重复调用执行时，就直接执行第一次所产生的 Servlet，而不用再重新把 JSP 编译成 Servlet。因此，除了第一次的编译会花较久的时间之外，之后 JSP 和 Servlet 的执行速度就几乎相同了。

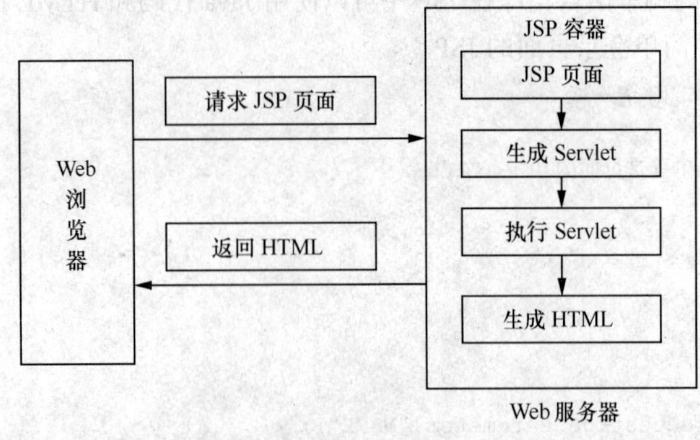

图 10.1

JSP 包括五种元素，各种元素 JSP 是包含在以 <% 作为开始，以 %>作为结束的一对标签里，JSP 五种元素如下。

（1）编译器指令 <%@ 编译器指令 %>，例如：

```
<%@ page import="java.util.*"%>
```

在 JSP 页面中引入 Java 包。

（2）预定义指令 <%! 预定义 %>，在 JSP 页面中声明变量或定义方法，例如：

```
<%! int c=0;%>
<%! int add(int a,int b){return a+b;};%>
```

（3）表达式<%=表达式%>，在 JSP 页面中显示表达式的值，例如：

```
<%=2+3%>
<%=new Date()%>
```

（4）代码段<%代码段%>，在 JSP 页面中嵌入 Java 代码，例如：

```
<%
  for(int i=1;i<=9;i++){
      for(int k=1;k<=i;k++){out.print(k+"*"+i+"="+i*k+"  ");
      }
      out.print("<br>");
  }
%>
```

（5）注释<%--注释 --%>，在 JSP 页面中添加注释。

【示例 10.8】一个简单的文件留言板，包括 file.html 留言页面、file.jsp 保存留言和 list.jsp 查看留言。

file.html 留言页面：

```
<form action=file.jsp>
<pre>
     <h1>一个简单的文件留言板</h1>
     <h2>
     姓名：<input name=name size=21>
     留言：<textarea name=guest rows=5 clos=26></textarea>
     提交：<input type=submit value=ok>
     </h2>
</pre>
</form>
```

file.jsp 保存留言：

```
<%@page import="java.io.*"%>
<%!public String getChinese(String str){
   try{
   return new String(str.getBytes("ISO8859_1"));
   }catch(Exception e){}
   return null;
};
%>
<%
String s1=getChinese(request.getParameter("name"));
String s2=getChinese(request.getParameter("guest"));
                    FileWriter write;PrintWriter pw;
                    try
                    {
                    write = new FileWriter("d://tomcat/webapps/root/file.txt",true);
                    write.write(s1);
                    write.write(s2+"<br>");
                    write.close();
                    }catch(Exception ex){ex.printStackTrace();}
response.sendRedirect("file.html");
%>
```

list.jsp 查看留言：

```
<%@include file = "file.txt" %>
```

10.4　实例讲解与问题研讨

【实例 10.1】一个简单的数据库留言板。

```
guest.html //提交留言
<form action=guest.jsp>
<pre>
     <h1>一个简单的数据库留言板</h1>
     <h2>
     姓名：<input name=name size=21>
     留言：<textarea name=guest rows=5 clos=26></textarea>
     提交：<input type=submit value=ok>
     </h2>
</pre>
</form>
guest.jsp //将留言写入数据库表，返回 guest.html
<%@page import="java.sql.*"%>
<%
String name,guest;
name=request.getParameter("name");
guest=request.getParameter("guest");
try{
Class.forName( "sun.jdbc.odbc.JdbcOdbcDriver" );
Connection cn=DriverManager.getConnection("jdbc:odbc:db");
Statement st=cn.createStatement();
```

```
String sql="insert guests(gname,guest)values('"+name+"','"+guest+"')";
st.executeUpdate(sql);
st.close();
cn.close();
}catch(Exception sqle){System.out.println(sqle.toString());}
response.sendRedirect("guest.html");
%>
glist.jsp //从数据库表读留言，显示在页面中
<%@page import="java.sql.*"%>
<%
try{
Class.forName( "sun.jdbc.odbc.JdbcOdbcDriver" );
Connection cn=DriverManager.getConnection("jdbc:odbc:db");
Statement st=cn.createStatement();
ResultSet rs=st.executeQuery("select * from guests ");
out.print("name  -----     guest   -----        date <br>");
   while(rs.next()){
   out.print(rs.getString(1)+"---"+rs.getString(2)+"---" +"<br>");
   }
rs.close();
st.close();
cn.close();
}catch(Exception sqle){System.out.println(sqle.toString());}
%>
```

10.5 小结

随着 Internet 的发展，Client/Server 在计算机方面的许多新技术应运而生，其中应用范围最为广泛的就是 Java 了，Java 不单定义了一种计算机语言，而且提供了一整套 Client/Server 解决方案。Applet 是嵌入 HTML 页面中的 Java 小程序，是客户端的开发工具。JSP 和 Servlet 提供了 Web 服务器端开发的强大工具，JSP 和 Servlet 主要是通过请求和响应方式与客户端交互，JSP 和 Servlet 可以满足 Web 上开发的各种要求。

Servlet 采用的是 javax.servlet.Servlet 提供的编程接口，可以通过直接应用这个接口来开发 Servlet，但通常并不这么做，通常开发 Servlet 使用的是 javax.servlet.http.HttpServlet 类，因为所有的 Servlet 都是针对采用 HTTP 协议的 Web 服务器的。JSP 在执行时会被 JSP 引擎转换成为一个 Servlet，每个 JSP 页面对应一个 Servlet 类，JSP 页面中的 Java 代码会被添加到相应的方法中。

习题 10

一、思考题

1. 什么是 Applet？它的用途是什么？
2. 什么是 Servlet？它的用途是什么？

3. 什么是 JSP？它的用途是什么？
4. 为什么说 Java Appliction 是 Servle 和 JSP 的基础？

二、上机练习题

1. 编译并运行示例 10.1～示例 10.8。
2. 编译并运行实例 10.1。

参考文献

[1] Arnold,K， Gosling,J， Holmes,D. Java 编程语言.3 版.虞万荣，等译. 北京：中国电力出版社，2003.

[2] Gosling,J. Java 编程规范.3 版. 陈宗斌，沈金河，译. 北京：中国电力出版社，2006.

[3] 布洛克. Effiective Java 中文版. 2 版. 杨春花，俞黎敏，译. 北京：机械工业出版社，2009.

[4] 埃克尔. Java 编程思想. 4 版.陈昊鹏，译. 北京：机械工业出版社，2007.

[5] 昊斯特曼. Java 核心技术：卷Ⅰ：基础知识. 叶乃文，邝劲筠，杜永萍，译. 北京：机械工业出版社，2008.

[6] 霍斯特曼等. Java 核心技术卷Ⅱ：高级特性. 陈昊鹏，等译. 北京：机械工业出版社，2008.

[7] 朱仲杰. JAVA SE6 全方位学习. 北京：机械工业出版社，2008.

[8] 阎宏. Java 与模式. 北京：电子工业出版社，2002.

[9] 耿祥义，张跃平. Java 大学实用教程. 2 版.北京：电子工业出版社，2008.